全国教育科学『十三五』规划课题研究成果

计算思维养成指南

少儿编程高手密码：编程思维应对人工智能挑战

李泽 陈婷婷 金乔 著

中国青年出版社

图书在版编目（CIP）数据

计算思维养成指南：少儿编程高手密码：编程思维应对人工智能挑战／李泽，陈婷婷，金乔著
. -- 北京：中国青年出版社，2020. 1
ISBN 978-7-5153-5869-7

I. ①计… II. ①李… ②陈… ③金… III. ①程序设计－少儿读物 IV. ①TP311.1-49

中国版本图书馆CIP数据核字（2019）第245560号

策划编辑：张 鹏
执行编辑：王婧娟
责任编辑：张 军
封面设计：彭 涛
封面绘图：杨 卉

计算思维养成指南——少儿编程高手密码：编程思维应对人工智能挑战
李泽 陈婷婷 金乔 / 著

出版发行：中国青年出版社
地　　址：北京市东四十二条21号
邮政编码：100708
电　　话：（010）50856188／50856189
传　　真：（010）50856111
企　　划：北京中青雄狮数码传媒科技有限公司
印　　刷：北京瑞禾彩色印刷有限公司
开　　本：787 x 1092 1/16
印　　张：22
版　　次：2020年1月北京第1版
印　　次：2020年9月第3次印刷
书　　号：ISBN 978-7-5153-5869-7
定　　价：88.00元（附赠独家秘料，含本书配套程序文件+完整的新计算思维框架图等海量实用资源）

本书如有印装质量等问题，请与本社联系
电话：（010）50856188/50856189
读者来信：reader@cypmedia.com
投稿邮箱：author@cypmedia.com
如有其他问题请访问我们的网站：http://www.cypmedia.com

CONTENTS 目录

计算思维是

众多思维模式和方法

它能够帮助我们解决

生活中的问题和

计算机科学问题

希 望 计 算 思 维 能 够

拓 宽 你 解 决 问 题 的 思 路

愿 你 成 为 科 技 的 创 造 者

而 不 只 是 科 技 的 消 费 者

PREFACE 前言

在人工智能时代，我们和智能设备打交道的机会越来越多，很多重复的事情都交给了智能软硬件，那么人类的价值怎么体现呢？当前人工智能技术与人类的最大区别在于，人类能够寻找到目标并主动解决问题，这是前者所不具备的。换言之，人具有主观能动性，具备主动解决问题的能力。计算思维正是扩展该能力的维度，特别是信息时代的难题。什么是计算思维？

简单地说，计算思维就是人们在解决计算问题时蕴含的思维方式。这里的“计算”不只是加减乘除等数学计算方法，还涵盖了更宽泛的概念，涉及逻辑推理和问题求解等方方面面。显然，它与计算机并无直接关联。古人们的智慧也闪烁着计算思维的光芒。例如，建筑项目的规划、十进制、割圆术、银票、镖局和钱庄、货比三家、托物言志的诗歌、排兵布阵的战术等，上述场景分别体现了如下思维方式：可行性分析、信息编码、极限思维、契约和签名、代理、比较、抽象具象。本书之后会对这些思维方式做细致的讲解。为什么古人没有把这些通用的思维方式总结出来呢？

计算机从诞生至今仅70多年，但却极大地促进了社会的发展，推动了社会的进步。另一方面，它也极大地增强了人类解决问题的能力：你可以快速进行3D建模并直观地展示模型并收集反馈，你可以快速求解古人不可想象的复杂计算问题（比如计算圆周率小数点后1000位），你可以快速分享自己的才艺给全世界，你可以轻松统计出长篇小说的词频，你可以快速设计出使用手机控制家用电器的物联网装置，你可以……随着创意的交点越来越多，解决问题的速度越来越快，通用的思维模式体现得愈加频繁。终于，周以真教授于2006年提出了“计算思维”的概念，并将其定义为“运用计算机科学的基础概念进行问题求解、系统设计，以及人类行为理解等涵盖计算机科学之广度的一系列思维活动”。因此，通过计算机去寻找这些思维模式是非常好的路径，本书的“后记”部分详细展示了这一过程，在此不再赘述。那么学习计算思维，对我们有什么帮助呢？

最直接的益处在于拓宽我们解决问题的边界。本书会带你了解89个计算思维，展示它们在日常生活中和编程中的体现。你会发现，考场上的两套文具和硬盘备份具有相同的思维模式，乐高积木的设计和软件升级也有类似的思想，去餐厅点餐和面向接口程序设计异曲同工，做好最坏打算的习惯和编程中异常机制的思维方式完全一致。最终你会恍然大悟，这些思维方式可以用于解决其他生活或程序上的问题。

本书的目标受众是中学生及其以上的读者。每个计算思维都包含四部分：生活中的计算思维、定义、习题、程序中的计算思维。其中，“习题”部分大都是开放式作答，需要你仔细思考。同时，你还可以在本书附录的网站中进行讨论交流。“程序中的计算思维”需要一定的编程基础才能理解，因为这是一本思维类的科普读物而非编程入门图书，所以将不会考虑到读者的编程能力。如果你思考出了本书遗漏的计算思维，欢迎在附录的网址中提交你的想法。

期待这本书能够打开你的视野，从而帮助你掌握更多解决问题的思维方式！

李泽

新 计 算

思维过程 / 思维分类	发现并分析问题	系统模型设计
数学思维	分类/分组　对照 比较　类比 概率 求同/求异/模板/泛化/特化	特征识别/模式识别/概括 映射　替代/替换 排列/组合　分离
算法思维	算法权衡	索引 先进先出 先进后出 信息编码
编程思维	输入输出 抽象/具象	状态机 信息压缩 模块化 预置/缓存/缓冲 事件驱动 参数化
工程思维	预处理　分解 可行性分析　签名 统筹　协议/契约 防御性思想/最坏打算　持久化	分布式/去中心化　分层/层次化 可视化　单一职责 接口依赖　原型

思　维　框　架

实施解决方案	分析验证解决方案	系统维护
近似 蒙特卡洛 枚举/穷举 计数	边界值/临界值/阈值 等价 极限 抽样	统计 去重
排序　搜索/检索 递推　递归 分治　回溯 动态规划　唯一依赖 启发式算法	约简	兼容/标准
初始化　顺序/序列 选择/分支　循环/重复 嵌套　串行/并行 同步/异步　代理 互斥/对立　时空互换 助记　优先级 信息隐藏　信息加密	优化 调试 自动化	扩展/拓展 重构
冗余/冗稳性/备份 协作 复用 集成	容错 测试	回收 迭代 版本化 共享/分享 移植/迁移

第一章 挖掘身边的疑问 —— 发现并分析问题

发现并分析问题

定义：当人们解决一个计算问题时会先发现或提出问题，再分析并确定问题的目标和范围，尝试把复杂的问题简单化或具体化，评估潜在解决方案的可行性。

第二章 解决难题的思路—— 系统模型设计

系统模型设计

定义：根据实际情况或经验，构建解决方案的整体架构或系统模型，包括元素间的联系、逻辑和步骤。

第三章 落地思路的策略 —— 实施解决方案

实施解决方案

定义：根据系统模型进行实践，从而获得解决方案的结果。

第四章 检验策略的优劣 —— 分析验证解决方案

分析验证解决方案

定义：分析结果并验证解决方案能否有效解决问题或满足需求，并对多种有效解决方案进行比较。

第五章 维系完善的方法——系统维护

系统维护

定义：对解决方案进行调整或优化，以解决系统在运行过程中出现的新问题。

编

挖掘身边的疑问

——发现并分析问题

01

01 为什么要把商品分类摆放?

生活中的计算思维

购物时，你会先在心中明确要购买的商品。进入超市后，再根据超市指引找到对应的货架。货架上的商品整齐地摆放着，很容易就能让你做出选择。购物体验一气呵成，可是你有思考过为什么整体流程这么顺畅吗?

有时，习以为常的体验会让人忘记其设计的初心。假设你面对的是一个没有任何分类规则的货架，当你想购买一个商品时，你可能会毫无方向地随意寻找，从而浪费大量时间。

人类的记忆和货架一样，越结构化越高效运作。为了节约顾客挑选的时间，超市工作人员会根据一定规则对商品进行分类摆放。例如，饮品货架可以按照碳酸饮料、果汁、茶饮料、饮用水、纯奶、奶制品饮料的规则进行摆放。分类货架和未分类货架上摆放的都是完全相同的商品，但是结果却大不相同。

灵感小笔记

生活中有哪些被你忽略却又重要的分类呢?

什么是分类 / 分组?

把无序的事物按照特定的规则进行分类，让它们成组。

程序中的计算思维

在程序设计中，分类能够帮助我们提升一层抽象的语义，或是简化大量代码。先来看一个Kitten案例，假设上面三个角色是敌军，下面三个角色是友军。

现在想要实现一个效果：当友军的某个角色碰到任一敌军后，该友军角色就会减少生命值。友军的常规实现方法如右中图所示。

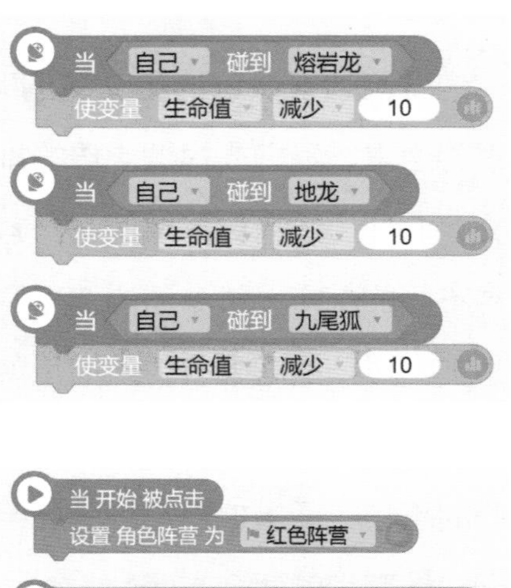

这样做，缺点有很多。如当敌军的角色数量越来越多，友军的脚本数量也在不断增加。尤其是当出现克隆体后，友军的脚本已经无法编写。那么我们能否使用分类思想，把友军和敌军划分成两类呢?

Kitten提供了“阵营”积木，它可以将角色分类，并用颜色加以区分。假设友军为红色阵营，敌军为蓝色阵营。当友军的某个角色碰到蓝色阵营的某个角色，即碰到了某个敌军，则减少生命值。这样一来，整个程序脚本量大大减少，且很容易处理敌军是克隆体的情形。

02 没有尺子怎么测量长度？

生活中的计算思维

生活中难免要测量长度。如果想要粗略地估算长度，我们可以用身体作为参照物，比如一拃、一臂、一步等。但是在没有尺子的情况下，如何更精确地测量长度呢？APP应用市场中的“虚拟卷尺”可以解决这个问题。屏幕上的卷尺会随着你测量的长度展开，并以第一张图像为基准，对照第二张图像，从而确定特征之间的变化。随着相机继续拍摄，新的图像会不断地以之前的图像为参照。最终“虚拟卷尺”便可以持续追踪特征，获得物体的尺寸。

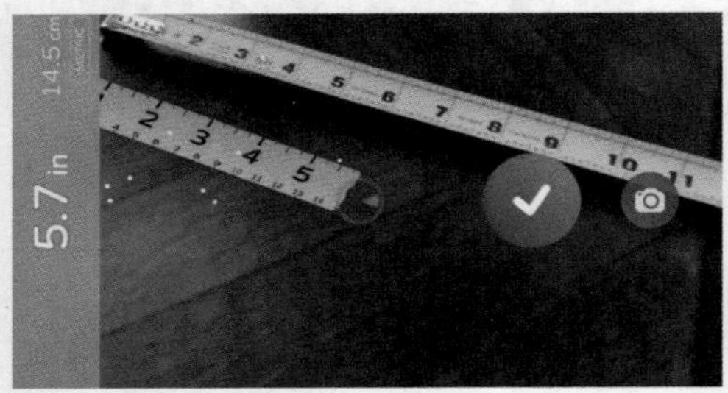

当遇到不认识的英文单词时，你一般怎样在英汉字典中寻找它的中文意思？通常，我们先根据字母的排列顺序找到这个单词，再查看这个单词下的释义。此外，还有许多将同一内容用两种不同的文字提供参照的情形，例如中英文对照的图书、景点指示牌等。汉英字典的英文和中文属于两种相关联的事物，而虚拟卷尺的前后照片属于同一事物的两个方面。

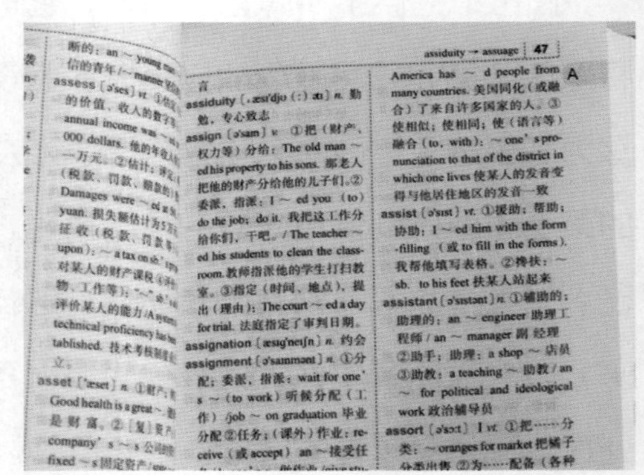
assiduity → assuage 47

言
assiduity [ˌæsɪˈdju(:)ətɪ] n. 勤勉，专心致志
assign [əˈsaɪn] v. ①把（财产、权力等）分给：The old man ~ ed his property to his sons. 那老人把他的财产分给他的儿子们。②委派，指派：I ~ ed you (to) do the job; do it. 我把这工作分给你们，干吧。/ The teacher ~ ed his students to clean the classroom. 教师指派他的学生打扫教室。③指定（时间、地点），提出（理由）：The court ~ ed a day for trial. 法庭指定了审判日期。
assignation [æsɪgˈneɪʃn] n. 约会
assignment [əˈsaɪnmənt] n. ①分配；委派，指派：wait for one's ~ (to work) 听候分配（工作）/job ~ on graduation 毕业分配 ②任务；（课外）作业：receive (或 accept) an ~ 接受任

America has ~ d people from many countries. 美国同化（或融合）了来自许多国家的人。③使相似；使相同；使（语言等）融合（to, with）：~ one's pronunciation to that of the district in which one lives 使某人的发音变得与他居住地区的发音一致
assist [əˈsɪst] vt. ①援助；帮助；协助：I ~ ed him with the form-filling (或 to fill in the forms). 我帮他填写表格。②搀扶：~ sb. to his feet 扶某人站起来
assistant [əˈsɪstənt] n. ①辅助的；助理的：an ~ engineer 助理工程师 / an ~ manager 副经理 ②助手；助理：a shop ~ 店员 ③助教：a teaching ~ 助教 / an ~ for political and ideological work 政治辅导员
assort [əˈsɔːt] I vt. ①把……分类：~ oranges for market 把橘子分类出售 ②为……配备（各种

解谜小能手

对照摩斯密码表，尝试将单词“CODE”和“SOS”翻译出来吧。

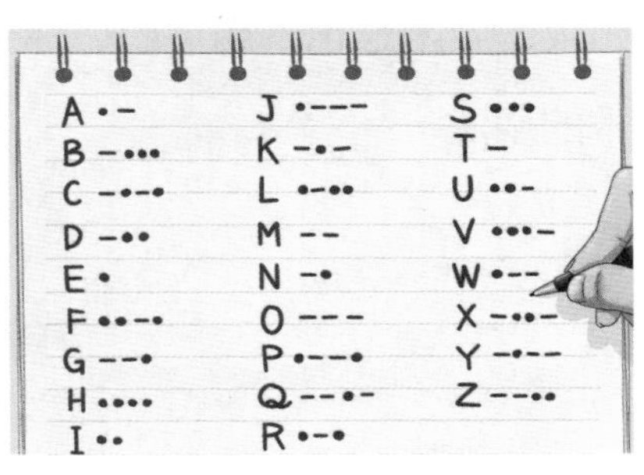

什么是对照?

以某个事物为基准，将另一个相关联或相对立的事物放在此参照系中进行对照，使后者的特征更加鲜明。

程序中的计算思维

对于初学者来说，学习编程的最佳途径之一便是以示例程序为标准，进行模仿。学习Kitten和海龟编辑器也不例外！打开Kitten菜单中的“新手引导”，可以发现有众多基础教程，对照示例程序，相信在操作上，你很快就能渐入佳境。

如果遇到困难也不用担心，你还可以点击菜单中的“源码图鉴”，查询特定积木的用法。

若想参考更多有趣程序，可点击菜单中的“示例程序”，寻找创意灵感。

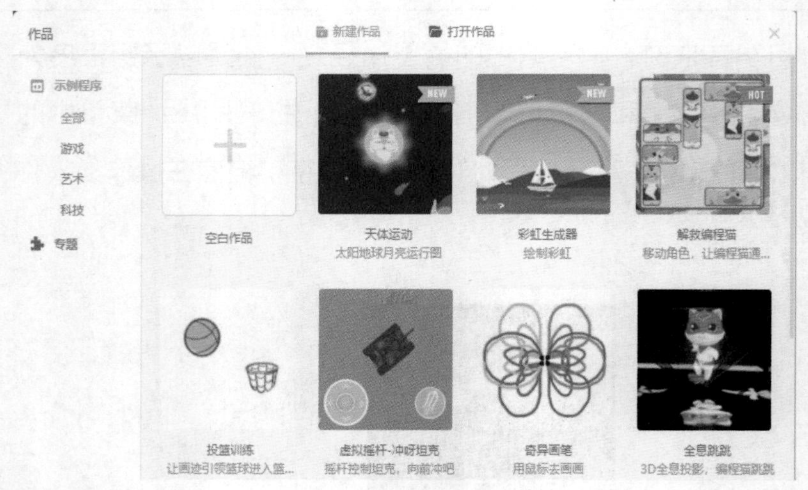

这些工具都是很好的参考，快对照着学习吧！就像遇到问题后查阅家用电器的说明书一样，不要忘记去对照参考标准，从而校准自己的行为。

03 闪电与电火花是一回事儿吗？

生活中的计算思维

天上的闪电和地上的电火花是一样的吗？这两个曾经被人们看作是毫无关联的现象，直到1752年一个倾盆大雨、雷电交加的晚上，才被富兰克林用著名的风筝实验证明其相关性。富兰克林通过比较，认识到了闪电和电火花的相同点，如都会发光，都能被金属传导等。因此，他撰写了著作《论天空闪电与地下电火相同》，至此人们才逐渐意识到这两者都是放电行为。由此可见，比较的思维方式对于解决问题非常有效。若无比较，也就无从确定两个或多个事物之间的关系，更无法找到它们的不同和相同之处。

假如你想换新手机，在预算一定的情况下，你会不假思索地直接选购某个品牌的某部手机，还是会货比三家后再选择最合适的手机呢？通常我们都希望选择性价比最高的商品。而为了达到这个目标，你必须比较众多品牌的不同手机的参数，比如价格、耗电量、屏幕尺寸、摄像头等，最终选择喜欢的型号。

什么是比较？

将两种或多种具有某种关联的事物进行比较，辨别其异同。正所谓有无之相生，难易之相成，长短之相形，高下之相倾，音声之相和，前后之相随。

灵感小笔记

你能比较一下各交通工具的优缺点吗？关键是要思考比较的角度，如行驶速度、价格等。

程序中的计算思维

下面是一个使用Kitten创作的猜数字游戏。它先随机生成一个数，如果你猜大了或猜小了，程序会给出相应的提示，直到猜测出正确的数字。程序比较的就是随机数和你猜测数字的大小关系，是不是很简单的思维模式呢？

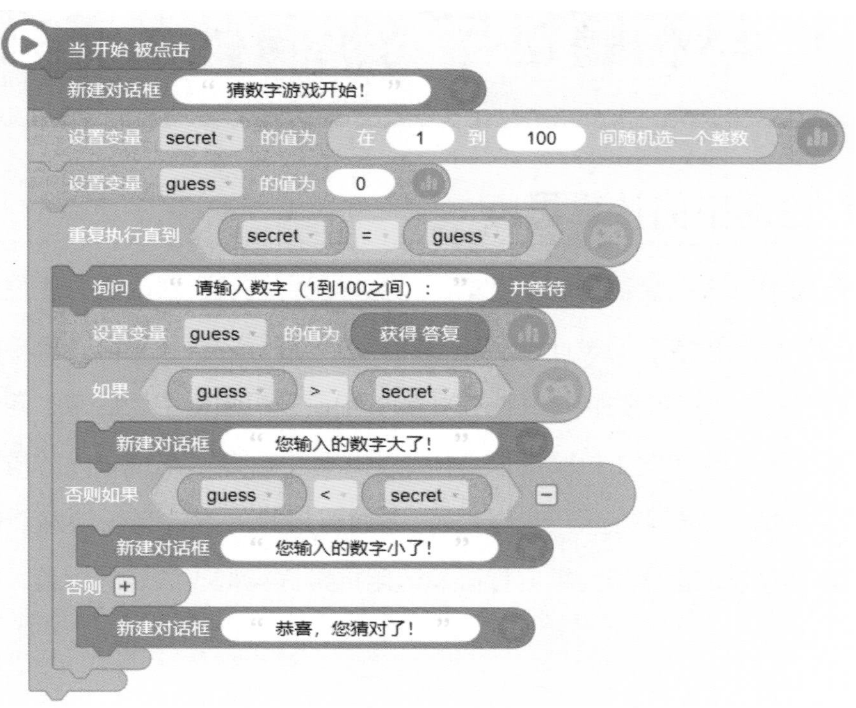

来看一个稍复杂的案例。假设有一个Point类，它包含三个点数据。若希望比较两个点的大小关系，则不得不按照右图所示的方法进行比较。

```
class Point:
    def __init__(self, x, y, z):
        self.x, self.y, self.z = x, y, z

p1 = Point(2, 3, 4)
p2 = Point(1, 2, 3)

if p1.x > p2.x and p1.y > p2.y and p1.z > p2.z:
    print('p1 > p2')
```

虽然方法可行，但是代码看着很烦琐，比较时没有美感。我们可以重载比较运算符，提升代码的可读性，使其朗朗上口。

```
class Point:
    def __init__(self, x, y, z):
        self.x, self.y, self.z = x, y, z

    def __gt__(self, p):
        return self.x > p.x and self.y > p.y and self.z > p.z

p1 = Point(2, 3, 4)
p2 = Point(1, 2, 3)

if p1 > p2:
    print('p1 > p2')
```

类比 发现并分析问题 - 数学思维

04 鸟和蜻蜓与飞机有什么关系？

生活中的计算思维

当蓝天中有飞机经过，你是否觉得它像一只鸟儿呢？实际上，正是鸟类飞行的原理，启发科学家们设计出了飞行器。达·芬奇观察飞鸟时，就总结了它们的飞行特征，并将这些特征类比在扑翼机和直升机图样中。后来，随着飞机速度不断提高，经常发生机翼因剧烈抖动而破碎的现象，造成很大的危险。科学家们又从蜻蜓的翅膀上得到了启发：在蜻蜓翅膀的末端有一块略重的厚斑点，它能够有效防止翅膀大幅度颤抖。运用抗颤振结构改进后的机翼，果然不再抖动。

元素周期表能形象地体现元素周期的规律。门捷列夫根据元素周期表中未知元素的周围元素和化合物的性质，经过类比和推测，成功预言了未知元素及其化合物的性质。

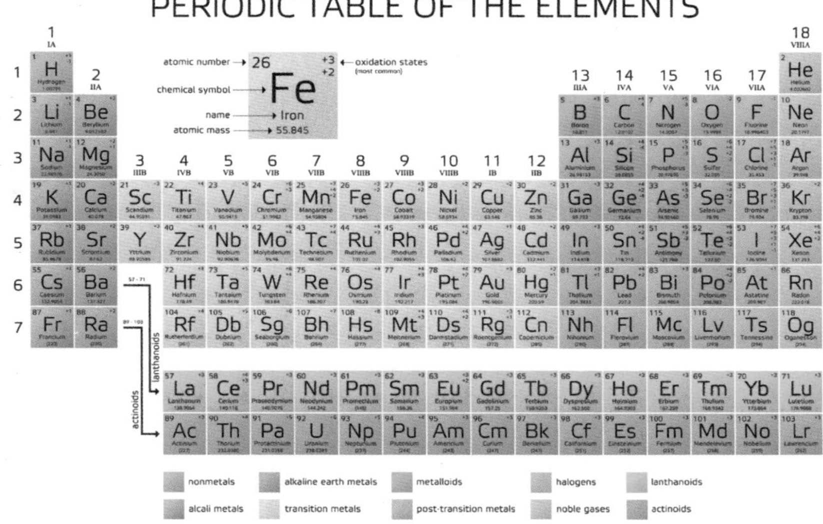

什么是类比?

当两个事物具有若干相似的属性时，若其中一个事物具有某种特性，那么我们可推断出另一个事物可能也具有类似的特性。

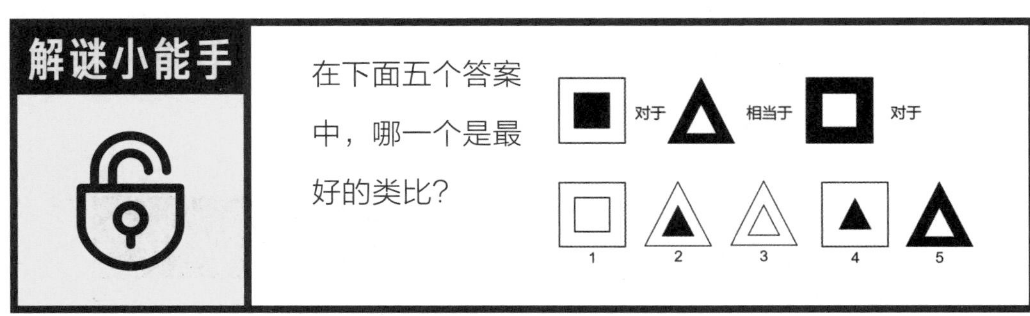

解谜小能手
在下面五个答案中，哪一个是最好的类比?
对于
相当于
对于
1
2
3
4
5

程序中的计算思维

Kitten中的角色大都浮在空中，而不像现实生活那样稳稳地落在地面上。在日常生活中，我们随处都能感受到重力的作用。比如，在原地蹦起来后便

会很快落到地面上，图书可以稳稳地放在书桌上。一般来说，物体的质量越大，重力就越大。我们可以使用Kitten中的物理积木来类比现实场景。

系统默认角色的物理引擎是关闭状态，所以角色可以自由地浮在空中而不用担心掉下来。

开启物理引擎后，如同在舞台上添加了地心引力，角色将受到重力的影响并一直掉落到地面上。如果没有“地面”角色接住它，它则会受物理引擎的作用一直掉落下去。

Kitten中的画笔工具也类比了生活中的画笔，两者具有类似的性质，如粗细、颜色等属性。我们还可以使用程序来定义什么时候落笔，什么时候抬笔。瞧，和现实生活一样呢！

05 同月同日生的“奇妙缘分”很难寻吗？

生活中的计算思维

不少人会关注他人的生日是几月几日，当遇到一个和自己生日相同的人，就会觉得十分惊喜，认为这是一种不可思议的缘分。但事实真是这样吗？其实，在五十个人中至少有两个人生日相同的概率为97%，这个概率和100%非常接近！换言之，这种“奇妙的缘分”在概率学上出现的可能性非常大。

当一个赌徒在游戏中已经连续输了五次，那他第六次获胜的概率会增大吗？人们很容易在这时产生错误的直觉，觉得获胜的概率会更大。再比如，有一对夫妇已经生了三个同样性别的孩子，他们直觉地认为第四胎生另一种性别的孩子的概率会增大，这也是一种错觉。

在这几个场景中，每一次事件的概率都没有改变，和上一次事件相同，因为前面发生的事情不会影响到后面发生的事情。直觉有时并不可靠，我们要对随机现象做概率分析，才能发现客观规律。

什么是概率？

在相同的条件下，某个可能出现也可能不出现的随机事件的可能性。

解谜小能手

有三扇关闭的门，一扇门后停着汽车，另外两扇门后是山羊，主持人知道每扇门后是什么。参赛者首先选择一扇门。在开启它之前，主持人会从另外两扇门中打开一扇门，露出门后的山羊。此时，允许参赛者更换自己的选择。如果你是参赛者，你会换吗？为什么？

程序中的计算思维

右边是Kitten设计的一个抽奖程序。如果我们随机地转动抽奖转盘，那么指针指向每个部分的概率相等。但是在这个转盘中，指向某一个精灵的概率相等吗？你可能已经发现了，指向蓝色精灵的概率会远高于其他精灵。

假设列表是抽奖箱，其中装有5个小球，每个小球都标记了一个数字，从1号到5号。

```
抽奖箱 = [1, 2, 3, 4, 5]
```

如果我们要从抽奖箱中随机拿出一个，其概率相等。有没有办法提升1号小球的中奖概率呢？只要增加1号小球的数量就可以了，概率也非常容易计算出来。

```
抽奖箱 = [1, 1, 1, 1, 1, 1, 1, 1, 1, 2, 3, 4, 5]
print(抽奖箱.count(1)/len(抽奖箱))
```

```
0.6923076923076923
程序运行结束
```

求同/求异/模板/泛化/特化　　发现并分析问题 - 数学思维

06 为什么居里夫人能找到“钋”和“镭”？

生活中的计算思维

为什么居里夫人能够找到放射性元素“钋”和“镭”？1896年，贝克勒尔在检查矿物质“铀盐”时发现了“铀射线”，这引起了居里夫人的兴趣。居里夫人在研究中思考：没有什么能够证明铀是唯一的能发射射线的化学元素，有没有其他物质也有放射性呢？于是她对元素周期律排列的元素一一测定，很快就发现了矿物质“钍”元素也有放射性。正是这种求异的思维，给居里夫人带来启发。

如果你发现“钍”和“铀”都有放射性，你还会如何思考呢？因为钍和铀都是矿物质元素，居里夫人就想到“是不是矿物质都有放射性呢”？于是，她测定能收集到的所有矿物质，结果就发现了比钍和铀放射性强得多的新元素，并命名为“钋”，随后又发现了“镭”元素。

什么是求同 / 求异？

在众多不同的事物中发现其共同之处，是谓求同；在众多相似的事物中发现其不同之处，是谓求异。

解谜小能手

利用求同求异的思维模式，思考下面“？”处应该是什么图形。

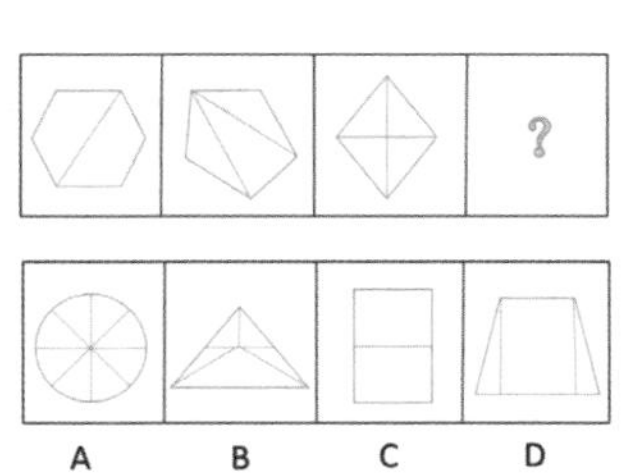

程序中的计算思维

假设有10个学生的数学成绩，如右图所示。老师按照固定格式在电脑里输出学生的数学成绩情况，且给出评级。

```
stud_math={'Amy':90, 'Ben':92, 'Charlie':80, 'Daniel':69,
           'Emily':95, 'Fiona':60, 'George':78, 'Heidi':90,
           'Ivy':70, 'Judy':56}

for key in stud_math:
    if (stud_math[key] >= 90):
        print(key + "的数学分数是" + str(stud_math[key]) + " 优秀！")
    elif(stud_math[key] < 90 and stud_math[key] >= 80):
        print(key + "的数学分数是" + str(stud_math[key]) + " 良好！")
    elif(stud_math[key] < 80 and stud_math[key] >= 70):
        print(key + "的数学分数是" + str(stud_math[key]) + " 合格！")
    else:
        print(key + "的数学分数是" + str(stud_math[key]) + " 不合格！")
```

在上面的程序中，除了做格式转换外（数字类型转字符串类型），还需要注意字符串的格式问题，例如分数和评级之间有一个空格，这是不是很麻烦呢？通过观察，你应该能发现这四条语句所输出的内容基本相同，只是名字、分数和评级不同。通过Template类，我们就能把字符串的格式固定下来，从而重复使用此格式，使程序变得更加灵活。

```
from string import Template

stud_math={'Amy':90, 'Ben':92, 'Charlie':80, 'Daniel':69,
           'Emily':95, 'Fiona':60, 'George':78, 'Heidi':90,
           'Ivy':70, 'Judy':56}

s = Template("$name的数学分数是$score, $level")

for key in stud_math:
    if (stud_math[key] >= 90):
        print(s.substitute(name=key, score=stud_math[key], level='优秀！'))
    elif(stud_math[key] < 90 and stud_math[key] >= 80):
        print(s.substitute(name=key, score=stud_math[key], level='良好！'))
    elif(stud_math[key] < 80 and stud_math[key] >= 70):
        print(s.substitute(name=key, score=stud_math[key], level='合格！'))
    else:
        print(s.substitute(name=key, score=stud_math[key], level='不合格！'))
```

什么是模板 / 泛化 / 特化？

模板是相同之处和不同之处的整合，其思维过程与求同、求异类似。泛化即广泛化，其含义为归纳相同之处，类似于求同；特化即特殊化，其含义为对某件事务进行特殊化处理，类似于求异。模板刚好是泛化与特化的整合。

07 医生如何选择合适的治疗方案？

生活中的计算思维

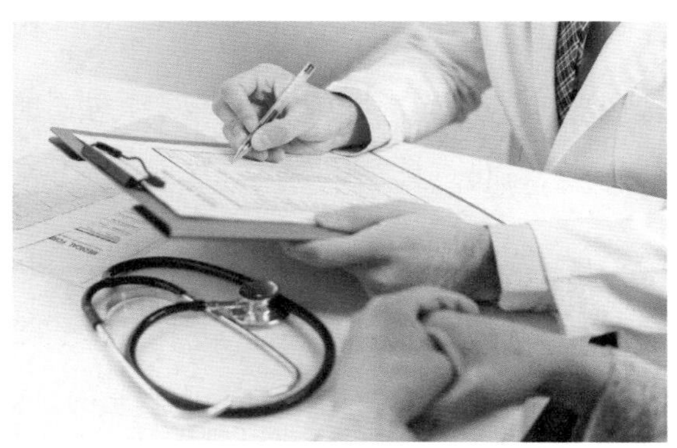

医生在为患者看病的时候，通常会有多种治疗方案，不同的治疗方案可能有不同的周期、费用和效果，那么究竟要选用哪一种方案，需要医生甚至患者进行权衡。医生根据患者的病情程度、精神状态和经济能力等情况，对这些方案进行比较和评价，最后选出双方较为满意的治疗方案。

我们外出就餐的时候，也会进行权衡，除了个人的口味外，菜品的价格、餐馆的位置、是否有优惠活动等都是影响我们决策的因素。

工厂在制造产品的时候，产品方案的权衡必不可少。以制作饮料包装瓶的厂家为例，首先要考虑的就是实用性，此外还要考虑加工难易度、经济成本、耐久性、美观性和环保性等。总之，方案的权衡是一个综合考虑的过程，各因素互相关联和制约，这就需要你抓住核心和关键，从而做出最合理的选择。

什么是算法权衡?

权衡是“衡量、考虑、比较”的意思，算法权衡就是衡量、考虑、比较算法间的优缺点，并根据情况进行选择。哲学中的两点论与重点论的统一便是算法权衡的精髓。两点论要求我们尽可能全面地寻找解决问题的方法，重点论要求我们在全面思考的基础上把握住关键和本质。没有两点的重点是固执己见，没有重点的两点是折衷主义，两种方式都不可取。所以人们常说，选择没有对错，只有利弊。

解谜小能手

将下图中的椅子按照从左至右、从上至下的顺序依次编号为1到9。你喜欢哪一个椅子呢？随意挑选四个椅子，在表格中打分（1~10），尝试用理性（而非感性）做出选择吧。

椅子编号	实用性	美观性	创意性	经济性	总评分

程序中的计算思维

若想选择一个合适的算法，必须解决时间和空间的平衡问题，也就是说要考虑算法的计算时间和内存空间消耗的情况。Python中使用time.clock()便可以计算程序的运行时间。右图的程序片段计算了七种排序算法（冒泡排序、选择排序、插入排序、希尔排序、快速排序、归并排序、堆排序）的运行时间。程序自动生成了0到10,000之间共10万个随机数进行排序。

从结果中可以看到，在10万个随机数的条件下，七种排序方法中快速排序的时间最短，堆排序次之，冒泡排序最长。其实这种差别并不是一定的，需要权衡序列的特征和长度，才能做出合理的选择 。

```
N = 100000
print("数据量%d时" % N)

ls = ramdomlist(0, 10000, N)
t0 = time.clock()
bubble_sort(ls)
print("冒泡排序：", time.clock() - t0, "秒")

ls = ramdomlist(0, 10000, N)
t1 = time.clock()
select_sort(ls)
print("选择排序：", time.clock() - t1, "秒")

ls = ramdomlist(0, 10000, N)
t2 = time.clock()
insert_sort(ls)
print("插入排序：", time.clock() - t2, "秒")

ls = ramdomlist(0, 10000, N)
t3 = time.clock()
shell_sort(ls)
print("希尔排序：", time.clock() - t3, "秒")

ls = ramdomlist(0, 10000, N)
t4 = time.clock()
quick_sort(ls)
print("快速排序：", time.clock() - t4, "秒")

ls = ramdomlist(0, 10000, N)
t5 = time.clock()
merge_sort(ls)
print("归并排序：", time.clock() - t5, "秒")

ls = ramdomlist(0, 10000, N)
t6 = time.clock()
heap_sort(ls)
print("  堆排序：", time.clock() - t6, "秒")
```

```
数据量100000时
冒泡排序： 1267.87385610504 秒
选择排序： 502.4537646275762 秒
插入排序： 671.1921186021243 秒
希尔排序： 1.111289616056638 秒
快速排序： 0.6271041807704023 秒
归并排序： 0.8144759672545661 秒
  堆排序： 0.70895603051531 秒
程序运行结束
```

输入输出 发现并分析问题 - 编程思维

08 计算机的“眼”“耳”和“口”在哪里？

生活中的计算思维

平日和朋友们对话时，你会用眼看，用耳听，用口说，从而交流彼此的想法。那么对于计算机来说，它的“眼”“耳”和“口”又是什么呢？这就要提到计算机的输入和输出设备了，人们使用这些设备与计算机进行交流。常见的输入设备有键盘、鼠标、扫描仪等，输出设备有显示器、打印机、音响等。当然还有很多新的人机交互设备，如虚拟现实眼镜、脑电仪等。

你参加过军训吗？教官在下达指令时，同学们都要按照相应的指令做动作。例如教官说“立正”，大家要做立正的姿势；说“抬左脚”，大家就要把左脚抬起来。在这个场景中，学生接收外部的指令信息，然后经由大脑分析处理后做出相应的动作。对于大脑来说，指令信息就是输入，做动作就是输出。

显然人类自身就是一个具有输入和输出的系统：耳朵、眼睛、皮肤等作为输入，信息被大脑处理后，再通过嘴巴、四肢、眼神等输出。

如果A系统的输出连接到了B系统的输入，AB就构成一个更大的系统。例如，你给一个人使眼色，他会感受到你的想法。再如，国家的政策出台后，各个连接在社会网络中的系统会运作起来（因此需要过一段时间才能看到政策的效果，专业上称为“时滞”）。此外，若同一个系统的输出反作用其输入，则称这种反作用为“反馈”。例如在倒水时，你会注视着水平面从而不断调整水壶的角度，或者是单脚站立时需要通过眼睛来调整平衡。不相信的话，你可以尝试闭着眼睛倒水，或者单脚站立保持平衡，体验下没有反馈的感觉。

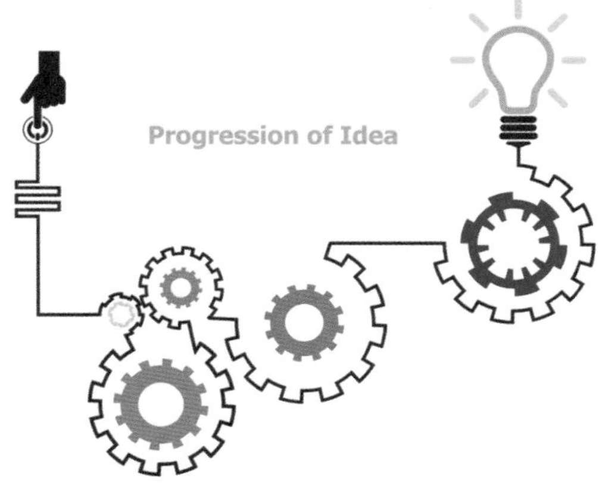

仔细思考，自动售货机是不是也有输入和输出呢？选择商品后，你只需要投入相应价格的钱币（或者直接在线支付），然后售货机就会自动“吐出”商品。支付就是输入，“吐出”商品就是输出。当你看到并取出商品后，才会确信此次交易顺利完成。瞧，两个系统发生了连接！

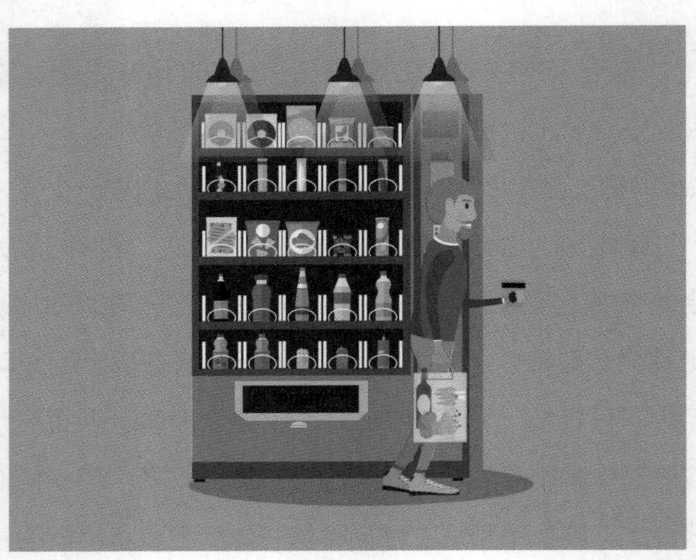

什么是输入输出？

输入是指获取信息的过程，输出是指对输入做出反应的过程。如果输出对输入有影响，则称为“反馈”。各系统的输入输出相互连接后便可以构成更大的系统（这也是“系统论”的研究对象），哲学上所谓“联系的普遍性”便是这个道理。社会、互联网、人际关系都是由众多输入输出构成的大系统。输入输出和模块化是人类最为重要的认知武器之一。

灵感小笔记

智能手机的输入、输出设备有哪些？（提示：从计步器、闪光灯、定位系统等功能入手）

____

____

程序中的计算思维

编写程序就是向Kitten输入脚本的过程。那么Kitten的输出是什么呢？其实就是舞台的效果，点击运行按钮程序便能输出结果。

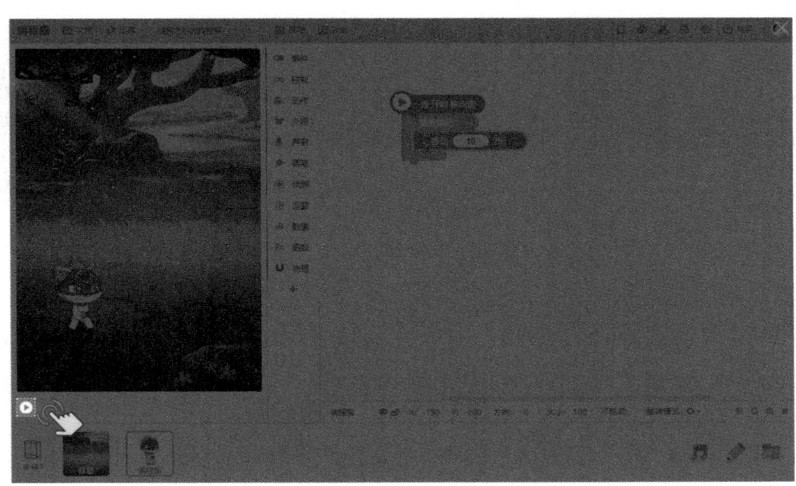

Kitten中实现输入输出的积木众多，如实现文字输出的 对话 Hi ，它会在角色上方出现一个对话框，展示该角色想说出的内容。再如新建对话框 新建对话框 Hi ，它会在舞台区底部呈现对话框中的内容。

为了提升交互体验，Kitten还提供了获取用户输入的积木。假设我们要设计一个程序，其功能是：询问用户的姓名，待用户输入后，程序再向你打招呼。这里需要用到“询问并等待”积木引导用户输入信息，然后使用“对话”积木打招呼。

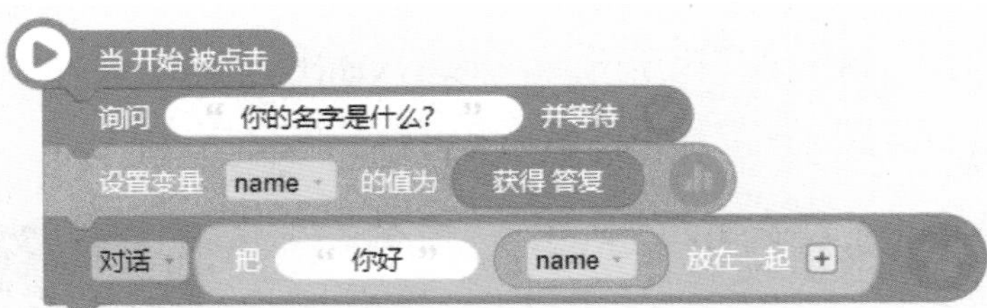

同理，大家可以试一试如下三组积木的交互效果。

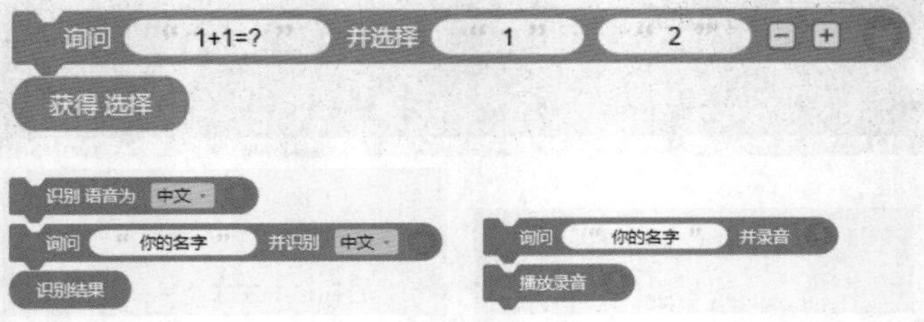

除用户输入外，输入的形式还可以是事件，如点击某个角色，按下键盘中的某个字母、空格等。

Python和其他编程语言一样，也有实现交互的输入输出函数。如右图代码所示，利用输入输出函数可以和用户保持互动，让程序更加人性化。

```
name = input("请输入你的名字：")
print("你好"+name)
```

运行程序后，在终端输入“阿短”，终端又会输出“你好阿短”。

```
请输入你的名字：阿短
你好阿短
程序运行结束
```

抽象/具象　　发现并分析问题 - 编程思维

09 苹果落地和重力是如何联系起来的？

生活中的计算思维

你还记得牛顿与苹果的故事吗？牛顿坐在苹果树下时，一只苹果落了下来，他将这种让苹果下落的“神秘力量”总结为重力。他还用石头、木棍、绳子做了一些有趣的实验，并将其作用力称为弹力、拉力、反作用力等。牛顿观察到的自然现象都很“具象”，而“抽象”则是从具体的现象中提取出来的本质属性。

摩擦力的发现过程也使用了抽象思维。最初人们没有认识到摩擦力，通过观察生活中的情景便以为有力才能维持物体的运动，因为一旦没有力，物体就会逐渐停止运动。直到伽利略通过“理想斜面实验”，才发现摩擦力才是让物体停止运动的原因：随着斜面的倾斜角减小，物体运动的距离会越来越远。可想而知，当没有摩擦力时，物体会一直运动下去。

世博会是一项历史悠久的国际性展览会议，每一届都有一个独特意义的主题。2010年，中国上海举办了一场主题名为“城市，让生活更美好”的世博会。确立了这个抽象的主题后，怎样才能把主题具象化呢？如何才能把这一主题演绎得内涵丰富且饱含特色呢？富有创意的设计师和工程师们建立了五个不同的主题馆：“城市与人”馆、“城市与生命”馆、“城市与星球”馆、“城市与足迹”馆和“城市与未来”馆。前三个主题馆同处于一个运用了三角形连续架构的巨型展馆中，运用实物、布景和多媒体结合的手法，描绘上海的特色建筑和文化。后两个主题馆由工业遗址建筑改造而成，体现了人们对和谐城市的思考。这样便将抽象的概念用具体的现象呈现出来。

什么是具象 / 抽象？

具象是指具体的、可观察的现象，抽象是指从具象中提炼本质的过程。抽象和自动化是计算思维的本质特征。人们认识陌生事物时，通常是先具象再抽象的过程。理性与感性、认识与实践、现象与本质、内容与形式、原因与结果、可能性与现实、偶然性与必然性，以上哲学范畴和抽象与具体一脉相承。

此外，在不同的语境下，抽象和具象（或具体）有时可作为形容词，有时也可作为动词。

灵感小笔记

仔细挖掘身边有哪些具体的现象体现了某个抽象的原理。多尝试这种练习，对增强逻辑思维大有裨益。

程序中的计算思维

抽象就是站在一个更高的层次上看问题，因此可以描述较低层次上一些相同的模式。最早接触算术时，我们面对的都是具象化的问题，例如一个梨子加三个梨子共有几个梨子。随着学习的深入，我们开始学习抽象的纯数字的运算，数字意味着它可以代表任意物体，例如1+3=4。再后来，我们使用代数来表达更加抽象的概念，例如a+b=c可以表达所有两个数的加法。

程序设计也大体类似。例如，我们可以使用函数来表达一些相同的计算模式，从而避免重复堆叠相同的代码，或者像代数式那样使用一些抽象的变量代表具体的数值。

如果想在Kitten中模仿重力的效果，需要编写非常复杂的程序。所以工程师们将大量的脚本进行封装，抽象并设计出易于使用的物理引擎。你有玩过跷跷板吗？跷跷板因两侧重量不同会左右摇摆，让我们使用Kitten中的物理引擎创作一个跷跷板程序吧！看看多少只小动物可以翘起一头熊。

源码精灵代码

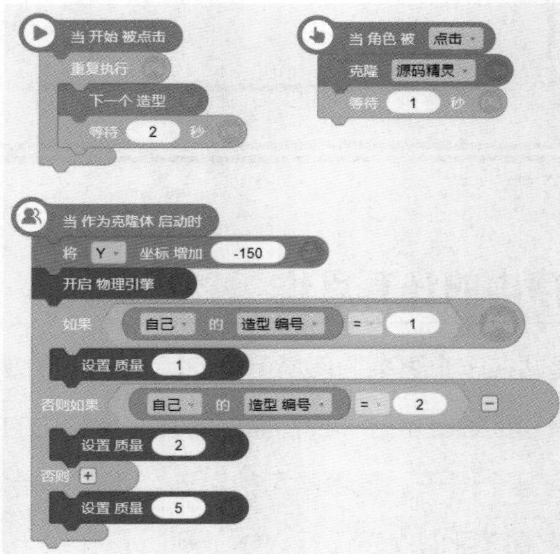

跷跷板代码

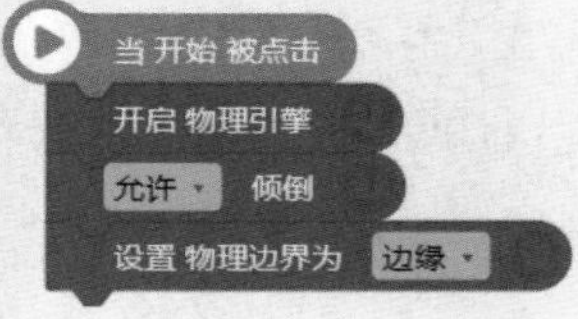

大熊代码

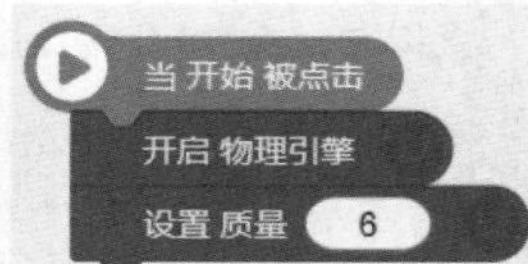

在Python中，抽象是简化问题的利器。例如在一个手机APP中，工程师A编写了实现微信支付的WeChatPay函数，实现支付宝支付的AliPay函数，实现苹果支付的ApplePay函数。当工程师B拿到这三个函数后，就会编写出根据用户的选择调用不同支付函数的代码。

```
#文件A，由工程师A编写
def WeChatPay(money): print('微信支付了%s' % money)
def AliPay(money): print('支付宝支付了%s' % money)

#文件B，由工程师B编写
if user.select() == "WeChat": WeChatPay(money)
elif user.select() == "Ali": AliPay(money)
```

有一天，需求发生了变化：为程序添加苹果支付。这时文件A必须得升级，但是这也导致文件B被迫升级。

```
#文件A，由工程师A编写
def WeChatPay(money): print('微信支付了%s' % money)
def AliPay(money): print('支付宝支付了%s' % money)
def ApplePay(money): print('苹果支付了%s' % money)  #new

#文件B，由工程师B编写
if user.select() == "WeChat": WeChatPay(money)
elif user.select() == "Ali": AliPay(money)
elif user.select() == "Apple": ApplePay(money)  #new
```

可以想象，未来可能还会有更多的支付方法，那么文件B需要不断地被修改。我们可以使用抽象思维来解决这个问题。抽象的关键在于寻找共性。在本程序中，其共性就在于文件A中的函数名和文件B的字符串非常接近，所以我们可以按照右图的方式编写文件B。

```
#文件B，由工程师B编写
def pay(org, money):
    eval(org+"Pay("+str(money)+")")

pay(user.select(), money)
```

这样一来，当有新的支付要求时，只有文件A需要更新，而文件B不会再有变化（专业上称其为“封闭”）。

预处理　　发现并分析问题 - 工程思维

10 为什么跳水比赛要去掉最高分和最低分？

生活中的计算思维

你知道跳水比赛如何计算最终得分吗？选手每完成一个跳水动作，通常会有七名裁判对选手的表现分别打分。计算最终得分时，并不是直接使用所有裁判的平均分，而是先去掉一个最高分和一个最低分。为了降低裁判因个人偏好而给出过高或过低分数的可能性，从而在一定程度上保证公平性，我们在计算最终得分前需要预先对分数进行处理。

随意排放的工农业污水对地球造成了严重的污染，甚至引发了各种疾病。解决该问题的关键在于污水排放前，需先将污水进行混凝沉淀等一系列处理，再排入河流中，从而最大限度地减少有害物质，减轻水污染。这种预先进行处理的思维模式就是“预处理”。

但凡是人类批改试卷，就有错判的可能。而像高考这种级别的考试，一旦出现错判，会对学生非常不公平。如何才能避免这种情况呢？机器阅卷已经能够解决这个问题。但为了顺利地让机器评阅客观题，我们需要提前把正确答案的模板上传到服务器，否则机器也无法判断正确与否。换言之，只有完成了上传正确答案模板的预处理过程，计算机才能进行后续的阅卷工作。

什么是预处理？

为了更好地获得预期的结果，提前对事物进行加工处理。

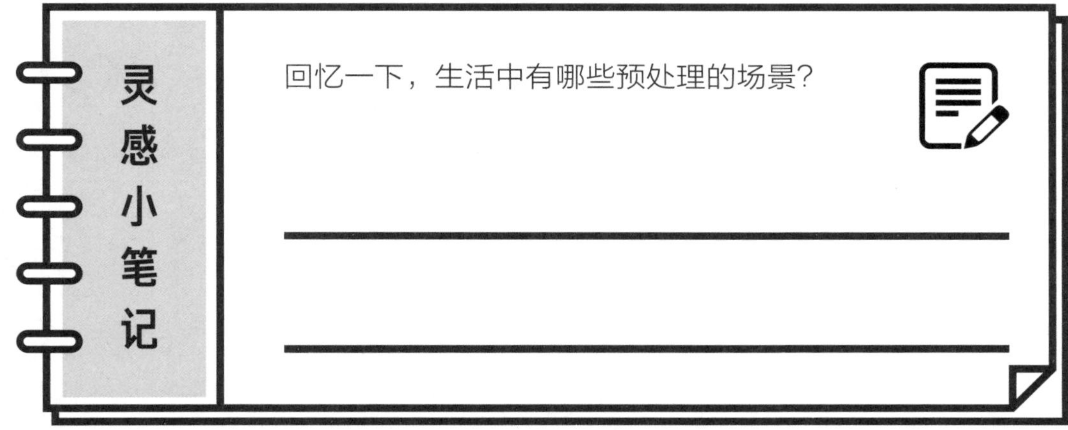

灵感小笔记
回忆一下，生活中有哪些预处理的场景？

程序中的计算思维

如果想买入一些商品，使用人民币和美元的价格必然不同，交易时较为烦琐。若各国统一使用美元作为标准，再按照本国对美元的汇率进行结算，就会比较方便交易。在进行数学计算的过程中也有类似的行为。为消除量纲单位，便于数据比较、计算和分析，人们会提前对数据进行标准化处理。常见的数据标准化预处理方法包括归一化和正态化，下面的脚本演示了归一化预处理。归一化是指将任意范围的数据均匀地映射到 [0,1]。

```
from sklearn import preprocessing
import random

x = [[random.randint(0,99)] for _ in range(5)]
norm_x = preprocessing.MinMaxScaler().fit_transform(x)

print(x)
print(norm_x)
```

```
[[9], [89], [34], [81], [22]]
[[0.     ]
 [1.     ]
 [0.3125]
 [0.9    ]
 [0.1625]]
程序运行结束
```

再看一个数据预处理的案例。假设某公司调查并收集到如下信息。

调查对象编号	年龄	性别	是否听说过本产品
1	20	女	Yes
2	33	女	Yes
3	18	男	Yes
4	NaN	男	No
5	25	男	No
6	31	女	No
7	15	男	No
7	15	男	No
8	40	女	Yes
9	17	女	Yes
10	28	女	No
11	45	男	No
12	36	男	Yes
12	36	男	Yes
13	24	女	NaN
14	19	女	Yes
15	20	女	No
16	30	女	Yes

（续表）

调查对象编号	年龄	性别	是否听说过本产品
17	33	男	Yes
18	26	男	No
19	28	女	No
20	23	女	No

如果让你对该表格做相关统计工作（例如未听说过本产品的性别分布），你会直接使用全部数据吗？仔细观察就会发现，上表中有一些NaN数据（Not a Number，因某些原因未收集），还有部分重复记录的行（编号7和12）。这些数据大都是无意义或多余的数据，所以在数据统计之前应当被剔除，即做好数据预处理工作。今后你要养成数据预处理的习惯哦！

```
import pandas as pd
import numpy as np

df = pd.DataFrame([[1, 20, 'F', 'Y'], [2, 33, 'F', 'Y'], [3, 18, 'M', 'Y'],
                   [4, np.NaN, 'M', 'N'], [5, 25, 'M', 'N'], [6, 31, 'F', 'N'],
                   [7, 15, 'M', 'N'],[7, 15, 'M', 'N'], [8, 40, 'F', 'Y'],
                   [9, 17, 'F', 'Y'], [10, 28, 'F', 'N'], [11, 45, 'M', 'N'],
                   [12, 36, 'M', 'Y'], [12, 36, 'M', 'Y'], [13, 24, 'F', np.NaN],
                   [14, 19, 'F', 'Y'], [15, 20, 'F', 'N'], [16, 30, 'F', 'Y'],
                   [17, 33, 'M', 'Y'], [18, 26, 'M', 'N'], [19, 28, 'F', 'N'],
                   [20, 23, 'F', 'N']], columns=['id', 'age', 'sex', 'used'])

print(df.duplicated())

df = df.drop_duplicates()
print(df)

df = df.dropna()
print(df)
```

```
0      False
1      False
2      False
3      False
4      False
5      False
6      False
7       True
8      False
9      False
10     False
11     False
12     False
13      True
14     False
15     False
16     False
17     False
18     False
19     False
20     False
21     False
dtype: bool
```

```
    id   age sex used
0    1  20.0   F    Y
1    2  33.0   F    Y
2    3  18.0   M    Y
3    4   NaN   M    N
4    5  25.0   M    N
5    6  31.0   F    N
6    7  15.0   M    N
8    8  40.0   F    Y
9    9  17.0   F    Y
10  10  28.0   F    N
11  11  45.0   M    N
12  12  36.0   M    Y
14  13  24.0   F  NaN
15  14  19.0   F    Y
16  15  20.0   F    N
17  16  30.0   F    Y
18  17  33.0   M    Y
19  18  26.0   M    N
20  19  28.0   F    N
21  20  23.0   F    N
```

```
    id   age sex used
0    1  20.0   F    Y
1    2  33.0   F    Y
2    3  18.0   M    Y
4    5  25.0   M    N
5    6  31.0   F    N
6    7  15.0   M    N
8    8  40.0   F    Y
9    9  17.0   F    Y
10  10  28.0   F    N
11  11  45.0   M    N
12  12  36.0   M    Y
15  14  19.0   F    Y
16  15  20.0   F    N
17  16  30.0   F    Y
18  17  33.0   M    Y
19  18  26.0   M    N
20  19  28.0   F    N
21  20  23.0   F    N
程序运行结束
```

分解　发现并分析问题 - 工程思维

11 学霸是怎样炼成的?

生活中的计算思维

小学、中学、大学都有不同的学习目标，而衡量目标实现程度的指标之一便是考试成绩。为了取得好成绩，我们可以将学习目标这个整体进行分解，然后逐个击破。例如先按照学科（语文、数学、英语、生物等）分解，再将每个学科按照章节、主题等维度进行分解，最终得到众多小目标。这不仅便于我们落实具体的知识点，也方便检测学习效果，从而及时反馈并做出调整。

古典诗词是我们国家的文化瑰宝，是诗人抒发情绪的重要载体。你通常如何分析一首诗词呢？我们可以从多个维度将诗歌进行分解。例如，首先按照内容分解成不同的意群，然后将意群分解成句子，最后将句子分解成词语。此外，诗歌的韵律、表达手法、音调、发音方式都可以作为分解的依据，使得我们能够从多个角度来分析、认识诗词。

月中霜里斗婵娟
青女素娥俱耐冷
百尺摟高水接天
初聞征雁已無蟬

什么是分解？

根据某些维度、角度或整体与部分的关系，将集合体（如事物、信息、问题、目标）解构成易于控制、管理或处理的小单元。

灵感小笔记

你的短期目标是什么？

请尝试将其分解为多个阶段。

____

____

程序中的计算思维

风雨后的彩虹可以被分解为七种不同的颜色。下面的脚本展示了彩虹的绘制方法。

Python中有一个有趣的库“jieba”，它可以帮助我们将中文句子分解为词组。正如上文所说，分解的维度众多，jieba库同样提供了很多分词方式，包括全模式、精确模式、搜索引擎模式。全模式表示将其中所有可能成词的词语都提取出来；精确模式试图以最精确的方式将句子分割，适合文本分析；搜索引擎模式在精确模式的基础上，对长词再次切分。

jieba

jieba是一个中文分词库，它可以把中文句子划分成词组，以便进一步进行自然语言处理。

了解更多

已安装

```
import jieba

seg_list = jieba.cut("小明在中国清华大学编程社团认识了新朋友", cut_all=True)
print("全模式: " + "/ ".join(seg_list))

seg_list = jieba.cut("小明在中国清华大学编程社团认识了新朋友", cut_all=False)
print("精确模式: " + "/ ".join(seg_list))

seg_list = jieba.cut_for_search("小明在中国清华大学编程社团认识了新朋友")
print("搜索引擎模式:" + "/ ".join(seg_list))
```

```
Building prefix dict from the default dictionary ...
Loading model from cache C:\Users\007\AppData\Local\Temp\jieba.cache
Loading model cost 0.660 seconds.
Prefix dict has been built succesfully.
全模式: 小/ 明/ 在/ 中国/ 清华/ 清华大学/ 华大/ 大学/ 编程/ 社团/ 认识/ 了/ 新朋/ 朋友
精确模式: 小明/ 在/ 中国/ 清华大学/ 编程/ 社团/ 认识/ 了/ 新/ 朋友
搜索引擎模式:小明/ 在/ 中国/ 清华/ 华大/ 大学/ 清华大学/ 编程/ 社团/ 认识/ 了/ 新/ 朋友
程序运行结束
```

可行性分析　发现并分析问题 - 工程思维

12 为什么永动机是无法实现的?

生活中的计算思维

机械装置能不能永不停歇地运动呢？人们为研发永动机付出了很多努力，但目前仍然没有成功。为什么成功这么困难？这是因为没有任何一种设备能够完全隔绝热量、不外泄能量且能运行在绝对真空的环境中（即便宇宙空间也不是绝对真空）。此外，想要生成能量，必须先输入能量，能量守恒定律也能证实永动机不可实现。

济南是世界著名的泉城，拥有众多泉脉。随着城市的发展，济南的交通越发拥挤，政府也开始思考修建地铁的必要性，但是修建地铁却有可能破坏泉脉，所以可行性分析就显得尤为重要。地质学家和建筑学家充分勘测了当地环境，例如土壤、地形、泉脉位置等，最终论证了修建地铁的可行性，之后济南才逐渐拉开地铁建设的序幕。

什么是可行性分析？

在项目开始之前，分析各种内外部因素（如技术、时间、人力、费用、法律、道德、风险等），判断该项目能否被执行。

灵感小笔记

假设你是一名老师，你想在下个周末组织全班同学出去郊游。你能分析一下该郊游项目的可行性吗？（提示：尝试从时间、费用、风险等多个方面进行分析）

程序中的计算思维

开学前，我们要完成老师布置的作业，如果想和老师讨论难题该怎么做呢？虽然可以直接打电话向老师求助，但如果询问的学生太多，那么老师不仅压力大，而且碰到相同的问题，老师还要重复解答一遍。为了解决这个问题，我们可以使用Kitten设计一款在线交流平台：同学们将问题贴在板块上，老师在闲暇时间集中解决。为了完成这个项目，我们该如何进行可行性分析呢？

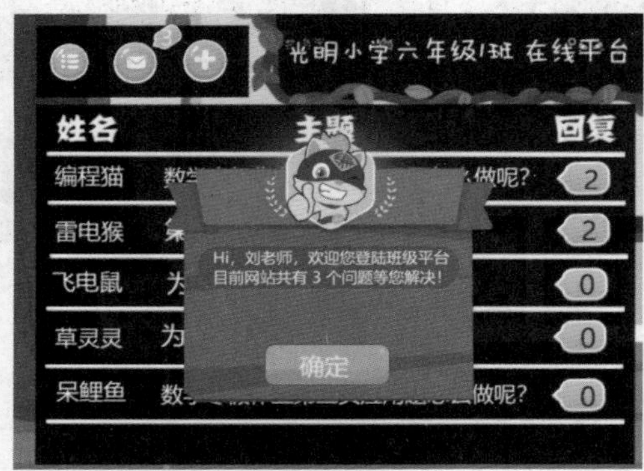

首先，我们要估算出项目的完成时间，判断能否在恰当的时机发布本程序。然后，我们要考虑本项目的难度，尤其是技术上是否可以实现（例如，为了区分不同的用户及其帖子，我们可使用云变量功能）。如果能实现，还要对不同的技术方案进行选择。接着，我们要判断当前功能能否满足同学们和老师的需求。最后，还要考虑安全性问题（例如，避免其他学校的学生进入本系统）。

签名　发现并分析问题 - 工程思维

13 古代调兵遣将为什么要用兵符?

生活中的计算思维

古代制度森严，士兵们只听命于将帅，皇帝不是简单地说一句话就可以调动军队的。他需要某些物件表明其权威地位，那么如何证明自己的身份呢？除了必备物件圣旨外，兵符也是调兵的重要物件。它是由青铜或黄金制成的伏虎状令牌，制作者将其劈为两半，左符交给将帅，右符由皇帝保存。若皇帝需要调兵，则会派人拿着右符和圣旨去找持有相应左符的将领。圣旨和兵符缺一不可，它们就是证明身份的重要物件。

使用POS机交易时，工作人员会要求你在纸上或手持终端上签字。为什么这么麻烦，直接交易不就好了？原来，当你对交易存疑或有不明交易时，除了查看交易记录，你还可以申请查看签名进行确认，以保障资金安全。此外，在确认协议或合同时，也需要甲乙双方签名、按手印或盖章，从而确保双方对条款无异议。其特点与兵符类似，都是对身份的认可，且伪造难度较大，或者说伪造成本高。

仔细看看你曾经获得的证书或奖状，上面是不是有颁发机构的印章或签名？它们承载着颁发机构的权威性，是对你所取得成果的肯定和认可。若没有这些印章或签名，证书或奖状的价值本身就很难被相信。

什么是签名？

为了让信息或事物具备权威性、独特性甚至法律效力，采用某种方法证明它是由特定的个人或机构所创作、创建、认证、认可、认同的，同时具备不易伪造的特性。

灵感小笔记

生活中还有哪些时候需要使用到签名的思维方式？请列举出来，并说说签名起到的作用。（提示：身份证中的芯片、公章）

程序中的计算思维

如果A给B发送一条信息，当B接收到某条信息时，B如何确定这条信息是由A而非其他人发送的呢？如果B可以确认，那么不仅能够防止A否认自己发送了这条信息，还可以避免一种黑客行为：信息先被他人截获再伪造发送。

根据之前“签名”的思维方式：如果A在发送数据前可以对信息进行签名，则可以认为该信息由A创建。在计算机科学中，这种技术被称为“数字签名”。当B接收到信息后，只需要对信息进行验证，便可以知道是否为A发送。

```
from Crypto.Signature import pkcs1_15
from Crypto.Hash import SHA384
from Crypto.PublicKey import RSA

####################################
# A自行生成密钥对
key = RSA.generate(2048)
private_key = key.export_key()
f = open("private.key", "wb")
f.write(private_key)  # 保存私钥
f.close()

public_key = key.publickey().export_key()
f = open("public.key", "wb")
f.write(public_key)  # 保存公钥
f.close()

####################################
# 待签名的消息
message = b'To be signed'

# 将消息散列化
h = SHA384.new(message)
# print(h.hexdigest())

# A使用自己生成的私钥，对消息进行签名
key = RSA.import_key(open('private.key').read())
signature = pkcs1_15.new(key).sign(h)

####################################
# B使用A的公钥进行验证
key = RSA.import_key(open('public.key').read())
try:
    pkcs1_15.new(key).verify(h, signature)
    print("签名验证成功，这是由A发送的消息！")
except(ValueError, TypeError):
    print("签名验证失败！这不是A发送的消息！")
```

公钥和私钥并非本书的重点，感兴趣的学习者可自行搜索“非对称加密算法”。在海龟编辑器中安装库时需搜索“pycryptodome”而非“crypto”。如果感兴趣，你还可以尝试使用cryptography库进行数字签名。

14 如何举办一场精彩的联欢晚会？

生活中的计算思维

你的班级即将举办一场联欢晚会以欢度节日。活动的负责人除了要规划整个活动的内容，还要关注许多细节问题，这样才能保证晚会的顺利进行。例如，节目的先后顺序，音响的声音大小要合适，特殊情况的紧急处理方法，工作人员的数量和分工等。这种规划资源的思维模式就是统筹。

北宋真宗时期，皇城失火，宫室损毁严重。大臣丁渭受命主持皇宫修复工作。但是他面临着几大难题：第一，现场需要大量泥土作为建筑材料；第二，物料来回运送的人力成本较高；第三，现场有很多废弃瓦砾要处理。面对众多难题，丁渭会如何统筹规划该工程呢？首先，他下令将城中街道挖开取土造砖，这样就解决了第一个难题；再把河水引入挖土后留下的大沟，然后调来各地的竹筏木船，通过这条沟渠运送建造皇宫所需的物材，这样就解决了第二个难题；等到皇宫建造完毕，再命人将大沟中的水排尽，把大量废弃砖头瓦砾回填，大沟又重新变为街道，第三个难题也得以解决。丁渭的统筹规划方法可谓一举多得、事半功倍。

什么是统筹？

统筹就是通盘筹划和规划全局，也是洞察事物、工作谋划、整合协调、创造性思维等能力的综合运用。

灵感小笔记

哪些班级活动给你留下了深刻的印象？假想你是活动负责人，讲讲你会如何统筹该活动。

____

____

程序中的计算思维

如果学校想建设一个网站，你会如何统筹这个项目呢？首先我们要调研校方建立网站的目标是什么，并与团队成员进行头脑风暴，形成用户需求列表。

然后再根据需求表统筹所有资源，例如所需的人员种类、数量、工时、进度安排和预算等。

软件开发的过程中同样需要统筹。例如，我们在开发之前就要明确：如何制定整个开发过程的计划？网站是否需要兼容手机？如果兼容手机界面，则需要兼容哪几种机型或系统？如何邀请用户进行测试和评估？明确这些问题后，统筹计划就会愈加清晰。

15 商鞅是如何取信于民的？

生活中的计算思维

秦朝的商鞅要推行某些政策，但他担心百姓们不信任他。商鞅琢磨着怎样才能让百姓们相信自己，于是想到了一个办法：他口头承诺，如果谁能把都城南门口的一根三丈高的柱子搬到北门，就能获得五十金。后来有一个人做到了，商鞅立刻履行承诺，给予他五十金以表明自己言而有信。最后百姓们都对商鞅产生了信任，商鞅变法得以顺利推行。

假如你向某位同学借东西，并约定明天归还，那么你们之间就达成了一个口头协议。买卖双方在进行交易时（如买房和买保险等）要协商并达成一致，最终签订协议、合同或契约，这就是一个书面协议。

如果你参与跳伞等极限运动，那么对方可能会要求你签订免责协议。因为极限运动对你的身体素质有一定的要求，即便如此，对方也无法完全保证不会出现任何意外情况。类似的情况还有很多，例如公司以商业或技术机密为由要求员工签署保密协议；运动员参赛前要和赛事组委会签运动员参赛合同；办理银行或通讯业务时、安装手机软件时、线上付费时需要确认合约条款等。这些协议的目的都是让双方共同遵守某些约定。

什么是协议 / 契约？

双方或多方共同商议并达成一致意见的结果，可以是口头形式，但更多情况下以书面形式为主。一旦达成协议/契约，涉及的双方或多方就应当信守承诺，履行各方的职责。

灵感小笔记

生活中还有哪些场景使用了协议或契约的思维模式？这些场景又是如何达成一致意见的呢？

程序中的计算思维

根据城市查询天气情况是最常见的应用程序之一，它能够通过网络接口向服务器发送查询请求，再将响应结果展示出来，比如温度、生活指数等。这看似简单的过程，实际上却暗藏“契约”的玄机。仔细观察，便会发现我们要按照服务器指定格式发送请求（url变量），而服务器返回的数据是以“JSON”数据交换格式保存的，这意味着你必须按照此格式的约定进行解析（json库）。只有当你以服务器要求的格式发送了请求数据，并按照服务器响应的格式进行解析，双方才能无障碍地“沟通”。这些规则就是契约。

```
# -*-coding: utf-8 -*-
import requests
import json

city = input('请输入查询的城市（汉字）：')
url = 'http://wthrcdn.etouch.cn/weather_mini?city=' + city
res = requests.get(url)
data_json = json.loads(res.text)
data = data_json['data']

print('城市：' + data['city'])
print('温馨提示：' + data['ganmao'])
print('温度：' + data['wendu'] + '℃')
print('**********************************')
print('昨天日期：' + data['yesterday']['date'])
print('昨天天气：' + data['yesterday']['type'])
print('昨天最高温度：' + data['yesterday']['high'])
print('昨天最低温度：' + data['yesterday']['low'])
print('**********************************')
for i in range(0, 3):
    print('日期：' + data['forecast'][i]['date'])
    print('最高温度：' + data['forecast'][i]['high'])
    print('最低温度：' + data['forecast'][i]['low'])
    print('风向：' + data['forecast'][i]['fengxiang'])
    print('----------------------------------')
```

```
请输入查询的城市（汉字）：北京
城市：北京
温馨提示：天凉，昼夜温差较大，较易发生感冒，请适当增减衣服，体质较弱的朋友请注意适当防护。
温度：17℃
**********************************
昨天日期：10日星期三
昨天天气：多云
昨天最高温度：高温 18℃
昨天最低温度：低温 8℃
**********************************
日期：11日星期四
最高温度：高温 19℃
最低温度：低温 6℃
风向：南风
----------------------------------
日期：12日星期五
最高温度：高温 22℃
最低温度：低温 9℃
风向：西南风
----------------------------------
日期：13日星期六
最高温度：高温 23℃
最低温度：低温 8℃
风向：西北风
----------------------------------
程序运行结束
```

计算机之间的通信也需要遵守特定的通信协议。如果不同的厂商使用不同的通信方法，那就相当于鸡同鸭讲，无法顺利通信。就算A厂商实现了与B厂商的互通，但也没有精力实现与全球所有厂商的互通。为了解决这个问题，人们制定了全球通用的网络通信协议“TCP/IP”。全球厂商只要根据该协议实现相应的软硬件功能，便可以无障碍地通信。

16 为什么汽车要配置安全气囊？

生活中的计算思维

很早以前，汽车还没有安全气囊。如果汽车发生剧烈的碰撞，惯性作用会使车内人员发生二次碰撞，甚至可能带来致命的伤害。为了预防这种伤害，美国人John Hetrick于1953年发明了安全气囊。在发生剧烈碰撞时，安全气囊会迅速弹出，从而保护人体的头部和胸部，最大程度降低二次碰撞的伤害。

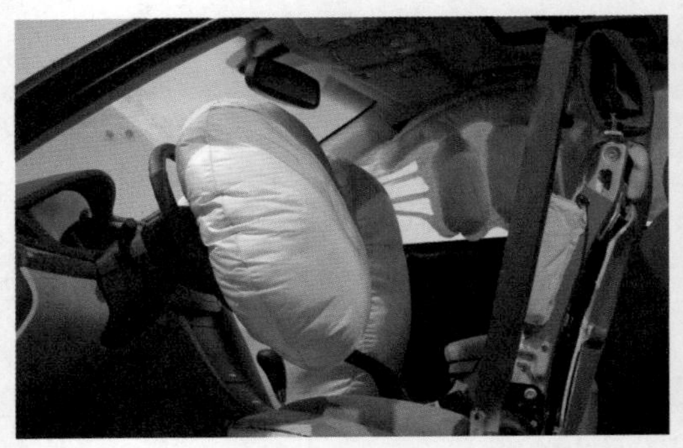

出远门之前，你会如何准备行李呢？你可能会考虑到极端天气，然后提前准备相应的衣物；你可能会担心感冒或者身体不适，然后提前备好感冒药等药品。在赛场中，为了在运动员意外受伤时能得到及时的治疗，队医时刻处于准备就绪的状态。办公楼会配有灭火器，以备火灾使用。这些准备或预备的工作都是防御性的思想模式，即做好最坏打算，以防万一。

什么是防御性思想 / 最坏打算？

提前考虑到可能发生的最坏情况，做好预防和准备措施，以降低最坏情况发生时所造成的影响。

灵感小笔记

生活中还有哪些场景运用了防御性思想？（提示：暴力机关、运动护具）

____

____

程序中的计算思维

在下面的程序中，用户输入自然数n，程序返回1+2+……+n的结果。

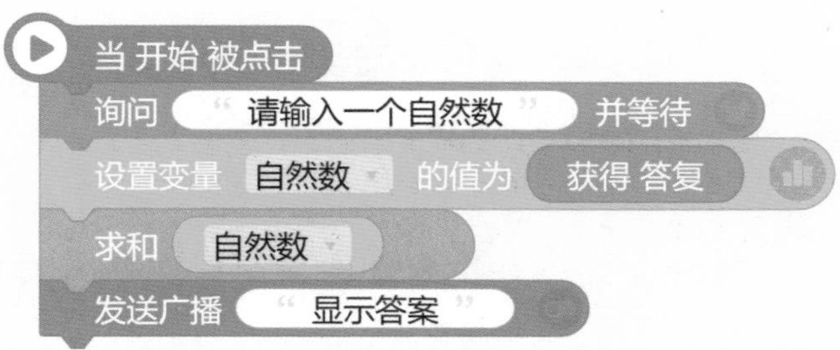

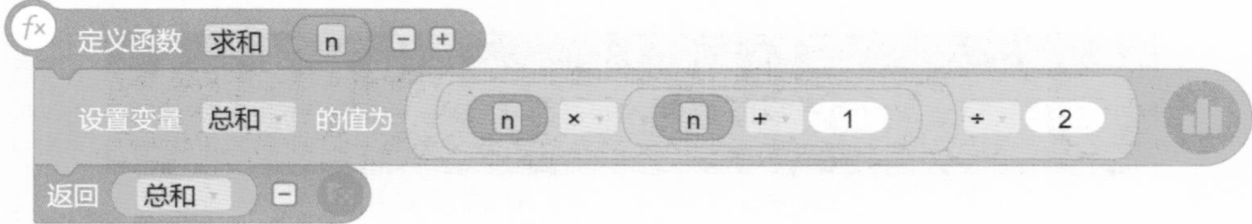

如果用户不小心输入了负数或小数，程序的运算结果就会出错。为了提前避免这种非预期的或者错误的最坏情况发生，我们在程序设计中应该假设用户可能会输入不符合要求的数据，并进行相应的处理。

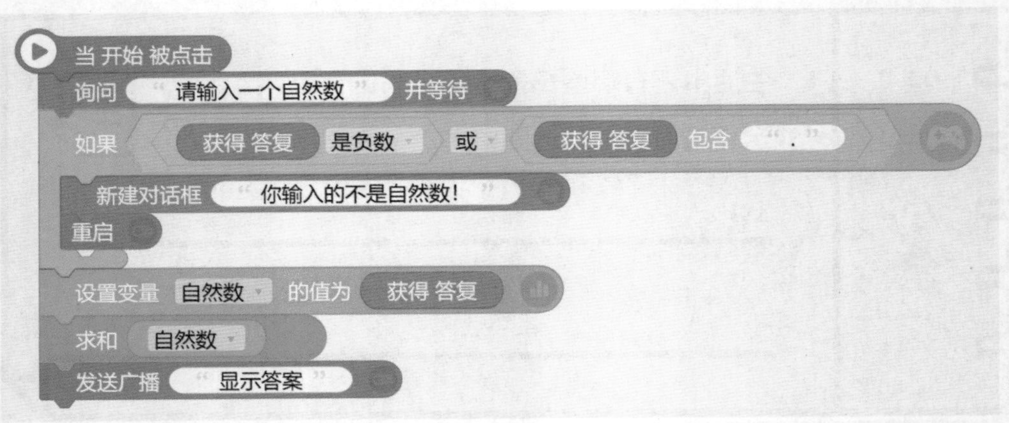

Python的try-except-else语法用于捕捉程序中潜在的异常，从而便于处理最坏情况。当下面脚本尝试打开本地文件时，为了应对打开失败的情形，程序使用防御性思维将open函数置于try内。一旦文件打开失败，则给使用者相应的提示。

```
try:
    fh = open("test", "w")
    fh.write("以可写方式打开文件!")
except IOError:
    print("Error: 没有找到文件或读取文件失败！")
else:
    print("内容写入文件成功!")
    fh.close()
```

```
Error: 没有找到文件或读取文件失败!
程序运行结束
```

持久化　　发现并分析问题 - 工程思维

17 文物出土后是如何被保存的？

生活中的计算思维

中国是四大文明古国之一，有许多具有深厚文化底蕴的历史文物，这些文物不断地出现在公众的视野中。考古学家们也希望能够将其妥善保管，让后人有机会亲眼见到这些珍贵的文物。但是你知道这些文物出土后是如何进行保管的吗？不同的文物具有不同的保存方法。如书画文物的关键是避光，且对温湿度也有较高的要求；银质文物对光不敏感且耐低温，但容易被氯化物腐蚀，其保管的空间需要进行空气净化。

走进超市，我们会发现管理员将鲜肉、牛奶、海鲜等易变质的商品都放入冰柜中。因为低温环境不易滋生细菌，使得食品保存时间更持久。除此之外，还可以采用腌制和真空包装等方法来延长保存时间。

什么是持久化？

为满足传输和贮藏等要求，通过某种方法延长物品的保存时间，使其维持在稳定的状态。在计算机科学中，持久化通常是指将易丢失的数据传输到不易丢失的介质上，从而实现数据的长期保存。

灵感小笔记

从定义可知，持久化的对象是不易保存的物体，那么在你的生活中还有哪些实例呢？智慧的人类是如何将其持久化的呢？

程序中的计算思维

目前计算机硬件体系架构大都采用内存和硬盘分离的方式。许多编程语言会在内存中进行计算，并通过一些函数进行持久化操作，将计算结果存储在硬盘上。

序列化和反序列化是经典的持久化应用场景。如下图程序所示，pickle.dump方法将变量data从内存保存到了硬盘，使得数据不易丢失；还可以通过pickle.load方法将变量从硬盘加载到内存。

```python
import pickle

# 变量 data 位于内存中
data = 'I love the Codemao very much'.split()

with open('数据.dat', 'wb') as f:
    # 把内存中的对象持久化到硬盘
    pickle.dump(data, f)  # 序列化

with open('数据.dat', 'rb') as f:
    data2 = pickle.load(f)
    print(data2)  # 反序列化
```

数据库是存储和管理各种数据的软件，如图片、视频、文本、数字等，它也是另一个经典的持久化应用场景。以下图为例，脚本将内存中的一个字典对象data保存到了MongoDB数据库中，因此该对象已被持久化到硬盘中，即使关闭计算机电源，数据也不会丢失。

```python
import pymongo

myclient = pymongo.MongoClient("mongodb://localhost:27017/")
mydb = myclient["codemao"]
mycol = mydb["students"]

data = { "name": "zacklee", "age": "10" }

mycol.insert_one(data)  # 持久化
print(mycol.find_one())
```

```
{'_id': ObjectId('5cc1b075b178f7294a6f1897'), 'name': 'zacklee', 'age': '10'}
程序运行结束
```

在海龟编辑器中搜索第三方库pymongo，便可以使用它来创建数据库并完成增删改查等操作。感兴趣的读者可自行查阅资料学习。

编

解决难题的思路

——系统模型设计

02

特征识别/模式识别/概括 系统模型设计 - 数学思维

01 为什么人类能区分动物或表情？

生活中的计算思维

你能找出哪个是狮子，哪个是企鹅吗？

在下一页的表情中，你能区分哪些是好心情，哪些是坏心情吗？

即使是小朋友也能毫不费力地找出答案吧！为什么我们能轻易地区分出它们呢？因为人类很擅长对模式进行识别，这也是人类的一项基本技能。人类在观察事物或现象的时候，常常会注意到它与其他事物或现象的不同之处，并根据特定的目的把相似但又不完全相同的事物或现象组成一类，总结出特定的通用模式。所以，一旦知道了动物或表情的本质特征，你都可以识别出来。

什么是特征识别 / 模式识别？

特征识别是指对事物或现象的特殊信息进行提取。模式识别是指对事物或现象的各种形式（例如数值、文字、图形或逻辑关系等）的特征信息进行分析和处理，并对事物或现象进行描述、辨认、分类和解释的过程。

灵感小笔记

你能找到哪些特征识别和模式识别的例子？尝试从多个角度思考，如生活、学习、考试、交友、思维方式等场景。

程序中的计算思维

如果你要帮助某位老师编写一个课堂点名程序，你会如何区分每一个学生呢？换言之，学生的特征包含什么呢？回忆校园时光，特征可能包含学号、姓名、出生年月、签到状态等。下面用类来表示学生的特征。

```
class student:
    sno = 0
    sname = ''
    sbirth = ''
    ssigned = False

    def signIn():
        ssigned = True
```

如果这位老师希望你再帮助他编写一个考试程序，你会如何总结学生的特征呢？显然，签到状态这一重要特征在该程序中似乎并没有作用。相反，你需要概括总结出新的特征，如考号、科目、分数等。所以，在不同的场景中，对同类事物识别出的特征也不一样。

```
class student:
    test_no = ''
    sname = ''
    test_type = ''
    total_score = 0

    def setScore(score):
        total_score = score
```

什么是概括？

把事物的共同特点归结在一起，并加以总结归纳。概括与特征识别、模式识别一样，也需要找出事物的本质特征。

02 没有名字的世界会怎么样？

生活中的计算思维

如果我们都没有名字，这个世界将会怎样？人们将很难快速、精准地指出对面的人，人员管理也会出现各种各样的麻烦，管理者不可能用身高180，体重60公斤，身材偏瘦等外在特征去描述一个特定的人吧！为了便于管理，政府部门规定，每人只能有一个法定的名字。这样一来，人们就可以将某个人的直观印象与其姓名建立关联。这就是近似的一对一映射关系。

假设你在等73路公交车。73路公交车不只有一辆，但每一辆都有独一无二的车牌号。所以“73”这个数字可以被映射到多辆不同车牌号的公交车，这就是一对多的映射关系。

什么是映射？

人为地将一个事物的属性与其他事物的属性建立某种关联，从而形成一对一或一对多的关系。人们使用映射的思维模式，便能根据某个事物的属性，快速关联到特定事物的属性。

灵感小笔记

尝试列举出一些一对一映射和一对多映射的情景。

程序中的计算思维

假设每位学生只有一个成绩，则可以认为姓名和成绩是一对一的映射关系。你能编写一个查询学生成绩的程序吗？右图中使用多个分支结构来表达该映射关系。

```
name = input('输入姓名：')
if (name == '小明') :
    print('成绩为','98')
elif (name == '小元') :
    print('成绩为','88')
elif (name == '美美') :
    print('成绩为','98')
elif (name == '英子') :
    print('成绩为','89')
else :
    print('没有录入该人员的成绩')
```

虽然可以这么做，但是和Python的字典相比，该方式不仅不直观，而且程序可读性差。字典是Python中最常用的数据类型之一，其元素包括两个部分：键（key）和键对应的值（value）。注意：字典内不能出现相同的键。如何使用它来解决该问题呢？首先创建一个字典，保存映射数据。

```
Dict = {'小明': 98,'小元': 88,'美美': 95,'英子': 89}
```

然后通过姓名（键）获取成绩（值）。程序是不是更加简洁可读了呢？

```
Dict = {'小明': 98,'小元': 88,'美美': 95,'英子': 89}
name = input('输入姓名：')
print('成绩为',Dict[name])
```

03 如何测量一个灯泡的容积？

生活中的计算思维

有一次，爱迪生让他的助手阿普顿计算一只电灯泡的容积。由于电灯泡是不规则的物体，阿普顿测量了很多数据，列了很多算式，但都未得出答案。如果是你，你知道如何测量电灯泡的容积吗？ 爱迪生在灯泡中装满水，然后再把水倒入量杯中，灯泡的容积自然就算出来了。爱迪生用水的容积替代了电灯泡的容积，这种思维模式就是替代。

你知道“曹冲称象”的故事吗？在三国时期，曹操想知道一头大象的重量，大臣们都想不出好办法。曹操的小儿子曹冲却想到一个好办法。他让人们把大象牵到船上后，标记水面到达船身的位置，然后把大象牵下船，再把一块块石头装上船，直到水面也到达标记的位置，最后称出这堆石头的重量就能知道大象的重量。实际上，曹冲的思维模式就是“等效替代法”，用石头的重量替代大象的重量。

*本图由地铁小小授权使用

什么是替代 / 替换？

将一个事物的某种属性转换到另一个事物的某种属性，从而达到近似或等价的作用和效果。

灵感小笔记

在你的生活中，有哪些使用了替代或替换的巧妙情形呢？

____

____

程序中的计算思维

假如你要设计一个雪花纷飞效果的程序。习惯上我们会先添加多个“雪花”角色，再给每个雪花编写近似的脚本。可在这之后，若想调整某个特效，则意味着你要修改大量角色的脚本，而且都是重复性的劳动，非常烦琐。

既然“雪花”角色们的脚本和逻辑都很相似，那我们完全可以使用克隆功能将其替代。这样你只需添加一个“雪花”角色，并编写通用的脚本即可。我们将多个角色的属性转换到了一个单独的克隆体的属性上，这种替换方式极大节约了工作量，并简化了代码复杂程度。

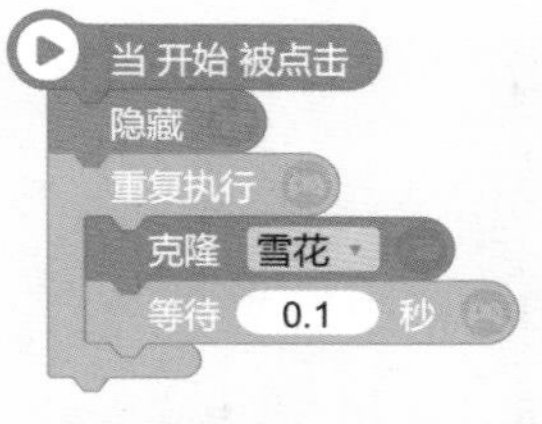

克隆后的雪花效果也非常漂亮呢！

04 如何在小空间中放置多种家具?

生活中的计算思维

通常家中的陈设包括床、沙发、衣柜、茶几、餐桌等。但如果房间面积大，放下多件家具不是问题，可是当房间面积比较小时，比如只有十平方米，要放下这么多家具就显得不切实际，还会影响人们的活动空间。怎样才能满足小空间的多种家具需求呢？组合家具的发明就解决了这个问题。它把多种功能的家具组合在一起，从而一物多用，那么在同样的占地面积里，它便能实现放置多种家具的功能。

闻名于世的瑞士军刀又是如何发明的呢？最早的瑞士军刀只包含螺丝刀和罐头刀，随着其发明人埃尔森纳发明了新刀片弹簧后，他就把更多工具组合在一起。时至今日，瑞士军刀把30多种功能组合在一个工具上，以便让它应用到更多的场景中。制作工艺上，瑞士军刀也采用了手工工序和加工工艺的组合，以保证瑞士军刀的品质。借助组合，瑞士军刀才得以流传到世界各地。

夏阳酷暑，为了尽快吃到清凉的瓜果，有没有办法不重复地切块？圆盘式瓜刀利用排列的思想，将相似的刀片有序地连接在一起，使其完成并行操作。只需轻轻一压，就能把瓜果切成均匀的几块，既方便又卫生。

什么是排列 / 组合？

排列是指将集合中的元素进行任意的、随意的整合。组合比排列更进一步，它是指将元素进行特定次序的整合。哲学中将这种结构变化称为量变，量变积累到一定程度会引起质变，即涌现出新的功能。

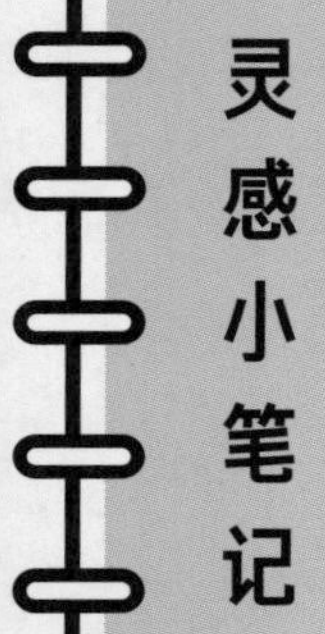

生活中有哪些排列或组合的现象？

程序中的计算思维

假设你设置了一个两位数的密码，但不知为何你却忘记了它！这下怎么办才好？最笨的办法就是从00到99逐一尝试，即组合的思维方式。具体做法也很简单，固定左边的数字为0，然后把右边的数字按照从0到9依次改动。如果都不对，再把左边的数字改为1，仍然按照从0到9的次序改变右边的数字。最坏情况下，你需要试100次才能打开锁。

可实际情况却是：密码大都由多个数字组成。如果增加到四位密码，尝试10,000次极其烦琐。在程序中运用组合的思维方式，便能帮助你快速找到密码。

```
import itertools
import random

password = random.randint(0, 9999)  # 自动生成的密码

for i in itertools.product('0123456789', repeat = 4):
    if int("".join(tuple(i))) == password:
        print('密码是%04d' % password)
```

```
密码是8201
程序运行结束
```

分离　系统模型设计 - 数学思维

05 为什么空调压缩机要安装在室外?

生活中的计算思维

为什么安装壁挂式空调机时，压缩机通常被安装在室外呢？原来空调压缩机工作时会产生明显的噪声，而且会排出热量，为了不影响室内环境，我们需要把噪声和热量与室内生活环境隔离开。所以大家都会把空调压缩机安装在室外。

虽然鸟儿的体型小、重量轻，但它们却是飞机飞行安全的威胁因素。因为鸟儿和飞行中的飞机相撞时，鸟儿就像一颗炮弹，足以摧毁飞机的发动机，所以把飞机和鸟儿隔离开非常有必要。那机场周围是如何驱赶鸟类的呢？人们使用了各种方式，比如利用声波把鸟儿和飞机场分离，这样就能减小威胁因素。

你见过用筛子来分离大米和糠的场景吗？把稻谷加工成大米的过程中会产生大米和糠的混合物，其中大米供人类食用，而糠用于喂食家禽。制作豆浆时，也要使用纱布袋将豆腐渣和豆浆分离。在食物加工过程中，分离是经常用到的思维方式。

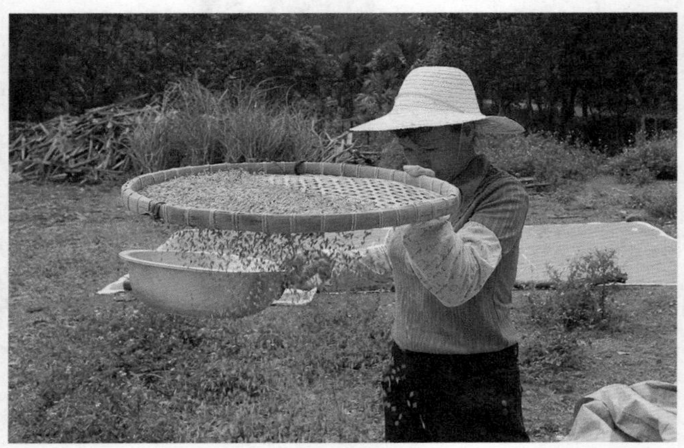

什么是分离？

把多个事物分隔、隔离开来。分离后的各部分各司其职，发挥自己的作用。各部分之间可以相互作用，也可以毫无关联。

灵感小笔记

生活中有哪些地方运用了分离的思想？它能带来什么好处？

____

____

程序中的计算思维

在Kitten中，你可以很容易地使用画笔绘制一个三角形。

当 开始 被点击
设置变量 边长 的值为 200
移到 x -100 y 100
清除画笔
落笔
重复执行 3 次
移动 边长 步
旋转 -120 度

艺术是多样的，一千个读者眼里有一千个哈姆雷特，每个人都会绘制出完全不同的三角形效果。比如有的人希望三条边的颜色不同或颜色渐变，有的人希望三条边的粗细不同等。需求不同，代码也千差万别。

有没有办法让一套程序逻辑满足不同的绘制需求呢？使用“广播”积木就能将程序中的动作分离出来，仅保留准备、绘制和结束的基本绘图逻辑。

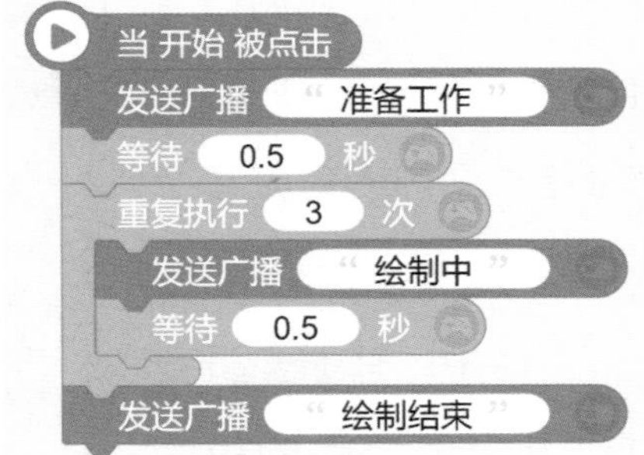

具体的准备、绘制和结束工作交给另一个角色执行。这样你就可以创造出各种各样的绘图角色，它们都可以被基本绘图逻辑所调用。

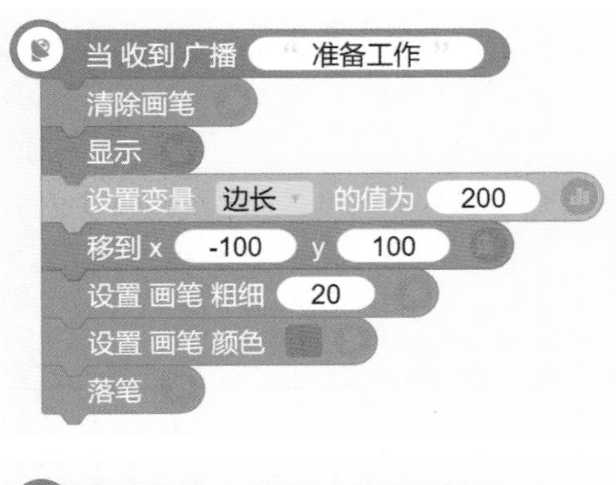

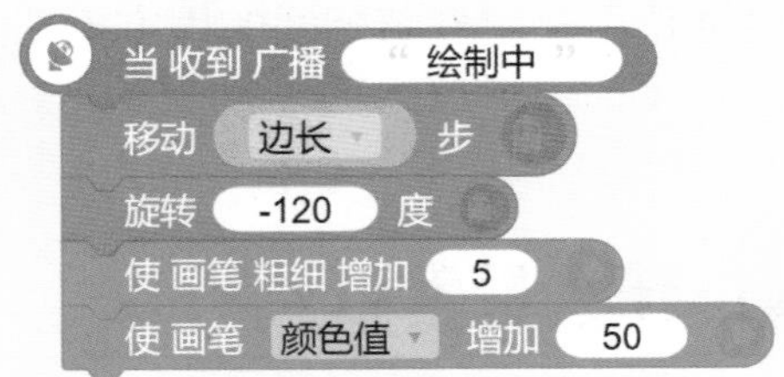

当 收到 广播 “绘制结束”
新建对话框 “恭喜绘制完成!”

索引　系统模型设计 - 算法思维

06 为什么图书要有目录？

生活中的计算思维

你以前看书的时候，是否遇到过类似“请参考第二章第三节的内容”的情况？你是怎么做的呢？

如果你乱翻一气，不知道要翻多少次才能找到参考的内容，可能会浪费很多时间。大多数人都会通过浏览目录去寻找，这是为什么呢？因为目录关联了所有章节和小节的精确页码，能帮助我们快速定位内容的位置，完全省去了随机翻阅的过程。我们称目录为“索引”，它的特征是一个内容对应着一个精确的页码。

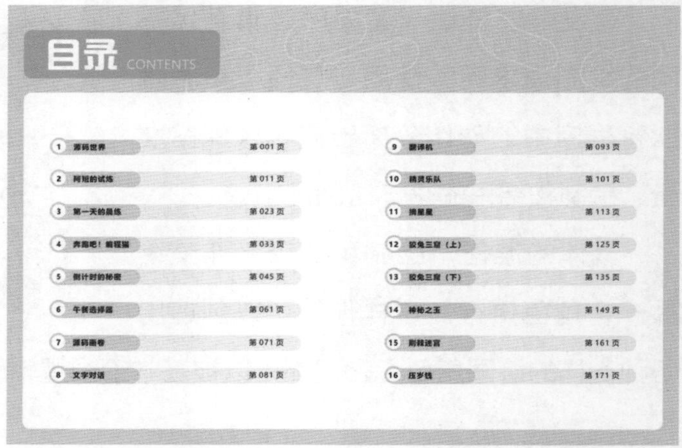

目录 CONTENTS

1 源码世界 第 001 页
2 阿短的试炼 第 011 页
3 第一天的晨练 第 023 页
4 奔跑吧！编程猫 第 033 页
5 倒计时的秘密 第 045 页
6 午餐选择器 第 061 页
7 源码画卷 第 071 页
8 文字对话 第 081 页
9 翻译机 第 093 页
10 精灵乐队 第 101 页
11 摘星星 第 113 页
12 狡兔三窟（上） 第 125 页
13 狡兔三窟（下） 第 135 页
14 神秘之玉 第 149 页
15 荆棘迷宫 第 161 页
16 压岁钱 第 171 页

*选自《编程猫标准教材系列》

生活中还有很多事物都运用了索引的思想。例如地址就是一个索引，它指向了一个精确的地理位置。你是否发现地址和目录包含着相同的思维模式呢？

什么是索引？

若某些事物分别关联着另一些事物，那么将前者按照一定方式组织后的产物就是索引。使用索引便能快速、准确地查找到关联的事物。在较复杂的情况下，人们还会在一个索引基础上再次生成一个索引，词典中就包含这种情形。

灵感小笔记

你身边还有哪些索引呢？（提示：超市购物、书架、商场地图）

____

____

程序中的计算思维

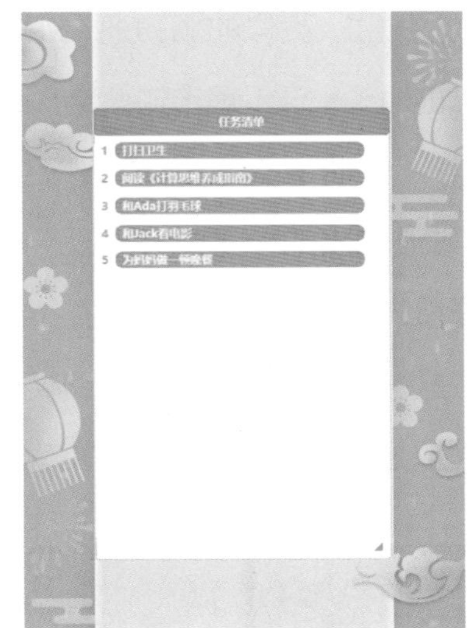

假如你设计了一个“备忘录”小程序，并使用此程序在“任务清单”中记录了某天计划要做的事情，包括打扫卫生、阅读《计算思维养成指南》、和Ada打羽毛球、和Jack看电影、为妈妈做一顿晚餐。由于Ada的安排有冲突，不得不取消和你的约定。你要如何删除任务清单中的“和Ada打羽毛球”这项任务呢？

你需要找到这项任务对应的项数，只有通过项数才能删除元素。而项数1~5就是索引，每一项都关联着一个元素，即本案例中的任务。假如没有索引，你就无法“告诉”计算机应该删除哪一项。

```
当 开始 被点击
删除 任务清单 第 3 项
```

07 什么是“先进先出”的现象？

生活中的计算思维

假设你是银行柜员，客户们都一拥而上跑到柜台，到底应该先给谁办理业务呢？如果随意挑一个，肯定会有其他客户埋怨不公平。其实，让客户们按照先来后到的顺序排队或者使用叫号系统取号就能很好地解决这个问题。这样队伍前方的客户能够优先办理业务，后来的客户自然只能等到上一位客户办理结束。先进先出的方式维护了公共秩序，防止了插队等不文明现象的发生。类似的场景还有很多，如安检入口、超市排队结账等。

生活中的队伍也不一定总是先进先出的，可能会出现一些合理或不合理的插队理由。例如在登机时，头等舱的客户便可以“捷足先登”，专业上称其为“优先级队列”。

灵感小笔记

想一想，日常生活中还存在哪些先进先出的场景呢？

什么是先进先出？

优先处理最先到达的数据、信息、物体的一种思想。

程序中的计算思维

程序中通常用队列来表示先进先出的数据结构。它只允许删除队列最前端（队头）的数据，并且只允许从队列的末尾（队尾）进行插入。从下图中可以看到数据1、2、3的入队过程和出队过程。

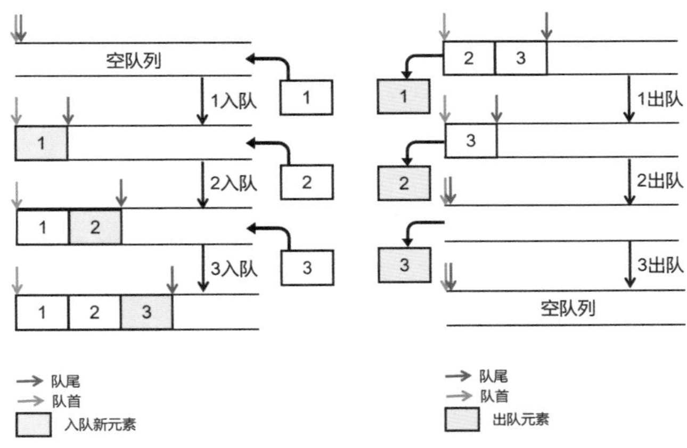

Python中有一个标准库queue，它提供了队列的数据结构和先进先出（FIFO）的机制。它的使用方法很简单：入队后按照先进先出的顺序取出元素即可，但从队头之后取元素是不允许的。例如q.get(3)是错误的出队行为。

```
import queue

q = queue.Queue()

for i in range(6):
    q.put(i)

while not q.empty():
    print(q.get())
```

```
0
1
2
3
4
5
程序运行结束
```

标准库queue还提供了优先级队列PriorityQueue，感兴趣的小读者们可自行搜索其使用方法。

08 什么是“先进后出”的现象？

生活中的计算思维

在使用厢式货车存放货物时，工人们会将一件件货物规整地从最里面摆放到厢门。运输到目的地后，工人们又要将货物一件件地搬出来。你也许已经发现：先放进去的货物摆放在车厢最里面，但它们最后才能被搬出来；而后放进去的货物，却最先被搬出来。

假设你要洗20个盘子，你会把洗完的盘子一个个地铺在桌面上吗？少量的盘子当然可以，但当数量很多时，为了节省空间，我们要把盘子一个个地上下叠起来，因此最后一个洗完的盘子就被放到了最上面，而第一个洗完的盘子则在最下面。

顾客们又如何取用层叠的盘子呢？他们会从最下面开始拿取吗？答案显然是否定的，因为这远不如直接拿最上面的盘子方便。所以最后一个被放上去的盘子会最先被拿走。这就是先进后出的思想。

什么是先进后出?

优先处理最后到达的数据、信息、物体的一种思想。

灵感小笔记

想一想，日常生活中还存在哪些先进后出的场景呢?

____

____

程序中的计算思维

程序中通常用“栈”来表示先进后出的数据结构。栈的特点是只能在一端进行插入和删除操作，其价值在于保存旧的数据，在计算机科学中被广泛应用，例如函数的参数传递。

数据进入栈后被一个一个地压入，最上层的数据被称为栈顶元素。读取数据时，栈顶元素将从栈中弹出去。整个运行过程和放盘子、拿盘子的场景几乎一致。

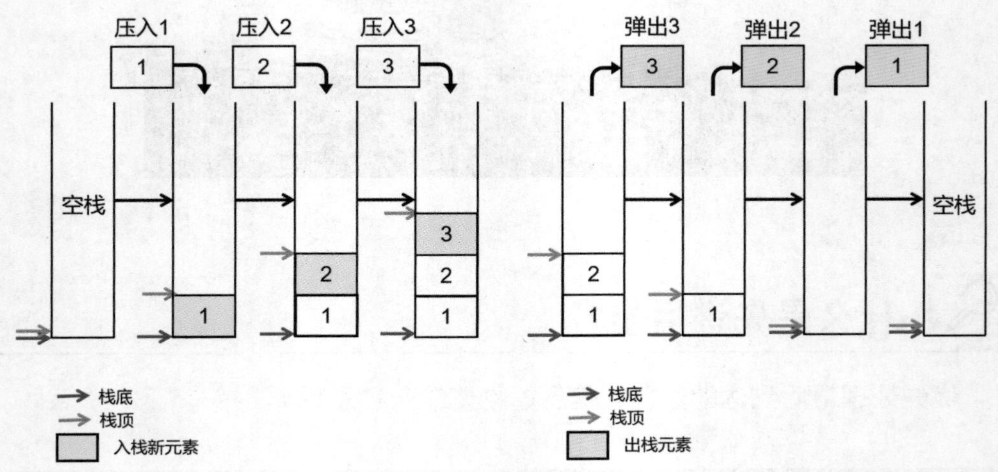

Python的标准库queue实现了“先进后出”的数据结构。如下所示，最先入栈的元素0是最后一个被打印出来的。

```
import queue

q = queue.LifoQueue()

for i in range(6):
    q.put(i)

while not q.empty():
    print(q.get())
```

```
5
4
3
2
1
0
程序运行结束
```

09 盲人是如何阅读的？

生活中的计算思维

阅读，是人们生活中获取知识最普遍的方法，可是盲人该如何阅读呢？有人曾提出直接把字母凸起印刷，但其制作工艺过于复杂。1829年，法国盲人路易斯·布莱叶创造了一种盲人使用的文字。布莱叶将凸起的小点进行组合后，使之对应特定的字母、数字、符号，这样字母信息就被编码为了凸起的小点，既经济又便捷地解决了这个难题。

在没有高科技设备的古代，如果将领要率领一支上千人的军队，如何才能把策略及时地传达给全军队呢？如果消息靠口口相传，不仅会非常耗时，而且还无法保证每个人都能同步地接收到信息。如何解决这个问题呢？人们利用鼓作为通信设备，并把不同的命令编制成不同的节奏鼓点。例如列队准备是慢鼓，进攻是快鼓等，这样就可以实现每个人同时接收到信息并一起行动。

声音的传播距离也是有限的，所以我国古代还发明了另一种通信方法——烽火。若敌人在边界入侵，只要燃起狼烟就能通知远处的军队。相邻的两个烽火台之间相距10里（5000米），声音很难传播得这么远，而用烽火则可以轻松实现。在这个案例中，敌人是否入侵的信息被编码为了是否燃起狼烟。

什么是信息编码？

按照特定的方法，将某种信息以另一种形式呈现出来。

灵感小笔记

生活中有哪些编码？（提示：条形码、身份证号码、摩尔斯电码）

程序中的计算思维

计算机只认识0和1，因为任何信息在计算机中都是用二进制表示的。当我们在计算机中使用十进制时，最终它也必须要转换成二进制，才能被计算机识别。下面的脚本实现了十进制到二进制的转换。

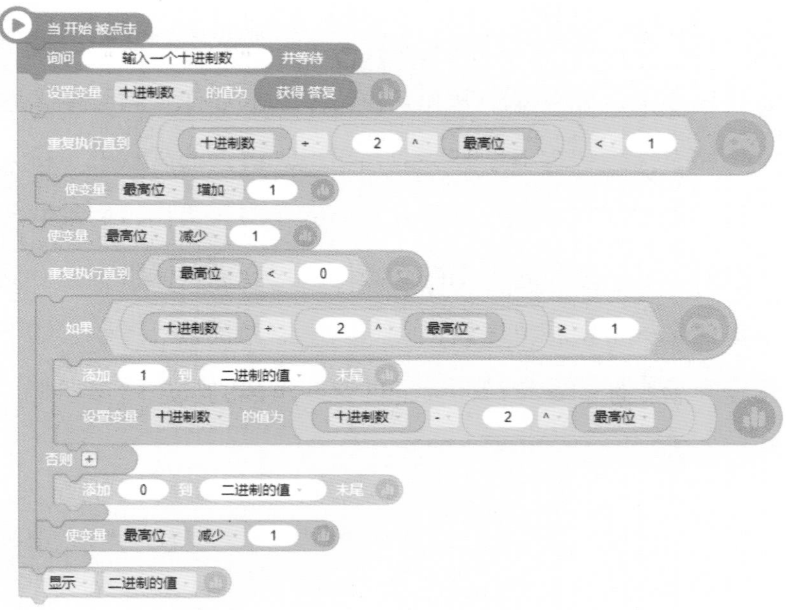

10 为什么切换软件界面时不会发生混乱？

生活中的计算思维

为什么你能够在智能手机的屏幕间随意切换而不会出现界面混乱呢？如果把屏幕看作一种状态，这个问题就非常好解释：因为智能手机的各个界面都有自己的状态转移规则。你在某个界面下执行不同的动作，将会使得界面转移到其他状态。例如，休眠状态下按开关键，手机则进入锁屏状态；输入密码后，进入工作状态；你按下开关键，又进入了锁屏状态。再如，通常情况下，手机处于工作状态时，若一段时间内无任何操作，它会进入休眠状态。这些状态转移的机制就构成了一个状态机模型，并可以总结为状态机图示，如下所示。当多次操作软硬件后，你的潜意识便会记住这些常用的状态转移规则，这就是不会发生混乱的原因。

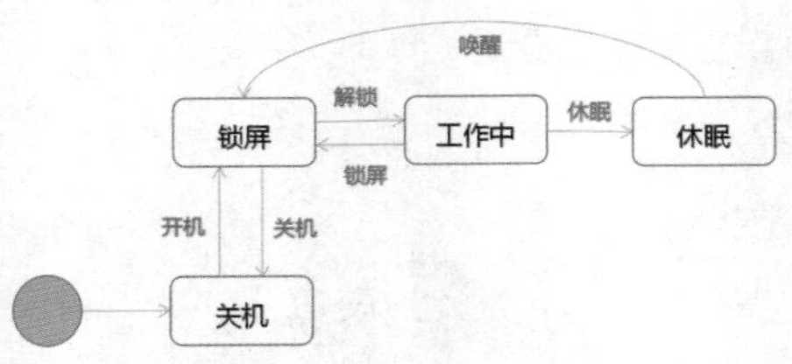

假设你要向出版社投递稿件，你的文章先要通过编辑人员的审稿，审核通过即可归档。如果没通过还需要返给你修改，而不能直接归档。修改完后再次交给编辑人员审核。这个流程和手机一样，都有状态转移机制，总结为如下状态机图示。

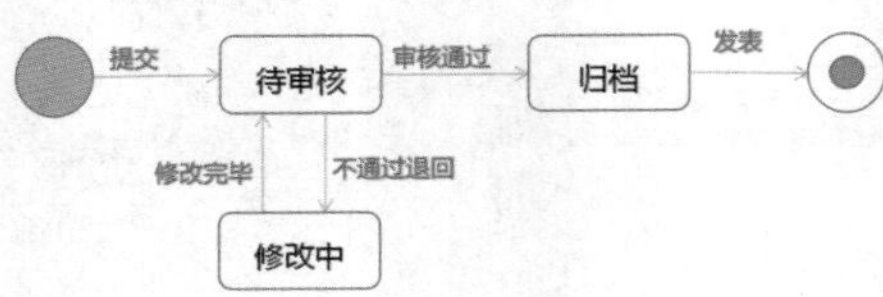

什么是状态机?

状态机是一种包含了众多状态及各状态之间转移规则的模型，它可以很好地描述事物的状态变化。

灵感小笔记

生活中有哪些事物具有多种不同的状态？你能尝试模仿并绘制出其状态机图示吗？

程序中的计算思维

工厂设计了一个控制汽车启动、行驶、停止和熄火的系统，状态机图示如下所示。

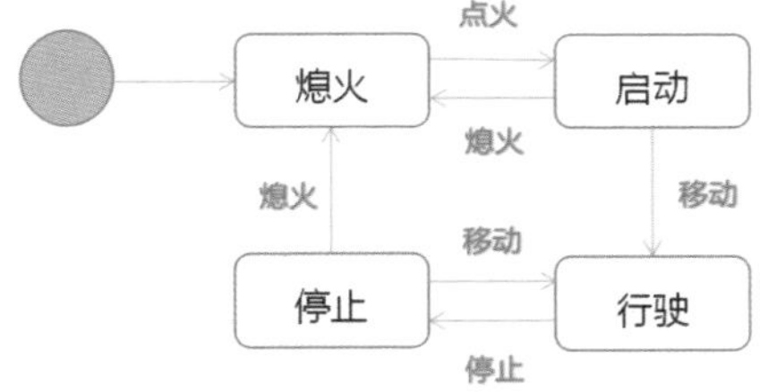

根据状态图，我们发现该汽车有四种状态。仔细观察，在下页的程序中，有个别状态无法启动，因为它不符合状态转移规则。

```
指令：点火 启动状态
指令：移动 行驶状态
指令：停止 停止状态
程序运行结束
```

```
class 汽车():
    def __init__(self):
        self.state = '熄火状态'

    def 点火(self):
        if self.state == '熄火状态':
            self.state = '启动状态'
            print('指令：点火 '+self.state)

    def 移动(self):
        if self.state == '启动状态' or self.state == '停止状态':
            self.state = '行驶状态'
            print('指令：移动 '+self.state)

    def 停止(self):
        if self.state == '行驶状态':
            self.state = '停止状态'
            print('指令：停止 '+self.state)

    def 熄火(self):
        if self.state == '启动状态' or self.state == '停止状态':
            self.state = '熄火状态'
            print('指令：熄火 '+self.state)

benze = 汽车()
benze.移动()
benze.点火()
benze.移动()
benze.停止()
benze.点火()
```

在填写邮箱地址时，系统会检查格式是否正确。如果有误，系统会自动告知你“格式错误”。程序是怎么知道这一点的呢？答案就是“正则表达式”，它非常适合做复杂字符串规则的匹配工作。下面的程序中展示了如何验证Email地址的合法性。

```
import re
str = r'^[a-zA-Z0-9_-]+(\.[a-zA-Z0-9_-]+){0,4}@[a-zA-Z0-9_-]+(\.[a-zA-Z0-9_-]+){0,4}$'
if re.match(str, 'helloworld@test.com'):
    print('ok')
else:
    print('error')
```

正则表达式的内部运作原理便是以状态机为基础的。感兴趣的学习者可以搜索关键字“正则表达式 状态机”一探究竟。感兴趣的读者还可以搜索“设计模式 状态模式”，它可以很好地封装大量状态判断的分支结构。

11 如何更快地记录老师的板书？

生活中的计算思维

如果让你做一位速记员，你能准确并快速地记录下会议中每个人的发言吗？由于汉字的笔画繁多，书写速度通常比说话速度慢。有什么办法可以解决这个问题呢？这可难不倒聪明的人类！我们发明了手写速记法，使用符号、字符或简笔来压缩汉字或词组，从而提高记录速度。相信你也有类似的经历：当记录老师的板书等授课内容时，由于时间来不及而采取压缩信息的方法，如简笔画、拼音、同音异字等。

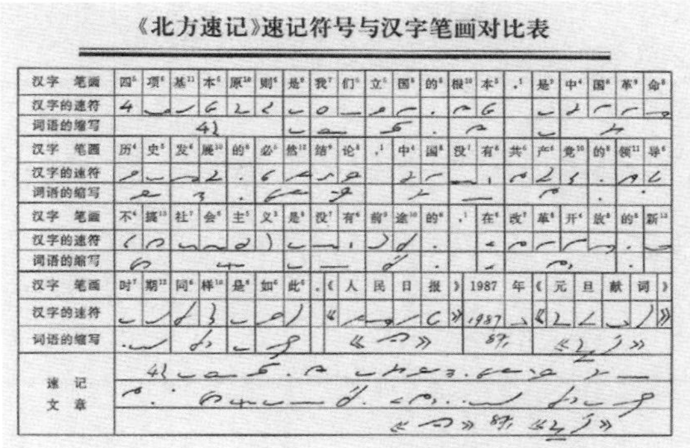

你知道莎士比亚的四大悲剧是什么吗？它们分别是《哈姆雷特》《奥赛罗》《李尔王》《麦克白》，想要记住并不容易。这里有一个高效的信息压缩方法：截取作品名的首字或尾字，将其压缩为“哈罗李白”。面对大量信息时，采用信息压缩的方法便于大脑记忆，尤其是你亲自发明的压缩方法更有效。在英语、语文、历史、政治等诸多学科的应试备考过程中，都有不少便于记忆的小口诀。

在战争时期，决定胜败的关键因素之一就是军粮。在长途跋涉时，体积越小的军粮优势更大，因为这样就能腾出更多空间携带其他物件，所以人们发明了压缩干粮。它的热量非常高，保质期很长，吃完后喝一点儿水就有饱腹感，非常适合行军时携带。虽然干粮不是信息，但也使用到了“压缩”的思维方式。

什么是信息压缩？

采用损失或不损失原有信息的方法，压缩重复的信息或数据，从而减少表达信息的数据量，以达到特定的目的，如缩短传输时间、减少存储空间、便于记忆等。

灵感小笔记

你是如何记忆电话号码、银行卡号、身份证号码的呢？有特殊的信息压缩技巧吗？

程序中的计算思维

人们使用软件时离不开信息传输，如聊微信和看视频等。网络的数据传输量是非常庞大的，但人们又希望传输的速度越快越好。在带宽一定的情况下，如何才能高效地传输数据呢？答案就是信息压缩。假设待传输的数据为

“aaabbcdddddhhhkmmmmm”，你会发现它有很多相邻重复的字符，所以其特征就是：3个a，2个b，1个c，5个d，3个h，1个k，5个m，故而它可以被压缩为“3a2b1c5d3h1k5m”，这样就把20个字符减少到了14个字符，信息也没有丢失。在计算机科学中，这种压缩方法被称为“游程编码”。

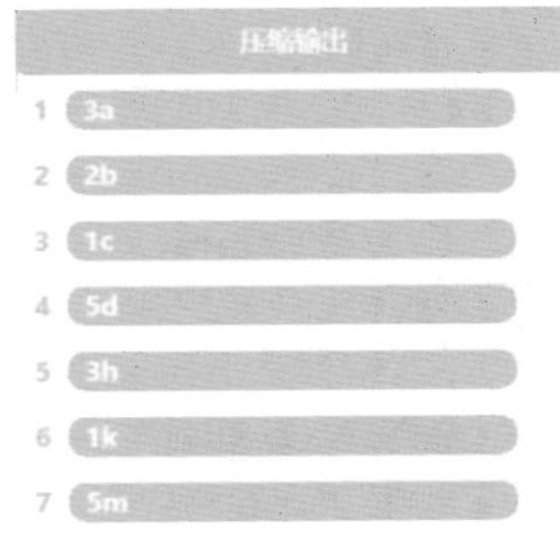

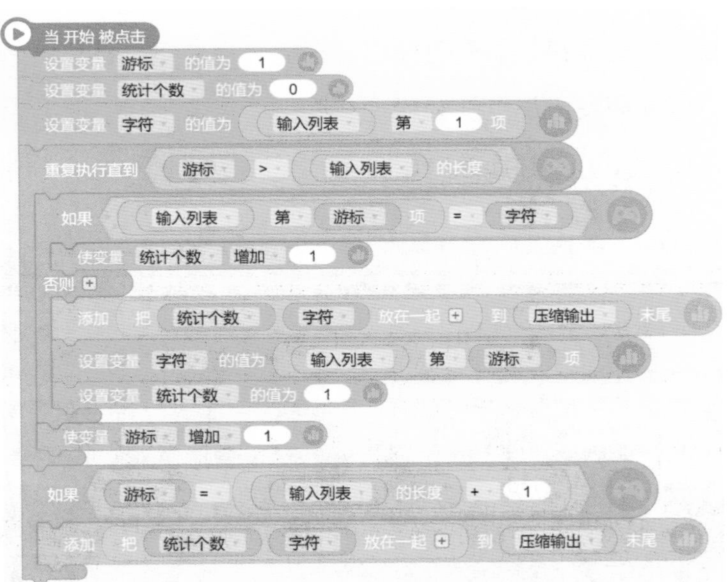

如果你想在网络上传输大量文件，一个个地发送不仅非常烦琐，而且非常占用带宽。习惯上我们会对这些文件进行压缩处理，生成一个压缩文件，减少文件大小和占用空间，同时传输时间也会相应缩短。

```
import zipfile
import os

dirpath = 'C:/Users/blue_/Downloads/test/'
filelist = []
zipname = 'C:/Users/blue_/Downloads/'+'test.zip'

for root, dirs, files in os.walk(dirpath):
    for name in files:
        filelist.append(os.path.join(root, name))

z = zipfile.ZipFile(zipname, 'w')

for f in filelist:
    z.write(f)

z.close()
```

模块化 系统模型设计 - 编程思维

12 为什么汽车制造采用模块化的生产方式？

生活中的计算思维

最早的汽车生产线需要大量人力参与，自动化程度和产量都很低。随着科技的进步、标准的统一，零件和组合零件的通用率逐步提高，生产线开始采用“模块化”的方式。为什么要使用这种生产方式呢？这是因为一辆汽车的动力模块、电器模块、底盘模块、车身模块等在统一标准下，都可以像乐高积木一样组合起来，因此研发人员能够轻松地在同一个架构上实现不同模块的组合搭配，研发出不同的车型，并提高产量。

一台计算机可以分为显示屏、主机、键盘、鼠标、音箱等硬件模块。每个模块都可以独立生产，并完美地组合在一起。在工业设计上，模块化的思想也激发了很多有趣的设计，比如组合家具。

当我们在医院挂号时，要先确定自己挂哪个科室。试想一下，如果不分科室，所有医生都在同一个大厅中，本应去咽喉科的患者去询问皮肤科的医生，这不仅耽误了彼此的时间，甚至还有误诊的风险。因此医院会按照不同的病种划分科室，例如内科、外科、儿科、眼科等，从而便于患者快速找到对应的医生。科室的划分就是一种模块化的思维方式。

公司、学校等机构组织也会按照职能进行模块化划分。如部门、班级等，每个模块既是独立的个体，又是系统的一部分。模块化之后，机构组织就能很方便地进行管理。

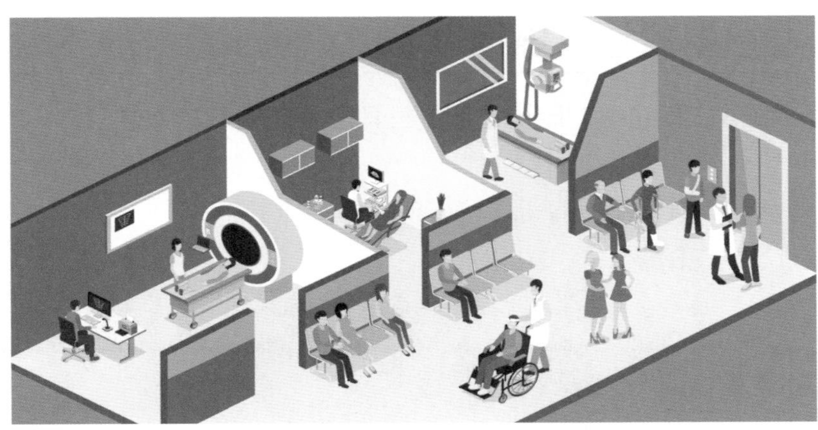

什么是模块化?

按照特定属性将事物进行分割的过程。分割后的各部分既是独立的，又能嵌入到更大的系统中。输入输出和模块化是人类重要的认知武器。模块化意味着“高内聚”，即把类似的功能集中整合在一起。未来你还将学习到“接口依赖”，它意味着“低耦合”，即各部分之间以相互不影响的方式连接在一起。高内聚低耦合不仅是软硬件设计追求的目标之一，在生活中也比比皆是，如组织架构设计。

灵感小笔记

仔细观察教室中的设施，你能找到模块化的痕迹吗？

程序中的计算思维

下面的脚本实现了绘制随机位置的三角形和正方形的效果。

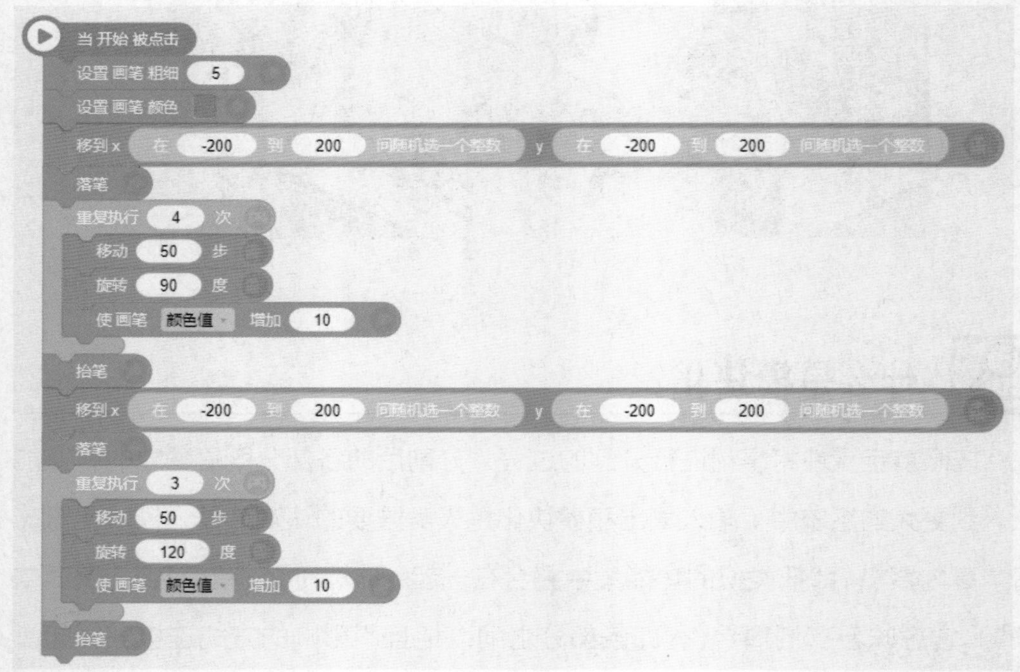

如果我们想绘制更多的三角形和正方形呢？虽然重复执行操作也可以解决问题，但是程序仍然显得有些臃肿不简洁。其实，利用函数将代码模块化是实践中的常用手段！因为它使代码简洁易懂，如下图所示。

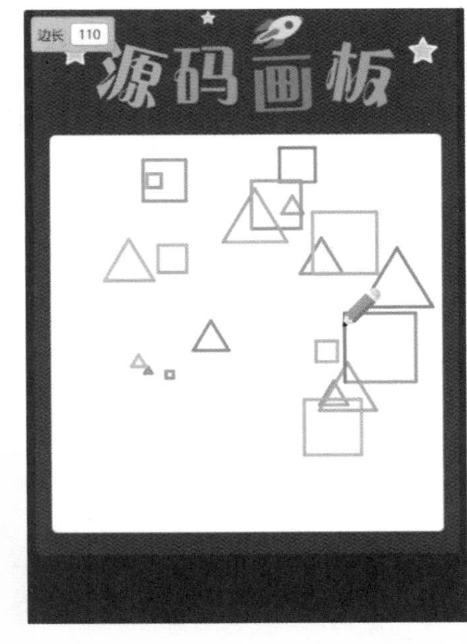

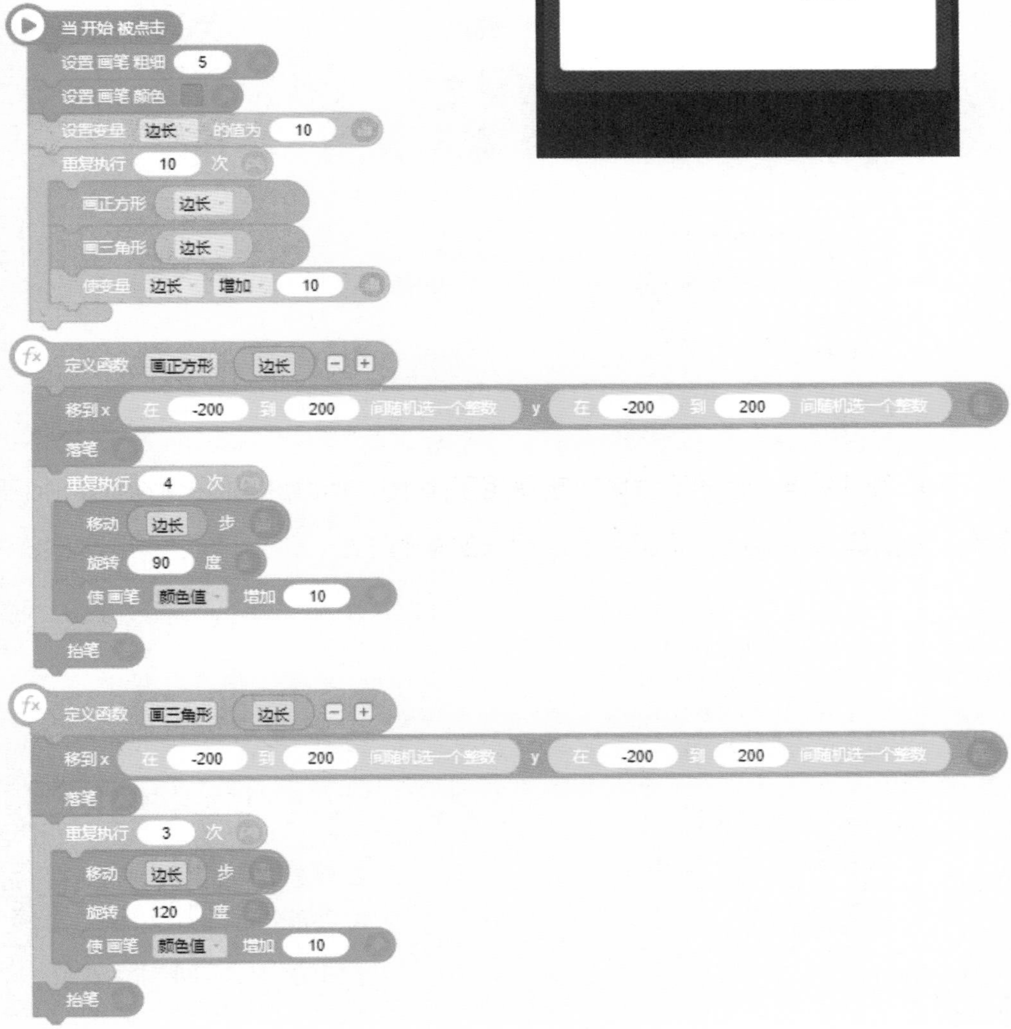

```
当 开始 被点击
设置 画笔 粗细 5
设置 画笔 颜色
设置变量 边长 的值为 10
重复执行 10 次
    画正方形 边长
    画三角形 边长
    使变量 边长 增加 10

定义函数 画正方形 边长
移到x 在 -200 到 200 间随机选一个整数 y 在 -200 到 200 间随机选一个整数
落笔
重复执行 4 次
    移动 边长 步
    旋转 90 度
    使 画笔 颜色值 增加 10
抬笔

定义函数 画三角形 边长
移到x 在 -200 到 200 间随机选一个整数 y 在 -200 到 200 间随机选一个整数
落笔
重复执行 3 次
    移动 边长 步
    旋转 120 度
    使 画笔 颜色值 增加 10
抬笔
```

对于任何编程语言来说，第三方库是一个宝贵的模块化资源，因为它具有相对独立的功能，可以完成特定的任务，从而提高编程效率。海龟编辑器为我们提供了一些常见的第三方库，你可以在“库管理”中根据自己的需要进行下载。

下面我们制作一个词云程序。它使用了jieba、matplotlib和wordcloud三个库，分别集合了分词、画图和生成词云的常用方法。

```
import jieba
from matplotlib import pyplot as plt
from wordcloud import WordCloud

string = 'For all the technological wonders of modern medicin
cut_str = jieba.cut(string)
string = ' '.join(cut_str) #将分开的词用空格链接
print(string)

font = r'C:\Window\Fonts\FZSTK.TTF'
wc = WordCloud(font_path = font,
        background_color = 'white',
        width = 1000,
        height = 800,
        ).generate(string)

plt.imshow(wc)
plt.axis('off')
plt.show()
```

13 为什么店铺内要设置储存室？

生活中的计算思维

假设你在试穿一双鞋后确定要购买，店员通常都会去储存室里拿货。为什么店铺内要设置储存室呢？一是因为店铺面积紧张，太多物品摆在外面影响美观；二是因为店铺要提前准备好多双同款式同鞋码的鞋子。为什么要这么做？原因很简单：从仓库调货的速度太慢了。所以干脆根据销量的预判，提前将鞋子从较远的仓库调取到店铺内，从而快速销售给消费者。这就是预置的思想，即提前准备就绪。

在机场或港口附近有大量的货物仓库，因为没有那么多人立即购买，所以公司会把购进的货物先放置并缓存在仓库里。你把第二天上课的书本先放到书包内，把衣服也提前准备好，以便节约早上宝贵的时间，这也体现出一种预置或缓存的思想。

你是否遇到过在线看电影或看直播时视频卡顿的情形？这是怎么回事儿呢？原来，在网络速度比较慢的情况下，从远程服务器下载视频的速度慢于本地播放的速度。因此当视频播放到一定进度时，播放器便会暂停播放，并继续下载视频，即缓冲。这时你只需要耐心等待一段时间，让播放器缓冲，即继续下载一定时长的视频。当然你也可以直接把视频下载并缓存到本地，就不会出现卡顿的情况了。

什么是预置 / 缓存 / 缓冲？

在处理某一事务时，各环节的处理速度通常并不一致。为了解决该问题，可以在上一个环节中提前为下一个环节做好准备，从而使得下一个环节获得较快的处理速度。这就是预置的思维模式，它被广泛地运用在生活和计算机科学中。缓存通常描述静态的场景，缓冲通常描述动态的场景，但有时也能混用，它们的本质都是预置。

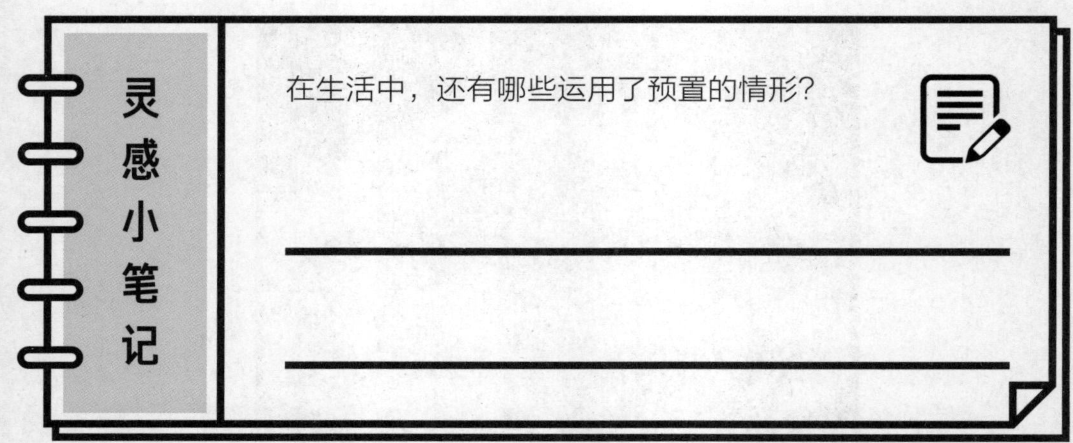

灵感小笔记
在生活中，还有哪些运用了预置的情形？

程序中的计算思维

计算机的CPU会从内存中读取数据，但这通常要花费一些时间，即便其“工作速度”很快。如果CPU频繁地读取内存，花费的时间就增加，CPU的效率也会降低。为了提高CPU的工作效率，工程师们利用缓存的思想实现了Cache存储器。它的容量较小，但读取速度远快于内存。右图的程序模拟了一个大小为100的缓存，并展示了读取缓存数据的过程和特点。

```
class Cache:
    def __init__(self, maxsize=100):
        self.cache = {}
        self.order = []
        self.maxsize = maxsize

    def get(self, key):
        item = self.cache[key]
        self.order.remove(key)
        self.order.append(key)
        return item

    def set(self, key, value):
        if key in self.cache.keys():
            self.order.remove(key)
        elif len(self.cache) == self.maxsize:
            del self.cache[self.order.pop(0)]
        self.cache[key] = value
        self.order.append(key)

    def size(self):
        return len(self.cache)
```

当Cache缓存空间没有满时，可以直接向Cache的尾部添加数据。

```
# 举例
a = Cache()

"""当Cache没有满时"""
for i in range(1, 21):
    a.set(i, i*i)
# 设置和原有key重复的元素，更新
a.set(3, 10000)
# 设置和原有key无重复的元素，末尾添加
a.set(30, 10000)

for key, value in a.cache.items():
    print(key, value)
```

```
1 1
2 4
3 10000 更新
4 16
5 25
6 36
7 49
8 64
9 81
10 100
11 121
12 144
13 169
14 196
15 225
16 256
17 289
18 324
19 361
20 400
30 10000 增加
程序运行结束
```

当Cache缓存空间已满时，若再向尾部追加数据，就会导致前面的数据被删除。这里的更新策略较为简单：我们假设越靠前的数据越陈旧，因而需要被刷新。

```
# 举例
a = Cache()

"""当Cache满时"""
for i in range(1, 101):
    a.set(i, i*i)

# 设置和原有key重复的元素， 更新
a.set(90, 10000)
# 设置和原有key无重复的元素，末尾添加并删除Cache前面的一个元素
a.set(101, 10000)

for key, value in a.cache.items():
    print(key, value)
```

```
2 4          删除
3 9
4 16
5 25
6 36
7 49
8 64
9 81
10 100
11 121
12 144
13 169
14 196
15 225
```

```
90 10000
91 8281
92 8464
93 8649
94 8836
95 9025
96 9216
97 9409
98 9604
99 9801
100 10000
101 10000    增加
程序运行结束
```

Cache缓存还有“命中率”的概念，感兴趣的读者可以自行搜索相关资料。

事件驱动

系统模型设计 - 编程思维

14 为什么生活就是被事件所驱动的？

生活中的计算思维

清晨时分，闹钟懒洋洋地把你从梦境拽回现实。当你准备出门上学时，看到窗外倾盆大雨，你带上了雨衣和雨伞。上课铃响起，同学们准备进入上课的状态。放学啦，注意红灯停，绿灯行！

闹铃、下雨、课堂铃声、红绿灯，这些都可以被看成是一种事件。当某一事件发生，我们就会产生行动。这就是“事件驱动”在生活中的含义。

计算机或智能手机等电子设备的运转也是靠事件驱动的。例如，插入USB设备、点击鼠标、键盘输入、滑动屏幕等都是事件，而软件将会对这些事件做出响应。

什么是事件驱动?

系统因受到外部事件的刺激或输入而做出动作、反应、响应的机制。

灵感小笔记

你能列举出更多事件驱动的案例吗?(提示:从"系统"的角度出发,例如生物体、社会系统、信息管理系统等)

程序中的计算思维

回忆一下,在Kitten的脚本中,第一块积木是什么呢?没错,就是"事件"积木盒子中的"当开始被点击"。为什么事件积木盒子必须作为脚本的第一块积木呢?因为Kitten程序也是一个系统,它需要被事件所驱动。所以当你点击舞台上的开始按钮时,当你点击角色时,当你按下某个按键时,这些事件都会触发执行相应的脚本。下图展示了源码编辑器为创作者提供的多种事件积木,它们都会在特定事件发生时被触发执行。

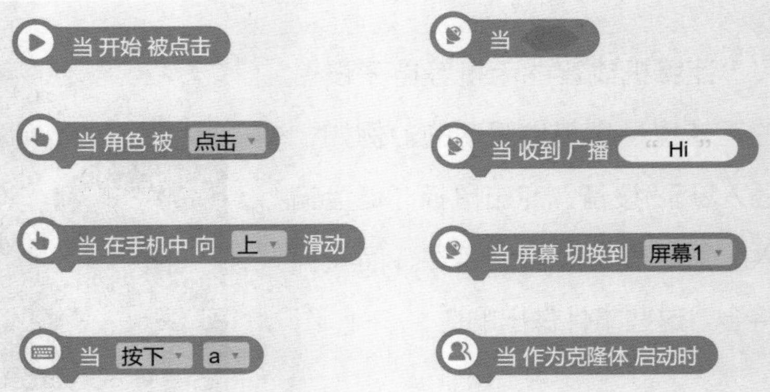

让我们使用海龟编辑器创作一个简单的单词复习程序。进入程序后，用户可以点击“是”或“否”来选择是否进入复习。如果用户点击了“是”，则程序显示单词；如果用户点击了“否”，则提示“结束”。

```
from tkinter import *

root = Tk()

Label(root, text='你要开始单词复习吗？',
          font=('黑体', 20)).pack()

def chooseY():
    top = Toplevel()
    Label(top, text='computer').pack()

def chooseN():
    top = Toplevel()
    Label(top, text='结束！').pack()

Button(root, text='是', background='green', command=chooseY).pack()
Button(root, text='否', background='yellow', command=chooseN).pack()

root.mainloop()
```

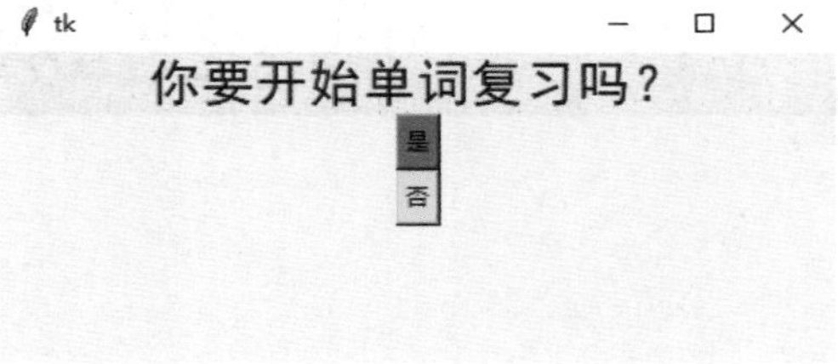

tk
你要开始单词复习吗？
是
否

tk
computer

tk
结束!

对于程序而言，点击按钮的行为就是一个外部的事件，程序必须要对事件做出反应。换言之，正是各种事件（包括点击最大化、最小化、关闭按钮）驱动了程序的运行。我们使用的绝大部分软件，都是事件驱动的。

参数化　系统模型设计 - 编程思维

15 如何成为摄影小达人？

生活中的计算思维

如何使用手机拍出黑白效果的照片呢？这可难不倒作为摄影小达人的你！只要把滤镜选成“黑白”即可，这样软件就会自动把照片处理成黑白色调。如果在光线较暗的场所拍照，为了使拍摄效果更好，通常要打开闪光灯。你发现了吗？设置不同的选项，相机就可以拍出不同的效果。没错，成为摄影小达人的秘诀就是设置正确的选项和合理的参数，如白平衡、曝光补偿等数值。为使用户拍出更棒的效果，工程师们正在丰富设置选项的道路上不断努力前行。

数学中的二元一次方程含有两个未知数，例如y=2x+4。如果x=1，则y=6；如果x=2，则y=8。y的值随x值的变化而变化。我们可以把这种映射关系抽象为函数：y=f(x)。它表示x和y之间存在某种关系，通常把x称为参数。参数不同，y值也会发生变化。

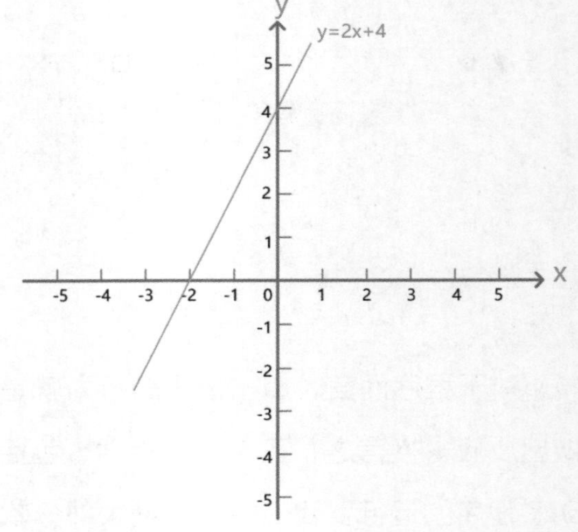

什么是参数化?

参数是指因某事物的变化引起其他相关事物的变化的因素。参数化是指在复杂系统中，探寻、归纳、设计参数的过程，从而使复杂系统易于控制，以不变应万变。

生活中有哪些参数化的实例？（提示：车辆的操作设备、软件的设置界面）

程序中的计算思维

使用源码编辑器的画笔绘制一个多边形非常简单。如下面的代码所示，分别绘制了一个三角形和四边形。

需求总是在变化的。如果现在让你把三角形到六边形都绘制出来，你会怎么做呢？如果又要求各个图形的边长不一样呢？虽然可以简单粗暴地复制大量脚本，但维护工作非常困难。如果再增加一个新的需求，修改量之大简直不可想象，而且容易出错。有没有什么更好的方法呢？

答案就是参数化。仔细思考上面的需求有哪些参数，即影响图形变化的因素。显然就是正多边形的边数和边长。利用参数化思想，把它们放入函数的参数中，从而达到四两拨千斤的效果。

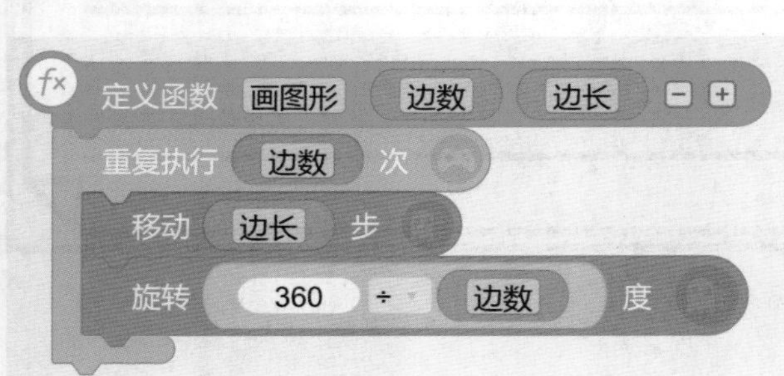

上面展示了参数化的动机，下面再举一个现成的例子。在Python中调用math库的pow()函数，并传入两个参数，便能计算乘方结果。

```
import math

a = input("请输入底数：")
b = input("请输入指数：")

print("乘方：" + str(pow(float(a), float(b))))
```

为什么pow()能计算任意数值的乘方呢？因为计算乘方的规则是固定的，结果只依赖于底数和指数的变化。所以工程师把底数和指数做了参数化处理，使得调用者仅需提供两个参数便可得到结果。

16 小蜜蜂是如何搬家的？

生活中的计算思维

蜂群一般由一只蜂王、少量雄蜂和数万只工蜂组成。虽然蜂王享有最高地位，却没有“统治权”。如果蜂群希望搬家，在没有最高统治者的情况下，它们如何决定新家的位置呢？原来，当工蜂发现了好地方，它回巢后就用“跳舞”的方式“告诉”蜂群。蜂群根据“舞蹈”的热情程度进行判断，然后几只工蜂再次去“考察”并回传消息。如此反复多次后，越来越多的蜜蜂就会自然而然地前往大多数蜜蜂“认为”好的住址了。在蜂群的决策过程中，并非某一只蜜蜂有决定权。相反，每只蜜蜂都是能自主做决定的个体，这就是去中心化的方式。

在2G网络时代，收发信号的基站都是大型基站。其特点是发射功率大，信号覆盖范围广；另一方面，其缺点便是功耗高，部署灵活性差。随着3G网络的发展，因为原基站无法支持3G业务，则需要额外增加数量庞大的新基站，但在城市中寻找大量的大型站址是很困难的。如何解决这个问题呢？人们发明了新型的网络覆盖方式——分布式基站。它把处理收发信号的模块（也称为“射频单元”）从原基站分离出来，这样基站的体积就会变小，部署更加容易，选址问题便迎刃而解。每个射频单元通过光纤连入并独立收发信号，从而完成网络覆盖。

你是否在不同的地区或城市见过相同品牌的店面？这些加盟店或者分店的事务并不是完全由一位管理者进行决策的，而是各店面均设有自己的管理者。这也体现了分布式的思维模式。

灵感小笔记

生活中还有哪些系统运用了分布式的思维方式？它具有什么特征？

什么是分布式 / 去中心化？

分布式是指由自主的个体所构成的系统或群体，能够在没有中央控制系统的情况下协同完成任务。去中心化是指剔除当前系统或群体的中央控制系统的过程，最终使得各个组成部分高度自治地彼此关联。

程序中的计算思维

梅森素数是指能够被表示为2的p次幂减1（p为素数）的素数。2018年12月21日，Patrick Laroche发现了第51个梅森素数：

$$2^{82,589,933}-1$$

它一共有24,862,048位，这已经远远超过一台普通计算机的计算能力了！那么Patrick又是如何计算出来的呢？原来他参与了GIMPS项目（the Great Internet Mersenne Prime Search，搜索梅森素数的分布式网络计算），这是全球首个基于互联网的分布式计算项目。

其原理非常简单。首先下载并运行一个免费程序，这时你的计算机就会自动连接到一台主机（Master），我们称你的计算机为从机（Slave）。接着主机把大问题拆分为众多小问题，并把它们指派给连接它的从机。然后从机接收到该任务后便开始计算，计算结束后将结果告知主机。最后主机汇集从机的结果得到问题的解。

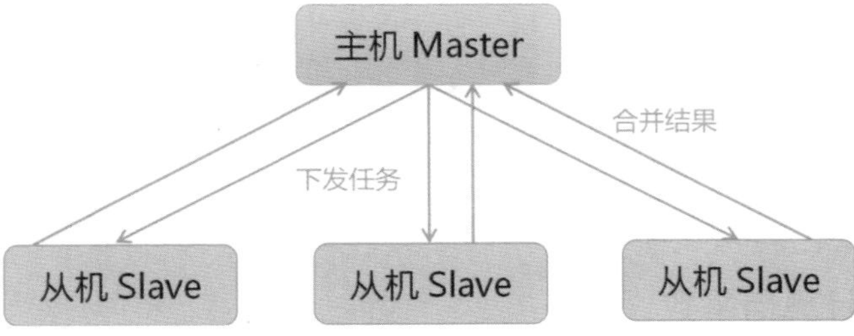

GIMPS借助分布式的思维模式，群策群力，目前已经发现了第37到第51共17个梅森素数。

自幂数是指一个n位数，其每位上的数字的n次幂之和等于它本身。例如当n=3时，153是自幂数，因为1^3+5^3+3^3=153。n越大，寻找自幂数所花的时间也越长。但是使用分布式的思维模式，我们就可以在一定程度上解决该问题。下面是一个使用Kitten创作的自幂数分布式计算程序，让众多计算机共同参与计算！

该分布式程序的主机把n=7的自幂数等分18份：1000000~1500000、1500001~2000000，以此类推，如列表“任务起点”和“任务终点”所示。“任务信息”中的“wait”表示当前任务还未被从机领取。

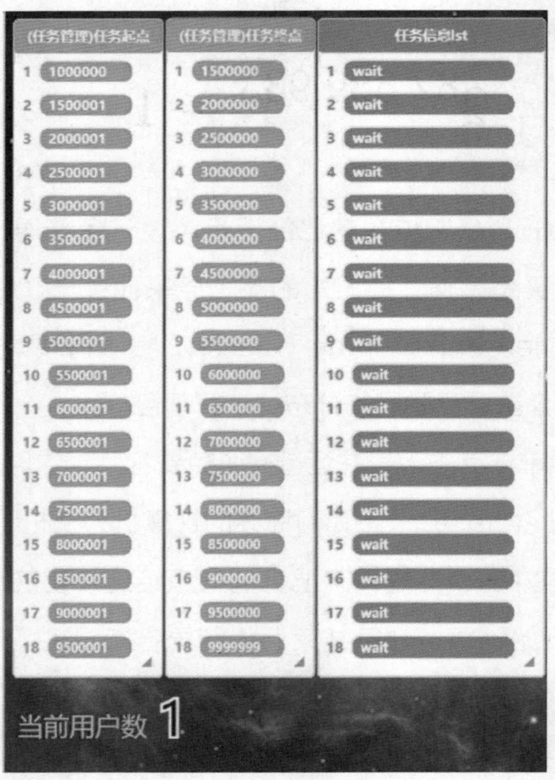

	(任务管理)任务起点	(任务管理)任务终点	任务信息lst
1	1000000	1500000	wait
2	1500001	2000000	wait
3	2000001	2500000	wait
4	2500001	3000000	wait
5	3000001	3500000	wait
6	3500001	4000000	wait
7	4000001	4500000	wait
8	4500001	5000000	wait
9	5000001	5500000	wait
10	5500001	6000000	wait
11	6000001	6500000	wait
12	6500001	7000000	wait
13	7000001	7500000	wait
14	7500001	8000000	wait
15	8000001	8500000	wait
16	8500001	9000000	wait
17	9000001	9500000	wait
18	9500001	9999999	wait

当从机连接到主机后，主机就会给从机分配一个任务。从机就在此范围内计算自幂数。

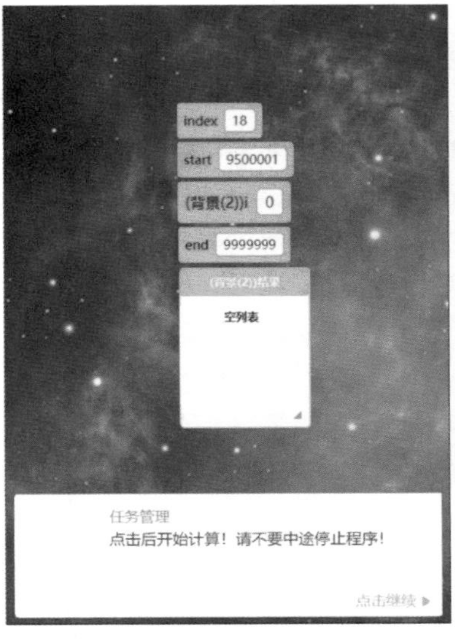

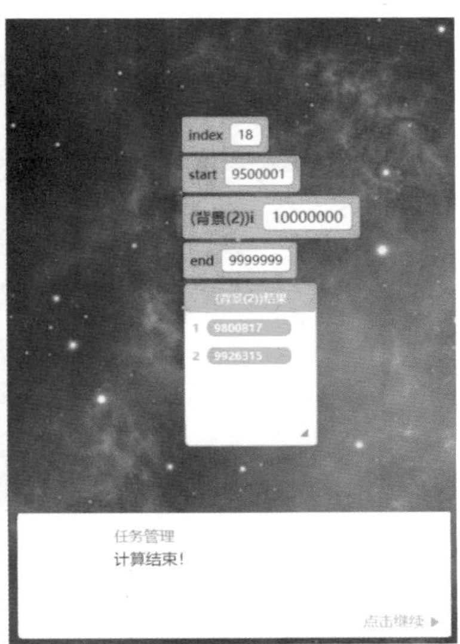

从机计算完毕后，主机的“任务信息”列表就会显示“done”。

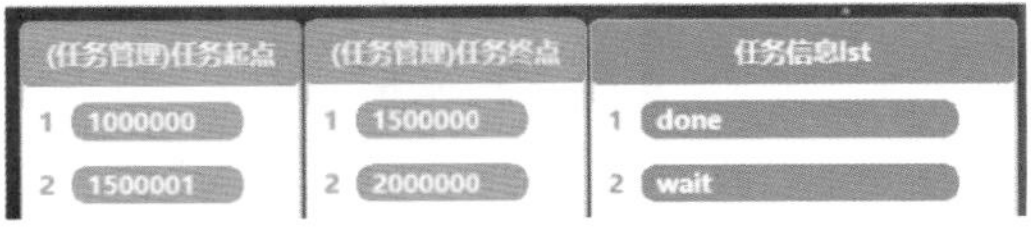

	(任务管理)任务起点	(任务管理)任务终点	任务信息lst
1	1000000	1500000	done
2	1500001	2000000	wait

主机可以查看到所有从机的计算状态，列表中的用户名表示当前从机用户在编程猫官网的登录名，说明它正在进行计算。

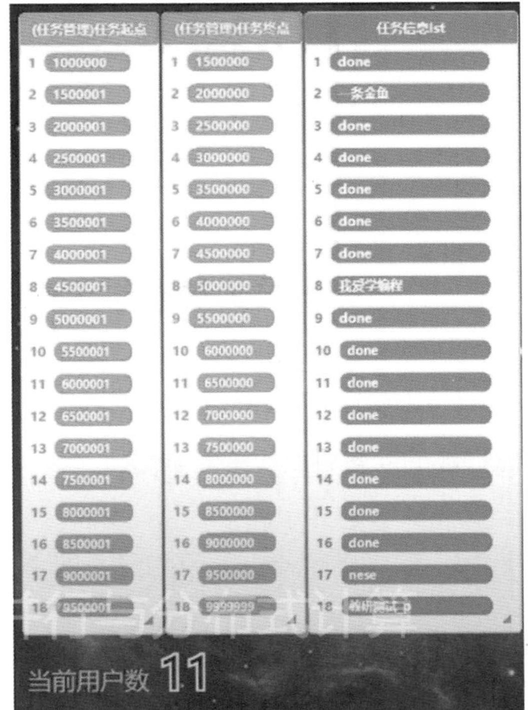

	(任务管理)任务起点	(任务管理)任务终点	任务信息lst
1	1000000	1500000	done
2	1500001	2000000	一条金鱼
3	2000001	2500000	done
4	2500001	3000000	done
5	3000001	3500000	done
6	3500001	4000000	done
7	4000001	4500000	done
8	4500001	5000000	我爱学编程
9	5000001	5500000	done
10	5500001	6000000	done
11	6000001	6500000	done
12	6500001	7000000	done
13	7000001	7500000	done
14	7500001	8000000	done
15	8000001	8500000	done
16	8500001	9000000	done
17	9000001	9500000	nese
18	[illegible]	9999999	[illegible]

当所有从机都计算完毕后，主机便会显示出n=7的自幂数。

Python有许多支持分布式计算的第三方库，例如mrjob、pyspark等，感兴趣的读者可自行查阅学习。

分层/层次化　　系统模型设计 - 工程思维

17 多级运载火箭有什么优势?

生活中的计算思维

运载火箭一般由2~4级的单级火箭组合而成，并在升空过程中逐级分离。为什么不将火箭直接设计成一级呢？我们知道，火箭内部需要放置很多燃料，才能够达到环绕地球飞行的最小速度。经过科学计算，只有一级的火箭很难做到这一点。而多级火箭在分离后，不仅减轻了火箭的总重量，同时下一级火箭也可再次加速，从而实现接力加速，使其达到理想的速度。

大自然中的分层现象也十分有趣。随着海拔的增高，植物的种类呈现出层次性：常绿落叶林、针叶阔叶混合林、针叶林、高山灌木林、高山草原。由于它们带来的食物不同，所以动物的种类也有层次性。以混合林为例，它所在的地区居住着树栖动物和鸟类，而其上层是昆虫和鸟类，其下层是蛇和兽类。不止是陆地，随着海底压强的增加，海洋中的动植物种类也存在分层现象。

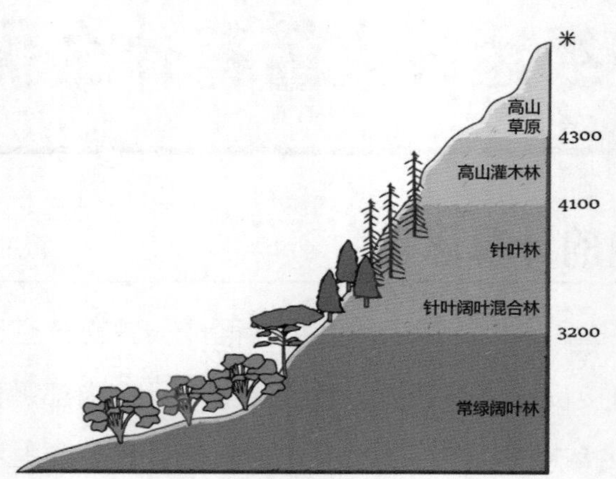

什么是分层 / 层次化？

层次是指事物或系统存在层级现象，各层级之间存在某种联系。分层/层次化是指为达到特定目的，对复杂事物进行层级设计与划分。相比于模块化，层次化更强调各构成要素之间的联系。

灵感小笔记

生活中有哪些层次或层级现象？它们都解决了什么难题？

程序中的计算思维

钥匙被藏起来了！你能找到它在哪里吗？在密室逃脱游戏中，为使空间具有层次感，我们会设计角色间的前后层次关系。例如，被遮挡的“钥匙”应位于某个角色的下一层。在Kitten中，能被完整观察到的角色位于最上层，反之亦然，这就是角色之间的显示层次。如下图脚本所示，当你点击“书本”角色后，它就会置于钥匙的下方，从而保证密室钥匙被找到。

```
class animal():
    def _init_(self):
        print("我是动物")

    def eat(self):
        print("我在吃东西")

    def sleep(self):
        print("我要睡觉了")

class bird(animal):
    def say(self):
        print("咕咕咕")

class pigeon(bird):
    def look(self):
        print("我的羽毛是白色的")

pigeon1 = pigeon()#实例化一只鸽子
pigeon1.eat()
pigeon1.sleep()
pigeon1.say()
pigeon1.look()
```

继承是面向对象编程的三大特性之一，也是层次性的直接体现。在左图的脚本中，animal类、bird类和pigeon类依次继承，这种结构就是层次化的设计结果。

```
我在吃东西
我要睡觉了
咕咕咕
我的羽毛是白色的
程序运行结束
```

可视化　系统模型设计 - 工程思维

18 篮球明星库里和科比的投篮风格有什么不同？

生活中的计算思维

“科比的投篮位置大都在篮下，相比而言，库里更喜欢投三分”。对于不懂篮球的读者来说，这句话和天书差不多。即使是懂篮球的读者，上面这句话的表述也是非常含糊的，我们并不能从中得出更多有效信息。让我们换一种表达方式：将两人的投篮数据用图像展示出来。下图左侧是科比27岁时的投篮热图，右侧是库里同期的热图。颜色越深的位置表明该处投篮次数越多。我们可以很容易地比较出两个人投篮风格的差异：科比倾向于从两侧进攻，而库里倾向于在篮下和三分线外投篮，而且三分球的角度几乎没有死角。相比于文字，图示是不是更加直观呢？

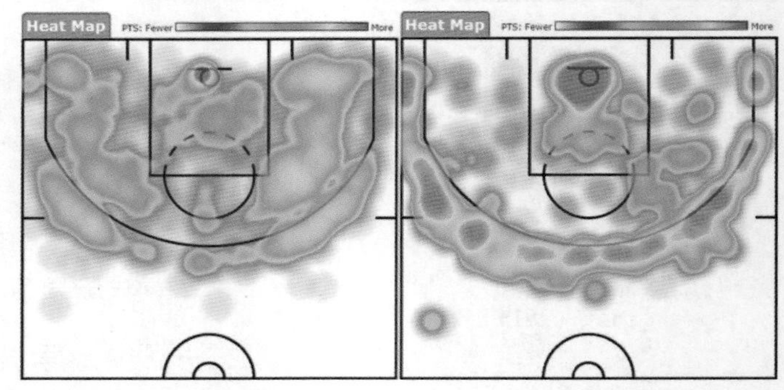

文具厂商想要生产一种文具，为选择合适的颜色，该厂商对某班共31名同学进行了调查，结果如右图所示。观察该结果，你能快速说出同学们更喜欢哪种颜色的文具吗？

红、红、黄、绿、蓝、
红、红、黄、黄、红、
蓝、绿、绿、绿、红、
黄、蓝、蓝、红、红、
绿、红、红、黄、绿、
蓝、黄、黄、红、蓝、
绿

这也太难啦！因为这么多文字堆在一起，无法直观地看出结果。倘若我们换一种表现方法，对不同颜色的数量进行统计，效果会不会好一些呢？如下表所示。

颜色	学生数
红	11
黄	7
蓝	6
绿	7

假设颜色的种类特别多，这样表示仍然不够直观。我们可以使用可视化的方法，如下图所示。你还有没有更好的可视化方法呢？去看一下“程序中的计算思维”吧！

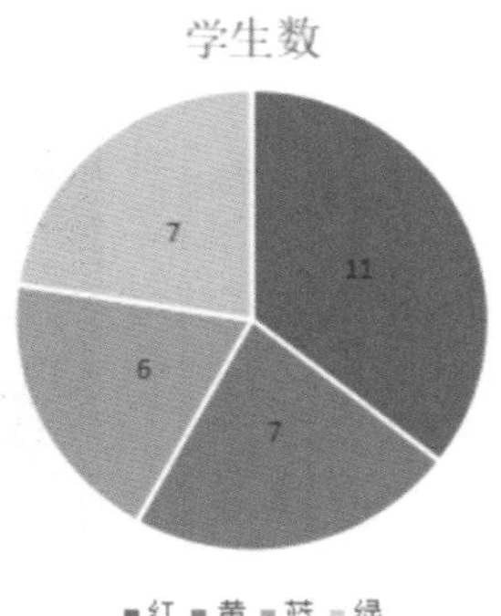

什么是可视化？

将数据或其他零散的事物转换成更易被视觉接受的形式，如各类统计图或思维导图等，从而快速得到关键信息。

解谜小能手

在数字世界中，可视化非常重要，尤其是通俗易懂的图表。不同的图表具有不同的展示动机，也会突显数据的不同特征。你认为在下面这些情景中，使用哪种图表更好吗？

展示情景	选择何种图表		
某工厂某月每天生产产品的数量	□条形图	□折线图	□饼状图
班级中不同年龄段的人数分布	□条形图	□折线图	□饼状图
本周上学时间占所有时间的比例	□条形图	□折线图	□饼状图

程序中的计算思维

进度条和血量条都是一种将游戏状态可视化的方法。在下面的游戏中，血量直接展示在忍者的上方，非常直观。桥下面还有一个时间进度条，它从屏幕左侧匀速移动到屏幕右侧，很好地显示了游戏的剩余时间。

每当忍者碰到飞镖，血量就会减少。为了更好地提示玩家扣除血量的事实，我们需要设计可视化的效果。

在Python中，我们可以使用matplotlib库实现各种可视化效果。下面的脚本绘制了文具案例的条形图，并设置相应的颜色，使得可视化效果更好。

```
# 导入绘图模块
import matplotlib.pyplot as plt
# 构建数据
Color = [11,7,6,7]
# 处理中文
plt.rcParams['font.sans-serif'] = ['SimHei']

# 绘图
plt.bar(range(4), Color,color = ['r','y','b','g'], align = 'center', alpha = 0.8)

# 添加轴标签
plt.ylabel('每种颜色的数量')
plt.title('文具颜色和数量柱状图')
# 添加刻度标签
plt.xticks(range(4),['红色','黄色','蓝色','绿色'])

# 设置Y轴的刻度范围
plt.ylim([0,15])

# 为每个条形图添加数值标签
for x,y in enumerate(Color):
    plt.text(x,y+0.1,'%s' %round(y,1),ha='center')

# 显示图形
plt.show()
```

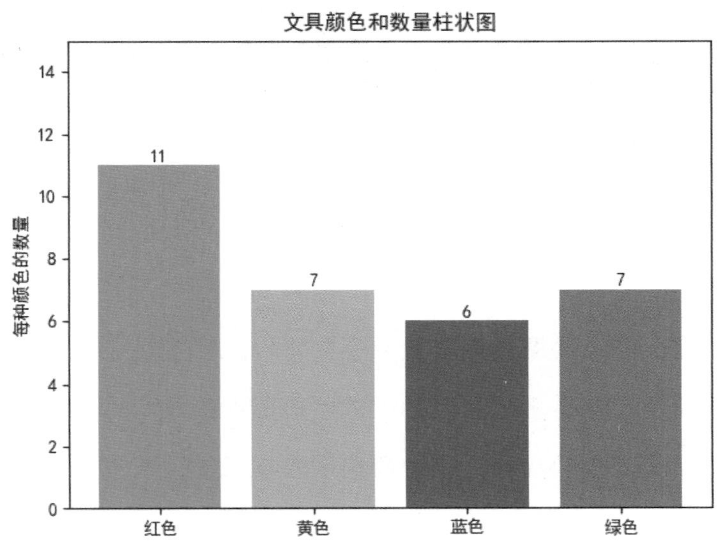

19 为什么拍摄电影需要各种专业人士?

生活中的计算思维

如果让你拍摄一部电影，那么在拍摄过程中，你能够同时担任灯光师和化妆师吗？显然你会分身乏术，即使有办法一个人完成拍摄，也会拖延拍摄时长，而且可能不够专业。为了高效地拍摄，最好的方法便是团队合作、专人专职：表演交给专业演员、灯光效果就交给灯光师。只有各司其职，才能保证每个人在自己擅长的领域上做到最好。

在学校里，每位老师只负责教授一门学科。为什么不能让一位老师教授所有学科呢？如果一位老师每天需要教授不同学科的知识，那么他就没有多余的精力持续钻研特定的学科。但若老师仅教授其擅长的学科，那么他就能够深入研究该学科的知识和教学方法，这也有利于教学和学校管理工作的开展。

什么是单一职责？

职责是指任职者、部分、要素应当承担的责任、使命、工作或任务，而职责的变化就会引起整体的变化。为了减少局部职责的变化对整体造成的影响，分配职责时应让事物的职责尽可能单一和简单化。计算机科学称这种思维模式为“低耦合”。

灵感小笔记

生活中还有哪些场景体现了单一职责的思维模式？如果这些场景采取“高耦合”的方式，会发生什么状况？

程序中的计算思维

如果你准备为某个Kitten程序添加“生日快乐”的背景音乐，你会把播放功能的脚本放置在哪里呢？答案可能是某个角色，也可能是背景。其实无论放置在哪里，程序的功能都可以实现。但是根据单一职责的思维模式，最理想的做法是：把播放背景音乐的职责交给“背景”。因为从职责的角度出发，其他角色并没有播放背景音乐的理由，该职责不应该由它们承担，而背景最适合承担该职责。

如果播放背景音乐的逻辑较为复杂（如切换歌曲、控制音量和速度、控制开始和停止），那么将众多性质近似的职责分配给一个单独的角色，也是一种良好的设计方法。

如下图所示，汽车类有一个“驾驶”方法，无论何种汽车都可以调用它。

```
class Car:
    def 驾驶(self):
        print("人驾驶车")

ford = Car()
ford.驾驶()

mazda = Car()
mazda.驾驶()
```

```
人驾驶车
人驾驶车
程序运行结束
```

随着人工智能技术的进步，有的公司已经研制出了无人驾驶汽车。如果沿用上面的汽车类，我们就不得不进行判断。

```
class Car:
    def 驾驶(self, brand):
        if(brand == 'google'):
            print('车自动驾驶')
        else:
            print('人驾驶车')
```

分析得知，该函数耦合了两种职责，其结果是：随着其他厂商研制出无人驾驶汽车，我们就不得不持续地判断下去。所以根据单一职责的思维模式，我们可以将职责分离，让每个职责独立地处理相应的驾驶逻辑。

```
class Car:
    def 驾驶(self):
        print("人驾驶车")

class AutoCar:
    def 驾驶(self):
        print("车自动驾驶")


ford = Car()
ford.驾驶()

mazda = Car()
mazda.驾驶()

google = AutoCar()
google.驾驶()
```

```
人驾驶车
人驾驶车
车自动驾驶
程序运行结束
```

接口依赖　系统模型设计 - 工程思维

20 为什么点餐时不直接和厨师交流?

生活中的计算思维

在餐馆点餐时，除了使用手机扫码点餐外，你还可以和服务员当面沟通确定菜品，之后餐厅的信息管理系统会告知厨师完成指定菜品。为什么我们不直接和厨师沟通呢？这岂不是既方便又快捷？当餐厅处于用餐高峰时，如果每个人都直接找厨师点餐，厨师的记忆力将接受巨大的考验。他不仅要记住顾客所坐的位置，还要记住每位顾客选择的菜品，而且必须保证先来后到的上菜顺序，同时认真完成菜品。这显然无法实现。

点餐系统（或服务员）可以被看做一个接口，所有顾客统一和它（他）进行沟通，并由它（他）处理内部繁杂的流程。这就叫做接口依赖。

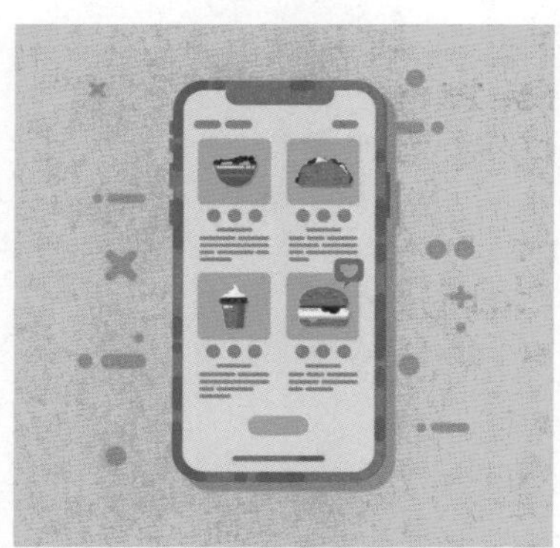

将插头接入插座是再常见不过的事情。对于发电厂来说，它只需要持续地发电即可，各家用电器厂商也只需按照电气安全标准生产家电产品。正是因为存在插座规则和电气安全标准等接口，才使得发电厂和电器厂商互不影响：只要接口不变，发电厂可以独立地改变发电技术，电器厂商也可以独立地改变产品功能，双方的变化互不影响。

除了上述抽象的接口外，还有许多具象化的接口。例如，计算机有很多不同类型的插口：耳机接口、USB接口、HDMI接口等。同理，只要计算机厂商和外设厂商都按照该接口及其规范进行生产，那么两者就能够协调运作。这就好比你可以使用同一条充电线，给各种相同接口的手机充电一样。

什么是接口依赖？

各部分按照统一的规格或标准进行协作，即使各方发生变化也互不影响。如果说注意力是最稀缺的资源，那么接口依赖则是该资源的重要思维模式。接口依赖是一种“低耦合”现象，模块化是一种“高内聚”现象，两者都是软件和硬件设计所追求的目标。

灵感小笔记

生活中有数不尽的接口依赖现象。例如，司机开车时无须思考汽车的内部机械结构，而只需要掌握汽车提供的外部接口使用规则，即使换一辆汽车，司机仍能驾驶它。在办理业务时，对方可能要求你填写表格，这也是一种接口依赖现象。你还能列举出生活中其他接口依赖的场景吗？“事事躬亲”是接口依赖吗？

程序中的计算思维

假设你正在设计一款“捕鱼达人”的小游戏，其规则是：玩家使用“炮弹”打中一条鱼得一分，60秒后游戏结束，显示玩家的得分及所有玩家的最高分。

下图的脚本实现了该规则的逻辑。上面的脚本发出广播“结束”后，编写者的主要精力便不再是倒计时，而是放在结束的相关逻辑上。广播的消息名就是接口：发送方只需要告知消息名，接收方集中注意力实现其逻辑，两者互不影响，互不干涉。

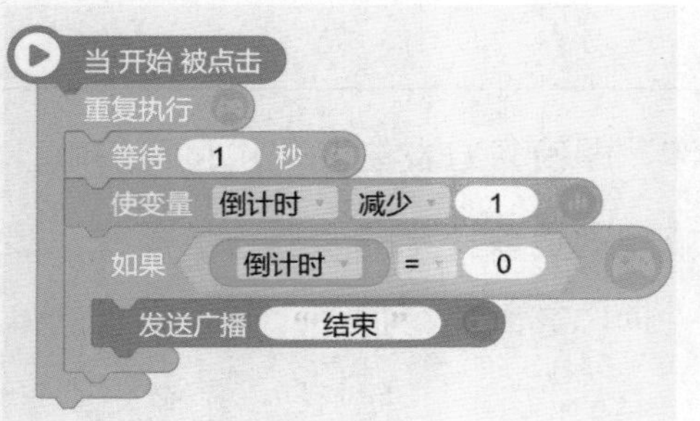

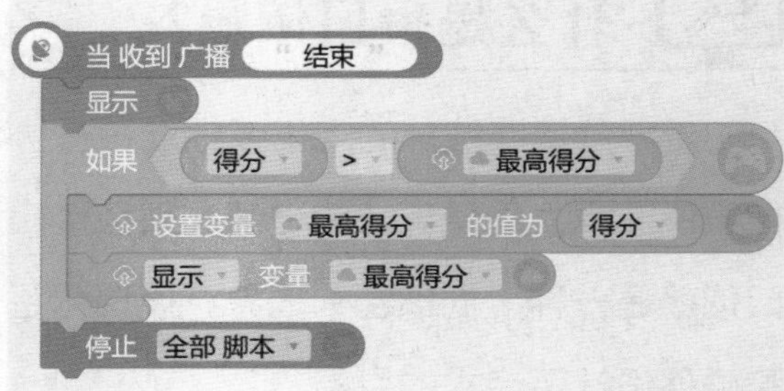

喜鹊、笑翠鸟和企鹅都属于鸟类，虽然它们都有吃东西这一技能，但所吃食物各不相同。利用接口依赖的思想，我们可以在Python中概括这些行为共性。父类就像一个接口，它把具体实现交由各子类完成，即把特征行为和具体实现分离。这样各种鸟类便能按照自己的特性实现独特的行为。右图的Bird类即是子类们的一套通用接口。

```
class Bird():
    def eat(self):
        pass

class Magpie(Bird):
    def eat(self):
        print('喜鹊正在吃小麦!')

class Kookaburra(Bird):
    def eat(self):
        print('笑翠鸟正在吃小鱼!')

class Penguin(Bird):
    def eat(self):
        print('企鹅正在吃小虾!')

m = Magpie()
m.eat()
k = Kookaburra()
k.eat()
p = Penguin()
p.eat()
```

原型　系统模型设计 - 工程思维

21 以“米老鼠”为原型的建筑是什么样的？

生活中的计算思维

“米老鼠”是我们熟知的卡通形象，但你知道以它为灵感而设计的建筑是什么模样的吗？下图是丹麦的一家建筑设计工作室的创意。瞧这圆滑的曲线，是不是很像米老鼠圆圆的大耳朵呢？这样的设计不仅给大家更多的休息空间，也让人们产生了亲切感和熟悉感。我们将这种最初的创意称为“原型”。

当你想整理脑海中零散的想法并系统化地讲解给他人时，思维导图就是最佳的工具之一。它是一种把各级主题的关系用层级的方式表现出来的原型，制作的时间成本非常低。设计思维导图的过程就是设计原型的过程。

印度电影《摔跤吧！爸爸》讲述了一位父亲将自己的女儿培养成世界冠军的故事。这个故事的原型来自一个真实的人物，电影中的父亲马哈维亚确有其人。他曾是一名出色的摔跤手，年轻时拿过印度全国摔跤冠军，却因为种种原因没能实现世界冠军的梦想。他的四个女儿在其指导和训练下，有三个赢得了世界冠军。由真实人物原型的故事而改编的电影更加打动人心。

什么是原型？

原型是指某完整方案的最初模型、基础或灵感。原型设计是将原型以低成本先实现出来，从而快速验证、锚定或预判完整方案的直观、潜在、最终效果。人们在设计原型时，通常只关注核心功能，忽略细枝末节的因素，即哲学中提到的抓重点、抓关键和抓主要矛盾。因为原型通常决定并推动事物发展的进程。

灵感小笔记

生活中有哪些原型？（提示：建筑或桥梁模型）你为何事设计过原型？

____

____

程序中的计算思维

在程序设计的过程中，原型直观地呈现了软件的关键特性。由于原型的设计过程投入少、成本低，且在一定程度上决定了后续的发展方向，因此在整个软件的开发过程中有着非常重要的地位。下面我们使用Kitten来简单说明一个程序从原型设计到开发的过程。

- 步骤一：绘制原型草图

绘制草图的关键是快速提炼出程序的基本思路，注意要尽量避免陷入审美细节。例如，你计划创作一个新年贺卡程序，则可以直接使用纸和笔（也可以使用专业的原型设计软件）设计程序的原型。

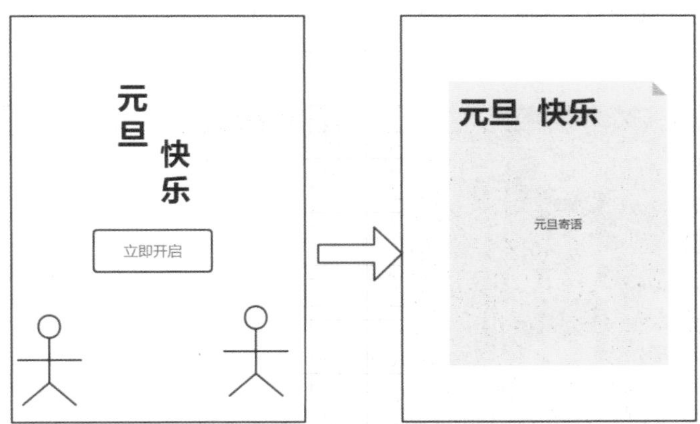

- 步骤二：演示原型并收集反馈

演示原型的目的是把核心想法与众人分享，听听他人的建议并收集反馈，然后进一步完善该原型。

- 步骤三：详细设计与开发

在确认了原型之后，我们就可以根据它设计程序了。在这个阶段中，你需要考虑很多细节，找出切实可行的落地方案。例如，选择或设计合适的贺卡封面，撰写恰当的祝词，选择合适的编程技术方案等。

元旦快乐
立即开启

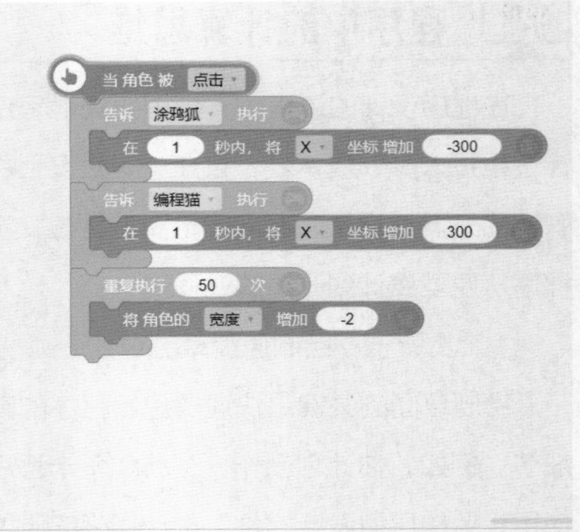
事件
控制
动作
外观
声音
画笔
侦测
运算
数据
函数
物理
当角色被 点击
告诉 涂鸦狐 执行
在 1 秒内，将 X 坐标 增加 -300
告诉 编程猫 执行
在 1 秒内，将 X 坐标 增加 300
重复执行 50 次
将角色的 宽度 增加 -2
贺卡封面 X: -311 Y: 1 方向: 0 大小: 100 可拖动:

屏幕1

贺卡封面

涂鸦狐

编程猫

元旦快乐
立即开启

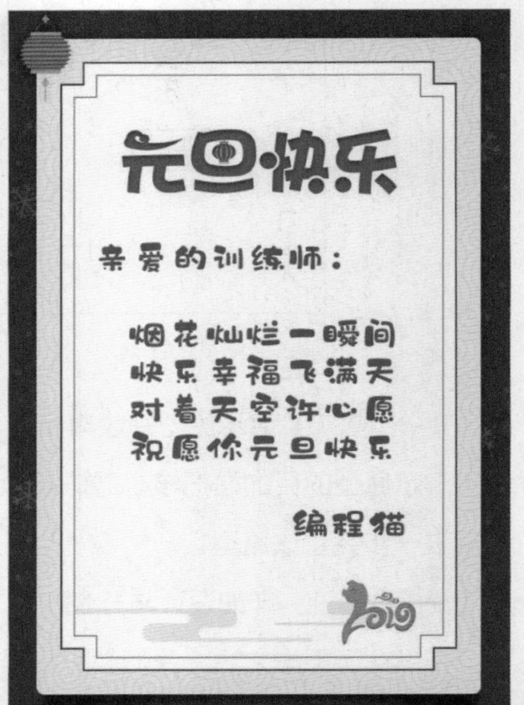
元旦快乐
亲爱的训练师：
烟花灿烂一瞬间
快乐幸福飞满天
对着天空许心愿
祝愿你元旦快乐
编程猫

编

落地思路的策略

——实施解决方案

03

01 国土资源面积是精确的数值吗？

生活中的计算思维

我国的土地资源部每年都会对我国的土地情况进行统计，如以下这段报告：全国国有建设用地供应51.8万公顷，同比下降2.9%。其中，房地产用地10.75万公顷，同比下降10.3%。这段报告中使用的数据都是精确数值吗？一寸一寸地测量出准确数据显然是不现实的，因为实际生活中往往并不需要或者无法测量、计算某些事物的精确值，所以要用近似数。

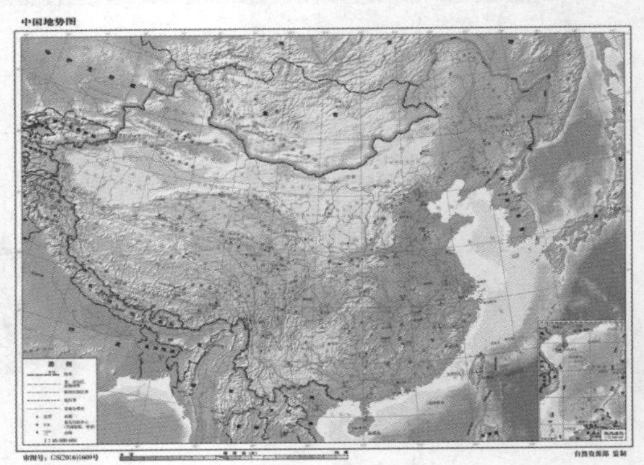

在体检表中有“健康状态”这一栏目，在没有疾病的情况下大家都会填写“健康”或者“良好”，但是这能表明所有人的身体状态都是完全一样的吗？每个人的身体状态显然是不一样的，但当轻微的心理或者身体状态波动处于正常范围内时，都可以被认为是健康的状态。因此，健康只是一种近似的概念。

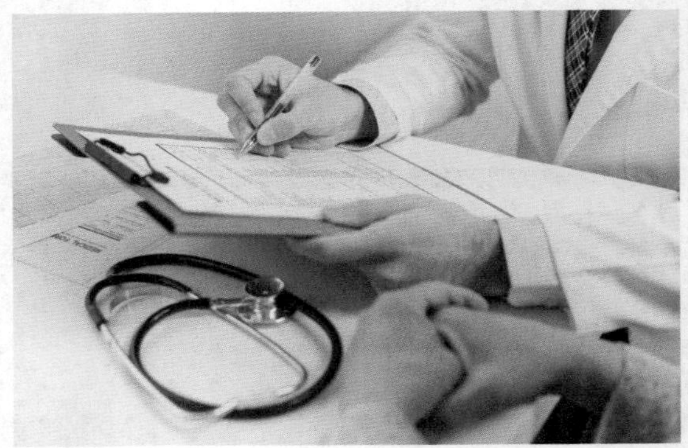

警方在绘制嫌疑人画像的时候，仅凭受害者的描述，虽然很难像拍照片那样精准地展示人像，但是在寻找嫌疑人的时候，这种近似的画像仍然能派上大用场。

什么是近似？

多个事物之间相似的特性、特征或属性，存在替换和替代的可能性。

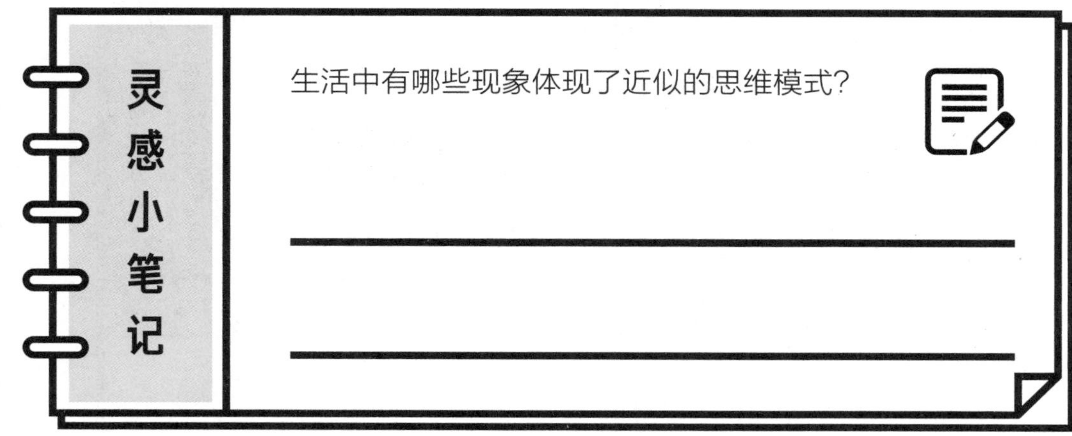

灵感小笔记
生活中有哪些现象体现了近似的思维模式？

程序中的计算思维

现在有数kg（例如55.15kg）的货品需要运送到商店，每个运货箱可以运送10kg的货品，请问最少需要几个运货箱才能运送完所有货品呢？计算的关键是将重量除以10并向上取整。这就是近似的思想：用6个箱子装55.15kg的货品，箱子数量是近似的整数值，不能是精确的小数值。

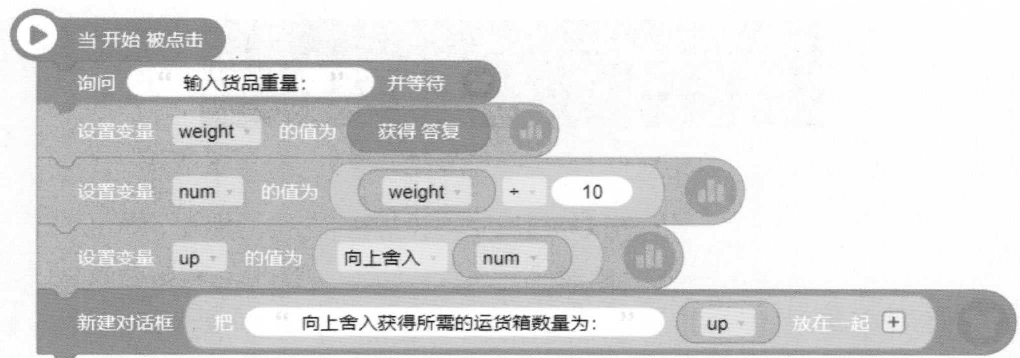

在海龟编辑器中，我们可以使用math库来处理需要向上取整和向下取整的数值，对应的方法分别为math.ceil()和math.floor()。

```
import math

weight = float(input('输入货品重量：'))
num = float(weight / 10)
up = math.ceil(num)
print('向上舍入获得所需的运货箱数量为：', up)
```

```
输入货品重量：11
向上舍入获得所需的运货箱数量为： 2
程序运行结束
```

02 为什么套圈游戏总是套不中？

生活中的计算思维

你玩过套圈游戏吗？这种游戏看似简单，但实际上能套中奖品的人却寥寥无几，这是为什么呢？

让计算机来帮助我们分析这个问题。如下图所示，地上一共摆放了9个奖品，而圆圈就比奖品大一点，我们随机地将圆圈扔出去，记录下套中的次数。在下图中，计算机帮我们模拟了随机投出50次后的投圈位置，可以看到套中奖品的次数是很少的，这就解释了我们为什么总是套不中了。

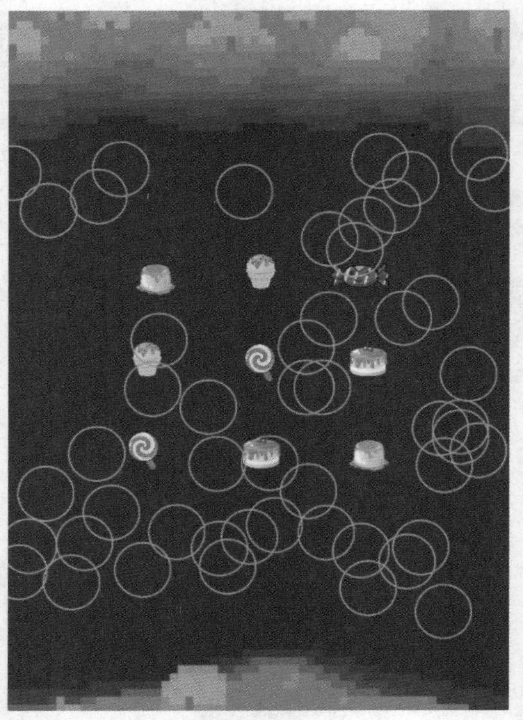

什么是蒙特卡洛?

一种与随机和概率有着密切联系的统计方法。它运用概率原理并设置大量随机样本，计算符合要求的频次，进而求得问题的近似解。

灵感小笔记

你能想到哪些使用大量随机样本可以得到近似解的案例呢?

程序中的计算思维

计算正方形、圆形、三角形的面积是非常简单的，但要计算不规则图形（如右图中的青蛙）的面积该怎么做呢？蒙特卡洛方法就可以帮助我们解决这个问题！首先让计算机生成500个点，然后随机地投放在不规则图形的矩形范围内，最后使用散点击中不规则图形的频次除以总次数500计算出击中率，再乘以矩形范围的面积就可以计算该不规则图形的近似面积。通过增加随机样本点的数量，你会发现面积测量得越来越准确。

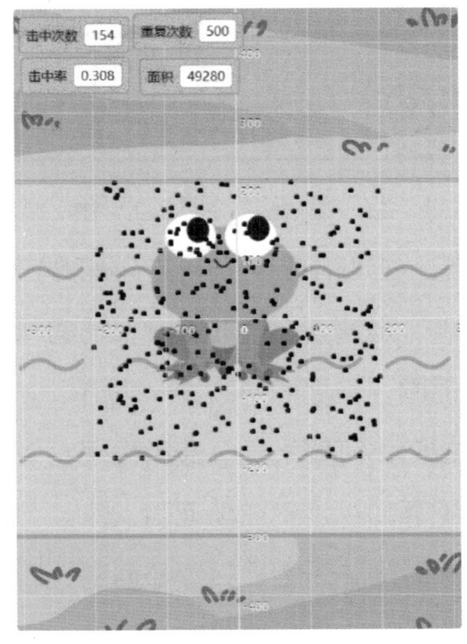

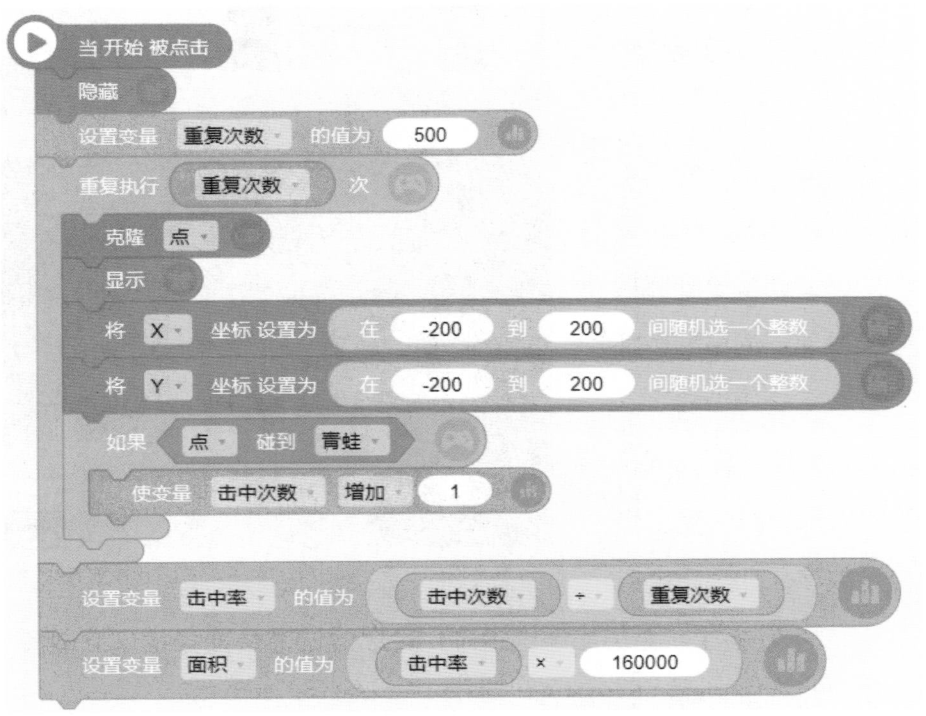

03 警察叔叔是如何破案的？

生活中的计算思维

当接到新案件时，刑警要做的最重要的工作便是确定犯罪嫌疑人的作案动机，它对于明确刑侦方向和圈定嫌疑人的范围至关重要。除了现场勘察的物证外，刑警还会调取案发现场的周边录像资料，逐步锁定犯罪嫌疑人。一旦圈定范围，刑警们便会逐一走访或暗访可疑人员，最后根据犯罪动机、不在场证明、作案时间、生物检材等证据进行排除。这个排除的过程就是穷举的思维模式的应用，它要求我们对各种可能性进行排查。

侦察其他案件的时候，也有运用到穷举思想的场景。例如在交通系统的监控中，如果发现一辆车的车牌最后一位数字被遮盖住了，那么该如何帮助交警找到这辆车呢？既然已经确定了最后一位是数字，那么它就只有0~9这10种可能性。为了找到这辆车，可以尝试穷举地寻找这10辆车，逐一和监控中的车型等特征进行比对，便能确定目标车辆了。

什么是枚举 / 穷举?

在解决某一问题时，依次尝试每一种可能性，直到找到一种或多种最满意或较满意的答案。

解谜小能手

在一个袋子中装有3双形状和材质都相同的袜子，但它们的颜色各不相同，分别为白、红、绿各一双。如果随机地抽出两只袜子，你能使用穷举的方法找出所有颜色组合的可能性吗?

程序中的计算思维

现有100文钱，公鸡5文钱一只，母鸡3文钱一只，小鸡1文钱三只。如果公鸡、母鸡、小鸡都要买，目标是把100文钱花完，而买的鸡的数量正好是100只。那么一共能买多少只公鸡，多少只母鸡，多少只小鸡呢?

我们使用穷举的方式来解决这个问题。显然这是一个三层循环问题，各层都将鸡的数量从1循环到100即可。循环内部只需要判断公鸡、母鸡、小鸡的数量和金额是否均为100。最后输出满足条件的答案。

```
# 公鸡
for cock in range(1,101):
    #母鸡
    for hen in range(1,101):
        #小鸡
        for chick in range(1,101):
            if ((cock * 5 + hen * 3) + chick == 100):
                if ((cock + hen) + chick * 3 == 100):
                    print('公鸡有',cock,'只')
                    print('母鸡有',hen,'只')
                    print('小鸡有',(chick * 1),'只')
```

```
公鸡有 20 只
母鸡有 54 只
小鸡有 78 只
公鸡有 40 只
母鸡有 33 只
小鸡有 81 只
公鸡有 60 只
母鸡有 12 只
小鸡有 84 只
程序运行结束
```

04 2500年前的罗马人是如何计数的?

生活中的计算思维

大约2500年前，罗马正处于文化发展初期，当时的罗马人使用手指作为计算工具。为了表示一个物体，就伸出一根手指，为了表示两个物体，就伸出两根手指，以此类推。那这些数字是如何被记录下来的呢？罗马人通过在羊皮上绘制“Ⅰ”来代表一根手指，“Ⅱ”代表两根手指，“Ⅴ”代表五根手指等等，这就是罗马数字的雏形。之后为了表示更大的数量，罗马人用符号“L”表示50，用符号“C”表示100，用字母“D”表示500，用符号“M”表示1000。若在数的上面画一横线，则表示该数扩大1000倍。

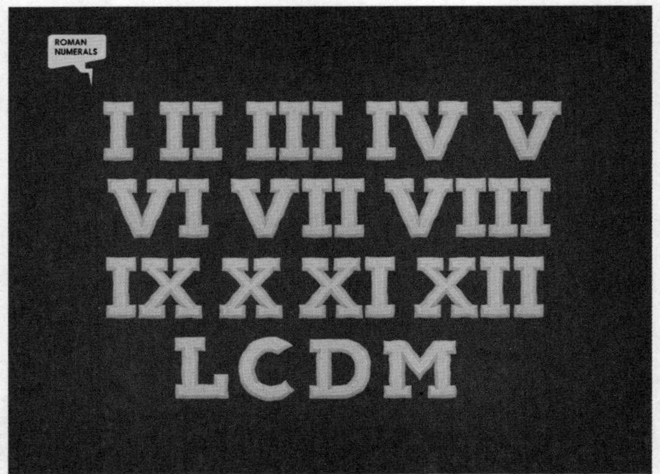

计数在日常生活中无处不在，而且有四个常见的计数原理。

- 加法原理。假设某个商店的门前摆着三种不同颜色的气球，红色气球有5个，黄色气球有3个，蓝色气球有8个，加起来一共是16个气球。一个班级有20个女生，有25个男生，那么此班级的总人数为45人。

- 减法原理。100个学生中有60人考试及格，那么考试不及格的人数为40人。若购买一支标价4元的圆珠笔，支付了10元，则找零6元。
- 除法原理。30只小鸟要放入10个笼子中，则平均每个笼子需存放3只小鸟。
- 乘法原理。3件毛衣和4条裤子共有12种搭配方法。如果去超市购买西瓜，标价为3元/斤，你挑选了一个10斤的西瓜，则需要花费30元钱。

什么是计数？

计算或数出事物数量，可用于提示、反馈、统计等目的。

解谜小能手

你能数出下面的图形中一共包含多少个三角形吗？

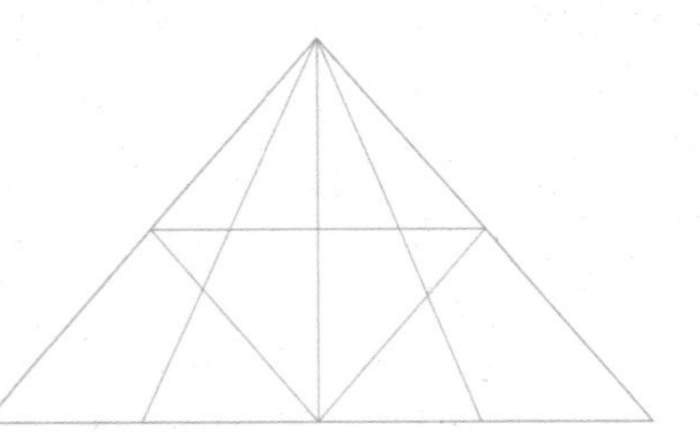

程序中的计算思维

假设你设计了一个“飞机大战”游戏，玩家使用鼠标控制飞机的移动、炮弹的发射。游戏规则是：炮弹击中敌机则敌机消失，飞机一旦碰到敌机则游戏结束。换言之，只要飞机不碰到敌机，游戏就可以一直玩下去。你的目标是坚持尽可能长的时间，争取打破排行榜中的最长存活时间记录；或者是击落尽可能多的敌机，打破排行榜中的击落数量记录。

仔细观察下面左侧的游戏界面，你发现什么问题了吗？没错，随着游戏时间增加，你根本不知道自己坚持了多长时间，也不知道击落了多少架敌机！利用“计数”的思维模式，我们可以在一定程度上增加游戏的反馈：每消灭一架飞机就增加一分，每坚持一秒就增加一分。这样玩家就能清晰地知道自己和期望目标分数的距离。在很多游戏中，无论是得分、能量值还是倒计时等数值，都与计数思想有直接关联，因为它能提供给玩家良好的反馈。

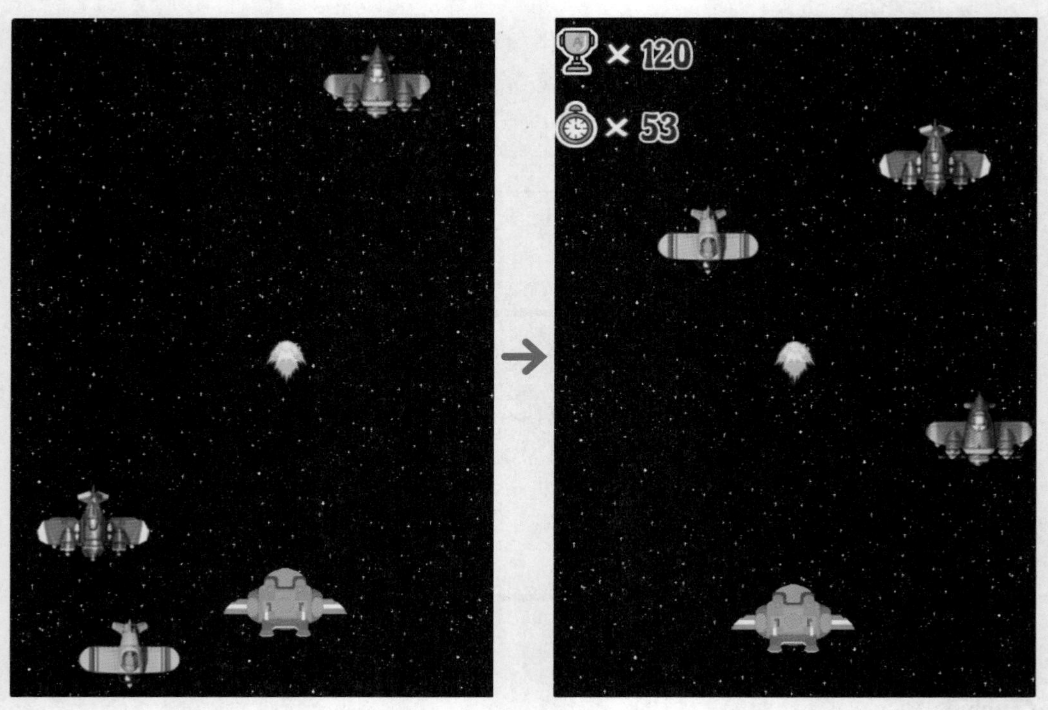

排序　实施解决方案 - 算法思维

05 为什么酒店的房间号是有顺序的？

生活中的计算思维

你住过酒店吗？办理好入住手续后，你就会根据房间号寻找房间。寻找的过程并不难，无非是左右单双号，或者随便观察几个房间号后，便可大致推理出目标房间的位置。你思考过为什么这一切是如此顺理成章吗？这其中的奥秘在于房间号都是按照顺序依次排列的。

假设酒店的房间都是随机编号的，看到某个房间号后，你也不会有任何线索，唯一的办法只能是一间一间地寻找。最不巧的情况下，你需要把所有房间都找一遍才能找到自己的房间。如果有上百间房，就会浪费大量的时间。但是现在，房间号是有序排列的，每当你看到一个房间号后，就知道该往房间号变小还是变大的方向探寻。越是“顺理成章”的事情，越是隐藏着人类的智慧。

灵感小笔记

你身边有没有不便于查找的情形？尝试按照事物的某种属性进行排序，看看能否加快查找的速度。

什么是排序?

如果某类事物具有相同的属性，且处于无序状态，则将属性按照顺序或逆序进行排列使之有序，从而降低搜寻成本。

程序中的计算思维

在程序设计中，排序能够帮助我们简化很多烦琐的步骤。例如，有15个学生的分数，老师想知道前5名的成绩。问题规模很小，我们仅用肉眼就能快速找出。

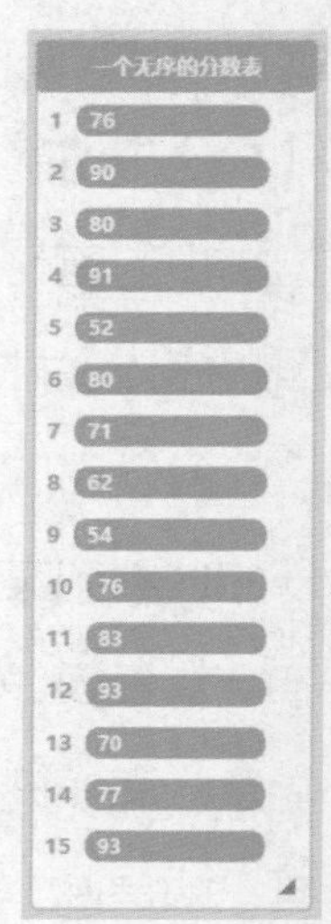

而一个班级往往都是50人以上，一个年级上百个人，若要知道年级前5名，这时候用肉眼查找就太困难了。

利用计算机程序做排序，就能大大减少重复劳动。老师只需填写分数表，无论有多少项，只需运行程序，列表就按照从大到小的顺序排序了。这样一来，是不是比手工处理更快更省事?

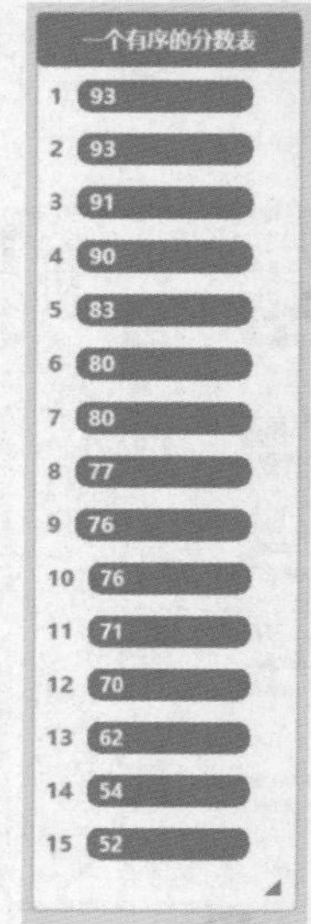

搜索/检索 实施解决方案 - 算法思维

06 如何在图书馆里找到一本书？

生活中的计算思维

假如你需要到图书馆借阅一本书，面对庞大的图书馆，你应该如何以最快速度找到它呢？

图书管理员可以在图书管理系统中输入书名，计算机就能自动搜索出此书的相关信息，包括图书编号、出版社、库存量等，其中图书编号表示此书的类型及所在书架号。这样一来，根据类型和书架号，你就能找到此类图书的摆放区域，并在此区域找到对应的书架号，距离找到图书也就不远了。你根据图书编号找书的过程就是搜索的过程。

在网上购物的时候，也离不开搜索。你可以根据不同的条件查找商品，比如按照品牌、型号、颜色等条件，在所有商品中搜索更符合自己需求的商品。

什么是搜索 / 检索？

在特定的集合中查找与线索或规则相符的元素。

解谜小能手

在一副反扣着的扑克牌中，一次只能翻一张，如何能以最快的速度找到红桃A呢？试着使用不同的搜索方法，并比较各种方法的优劣。

程序中的计算思维

假设你要设计一个搜索程序：用户输入七大洲中的任一洲名，程序查询并输出其特点。如下所示，七大洲的洲名及其特点已经存储在程序中。你应该如何设计程序，使用户能够查找到某个大洲的特点呢？

由于洲名及其特点是一一对应的，程序只需要寻找到洲名的项数，再根据项数即可找到对应的大洲特点。

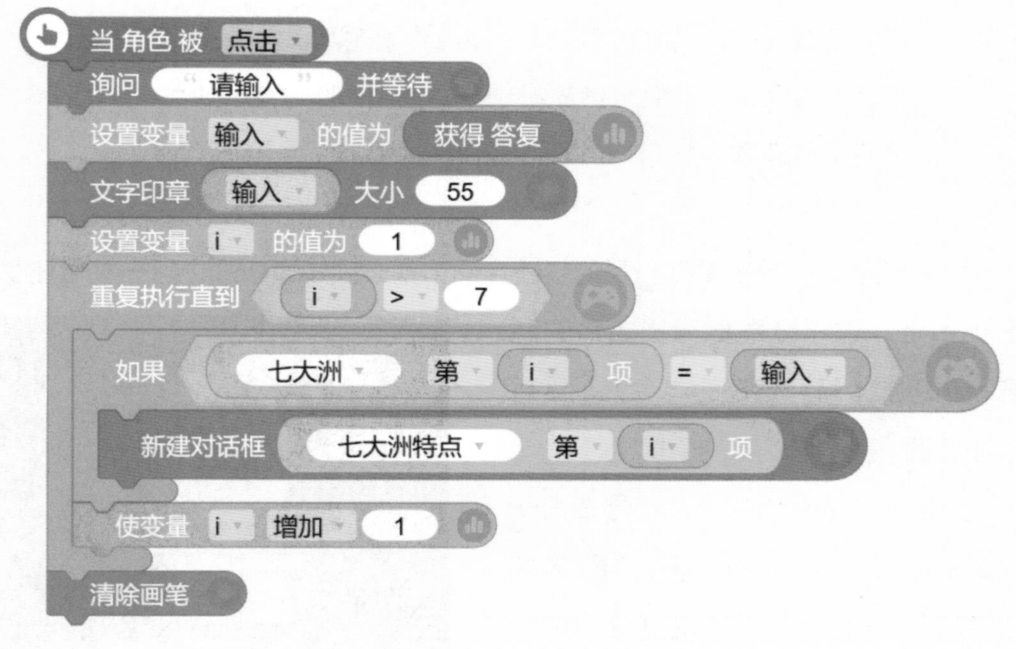

07 侦探推理的诀窍是什么？

生活中的计算思维

侦探会根据已有的线索或现象，逐步地去推断真相。《神探狄仁杰》中有一段情节，讲的是某客栈出了命案，办案人员前来调查。主角根据屋内并无打斗的痕迹、门窗完好、窗台无灰尘等细节，便推断为熟人作案。当在场人员描述何时听到奇怪的声音后，又推断出作案的具体时间。

当需要购买某件商品而没有足够的本金时，在合理考虑了个人的收入预期后，人们可以采用贷款购买的方式，即分期付款。比如某个商品1200元，按照一年期分期偿还，那么每个月应偿还的本金是1200÷12=100元，而每个月还需额外偿还的利息是剩余贷款金额乘以每月的利率（假设为0.6%）。

- 第一个月还款：100 + 1200 × 0.6% = 107.2元
- 第二个月还款：100 + (1200−100) × 0.6% = 106.6元
- 第三个月还款：100 + (1200−200) × 0.6% = 106.0元
- ……

你发现了吗？想要得到当月的偿还金额，就必须知道前几个月一共偿还了多少本金，这样才能推导出当月的利息，利息加上每月偿还的本金就是当月偿还金额。

购物中心的餐饮店大都布局在同一层或相近的区域，这样一来，当还未决定要吃什么时，你也了解由于它们的位置相近，随便转一转便能做出决定。相比而言，一些零散在购物中心的餐饮店

就不会被轻易找到。假设你想在超市购买一瓶可乐，但你面前的货架却摆放着酸奶，即使如此，你也能立马推断出可乐就在附近，因为它们都属于饮品，相距的位置不会太远。

以上场景均是根据已知的信息从前往后推导，而有的却需要从后往前推导。例如有一根绳子，第一次剪去绳子长度的一半，第二次又剪去剩下绳子的一半长度加上4米，最后测量剩下的绳子长9米，那这根绳子原来一共是多少米呢？

第二次剪去绳子后，可知道剩下的一半就是4+9=13米，而第二次剪去绳子之前，即第一次剪去绳子之后，剩下的绳子是13×2=26米，那么第一次剪去绳子之前，绳子的全长为26×2=52米。

什么是递推？

根据已知的条件，利用某种关系，逐步推导出最终结果。递推可分为正推和逆推。人类构建逻辑关系的方法仅包含两种：推理和演绎。推理就是递推，即通过线性推理，最终得出一定的结论。

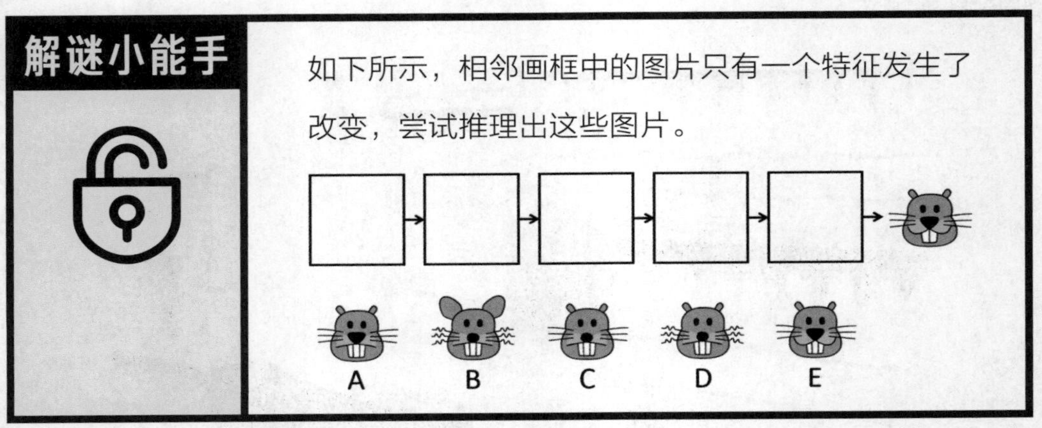

程序中的计算思维

计算贷款利息时，面对大量的贷款客户，银行人员可没办法为他们反复地推导每月的偿还金额，大量的计算和重复的劳动还是交给程序吧。只需根据用户输入的商品价格和查询月份，就能计算出此月份的还款金额。

```
当开始 被点击
询问 你贷款多少钱？（月利率：百分之0.6） 并等待
设置变量 贷款额 的值为 获得 答复
重复执行
  询问 你想查第几个月的还款额？ 并等待
  设置变量 月份 的值为 获得 答复
  如果 月份 > 12 或 月份 ≤ 0
    对话 请重新输入1-12的正常月份！ 持续 2 秒
  否则
    退出循环
设置变量 每月还本金 的值为 贷款额 ÷ 12
设置变量 本月还款 的值为 每月还本金 + ((贷款额 - (月份 - 1) × 每月还本金) × 0.006)
新建对话框 本月还款
停止
```

例如用户输入金额24000和查询月份6，程序立刻计算出第六个月应还的金额为2084。

假设有一天，有只猴子摘了很多桃子，当即就吃了一半，但仍然觉得不过瘾，于是又多吃了一个。第二天早上又将剩下的桃子吃了一半，还是不过瘾又多吃了一个。以后的每天都吃掉了前一天剩下数量的一半再加一个。到第十天刚好剩一个桃子。那么，猴子第一天摘了多少个桃子呢？

我们可以根据最后一天的数量和吃桃的规律为线索，逐步向前推理。因为第十天只有一个桃子，假设第九天只剩下x个桃子，那么第八天的桃子数应该为2(x+1)，同理第七天的桃子数是前一天的桃子数量加一的两倍。利用程序就能快速得到第一天的桃子数量。

```
s = 1

for i in range(1, 11):
    print("第%d天的桃子数是:%d"%(11-i, s))
    s = 2*(s + 1)
```

```
第10天的桃子数是:1
第9天的桃子数是:4
第8天的桃子数是:10
第7天的桃子数是:22
第6天的桃子数是:46
第5天的桃子数是:94
第4天的桃子数是:190
第3天的桃子数是:382
第2天的桃子数是:766
第1天的桃子数是:1534
程序运行结束
```

递归　实施解决方案 - 算法思维

08 雪花和羽毛有什么奇妙的规律呢?

生活中的计算思维

自然界中充满了神奇的图案，例如下面的雪花和羽毛。看似玄妙，实则蕴含着规律。这片雪花整体上呈现六边形，而六边形的每个顶点仍然是一个六边形，而这个六边形的三个顶点又连接了三个六边形！羽毛也有类似的规律，它整体上呈现出左右分支状，但仔细观察就会发现，每个分支仍然呈现出左右分支状！我们将这种情形称为“递归”，即大图案以某种规则分解成了小图案，而每个小图案又能以同样的规则分成更小的图案，这就叫做“自相似”。你是否惊叹于大自然的创作呢?

十三世纪意大利数学家斐波那契提出了一个问题：已知一对兔子每月可以生一对兔子，而一对兔子出生后第二个月就开始生小兔子。假如一年内没有发生死亡，则一年内一对兔子可繁殖多少对？如果按月依次类推就会得到这样一个数列：1、1、2、3、5、8、13、21、34…… 此数列的关键特征就是从第三项开始，每项数值是前一个和前两个数字的和，这就是著名的斐波那契数列。自然界中的许多现象都会按照斐波那契数列的方式呈现，例如野玫瑰的花瓣数目、松果松鳞瓣的数目、向日葵的种子数目。

什么是递归？

某事物可以根据一定的规则进行分解，分解后的各部分依旧可以使用同样的规则进行分解。

解谜小能手

你知道“汉诺塔”益智玩具吗？它一共有三根柱子，左侧柱子从下往上套着从大到小的圆盘，游戏的目标是把所有的圆盘都转移到右侧的柱子上。在转移过程中，必须保证小圆盘位于大圆盘之上。尝试记录移动的过程，寻找规律。

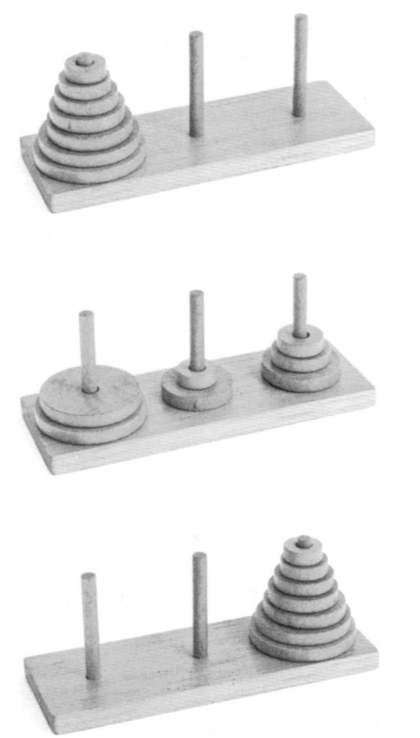

程序中的计算思维

1940年，海里格 · 冯 · 科赫根据基本的几何图形构造出了著名的“科赫雪花”。虽然它不是真正的雪花模型，但它用数学的方法模拟出了雪花图案。下面展示了科赫雪花的递归变化规律，以及完整的实现脚本。

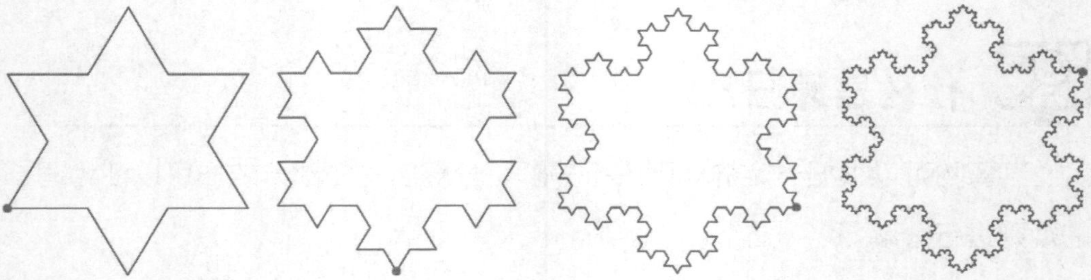

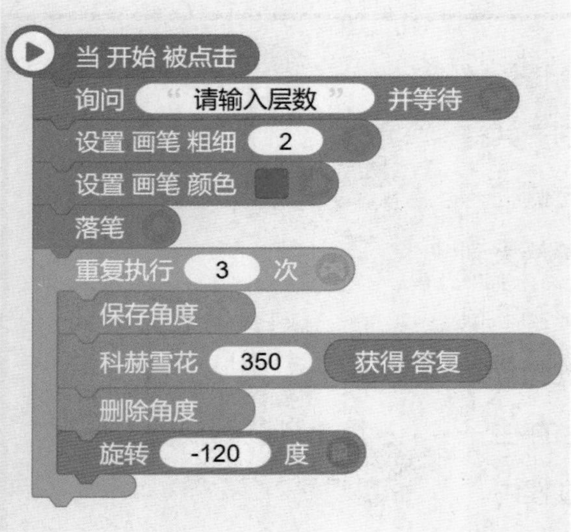

```
当 开始 被点击
询问 “请输入层数” 并等待
设置 画笔 粗细 2
设置 画笔 颜色 ■
落笔
重复执行 3 次
    保存角度
    科赫雪花 350 获得 答复
    删除角度
    旋转 -120 度
```

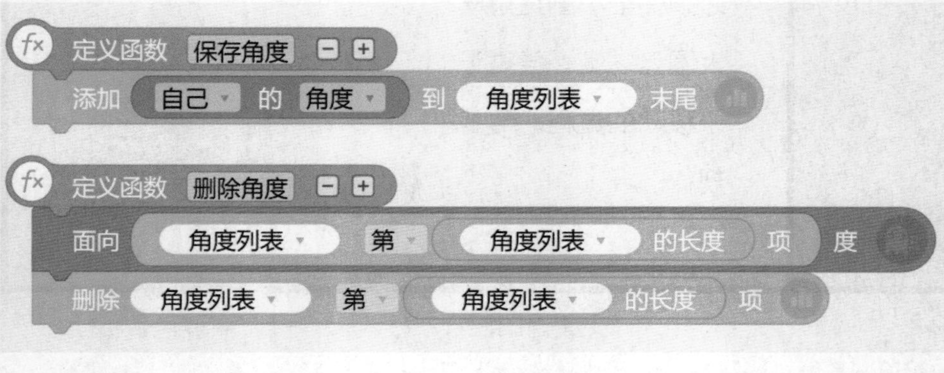

```
定义函数 保存角度
添加 自己 的 角度 到 角度列表 末尾
```

```
定义函数 删除角度
面向 角度列表 第 角度列表 的长度 项 度
删除 角度列表 第 角度列表 的长度 项
```

如何计算斐波那契数列中特定项的数值呢？递归非常容易用程序进行表达，如右图所示。

```
def factorial(n):
    if n<1:
        return -1
    if n==1 or n ==2:
        return 1
    else:
        return factorial(n-1)+factorial(n-2)

num = int(input('请输入你想求的第几项斐波那契数：'))
result = factorial(num)
if result != -1:
    print('这一项的斐波那契数是：'+ str(result))
else:
    print('请输入大于零的正整数！')
```

```
请输入你想求的第几项斐波那契数： 40
这一项的斐波那契数是： 102334155
程序运行结束
```

分治 实施解决方案 - 算法思维

09 罗马帝国为什么会被一分为二？

生活中的计算思维

公元三世纪，罗马帝国虽然地域辽阔，但政治上却内忧外患。内部的皇权斗争导致皇帝频频更换，外部常受到日耳曼人和波斯人的侵扰。如果你遇到这样的情况，会怎么治理地域广阔的国家呢？统治者戴克里先采用了分而治之的策略，将罗马帝国分为东、西两个罗马帝国，东罗马帝国和西罗马帝国均由一对正副皇帝领导和统治，而戴克里先仍然是四个皇帝的最高领袖。分而治之的策略有效地促进了罗马帝国的发展。

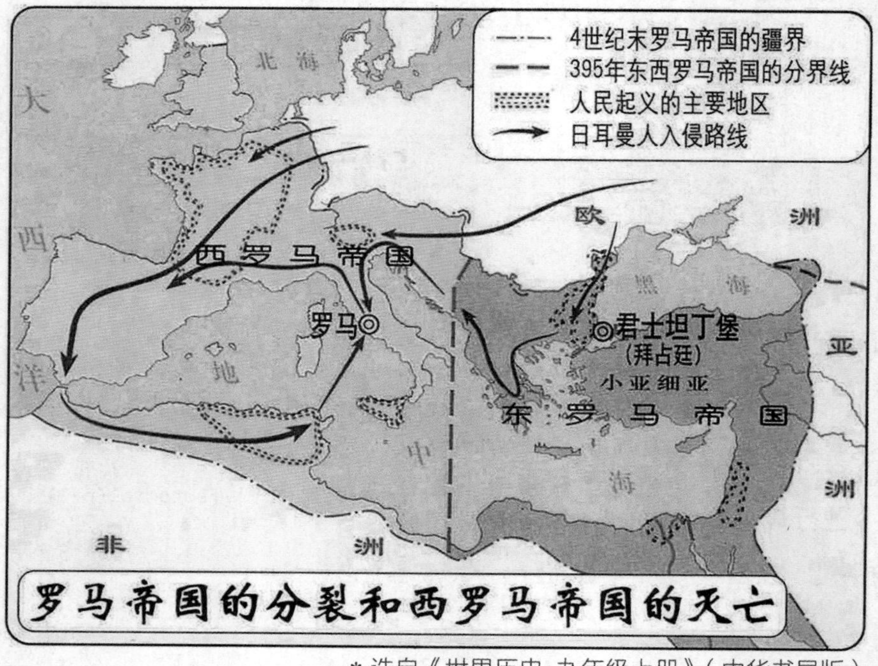

* 选自《世界历史 九年级上册》（中华书局版）

假如有一个袋子，里面装有32枚硬币，其中有一枚硬币是假的，而且假币的重量比真币轻。如何使用一个天平找出假硬币呢？有的人会每次都取出两枚硬币放到天平两端，如果天平平衡，表示都是真币，如果有一边轻，则表示轻的一边是假币。如此两两比较，最坏情况下需要做16次比较。

换一种思路：把32枚硬币分成两份，每份16枚，分别放入天平两端进行比较，轻的一边就存在假币。然后把重量轻的一份硬币再分成两份，即每份4枚，之后再进行比较，重量轻的一边有假币。如此反复就可找到假币了，比较过程只需5次，数量大大减少。这就是一种分治的思想。

什么是分治？

把一个复杂的问题分成若干个相同或相似的子问题，子问题也可以按照相同的方法分解为更小的子问题。最后汇集所有子问题的答案，进而得到原问题的解。

现实中有哪些分治思想的运用？还有哪些问题通过分治思想可以解决？

程序中的计算思维

假设程序中保存了一份成绩单——1万个元素的有序列表。老师希望查询任意一分数所在的排名情况，你应该如何设计这个程序呢？

方法非常简单，只需要从第一项分数开始，依次往后和输入的分数比较，就能找到分数对应的排名，但是效率较低。利用分治的思想，我们让程序每次从中间的位置开始查找，如果待查询的分数不等于中间元素，则从另一半开始搜索。

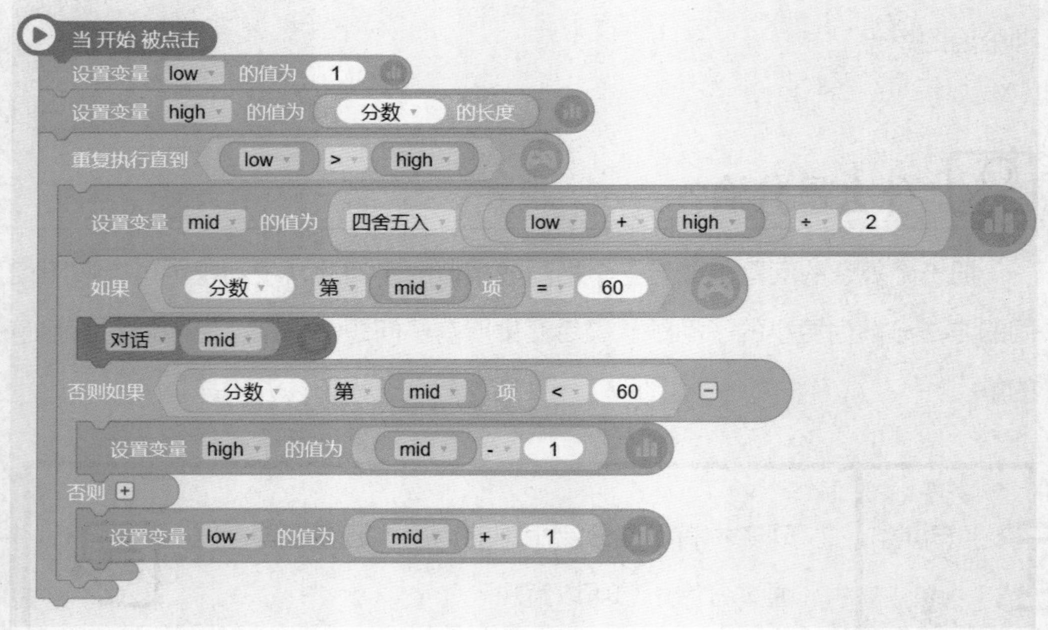

10 迷宫游戏有没有什么窍门？

生活中的计算思维

假设你就是下面的小黄鸭，现在身陷一个大迷宫！面对无尽的岔路口，你要如何选择（你手中根本没有迷宫地图）？如果走着走着发现前方无路可走，你会怎么办呢？

最简单的方法，就是返回到上一个岔路口再试另一条路，这个折回去的过程称为“回溯”。例如先按照黄色、紫色、橙色的路径走到岔路口1，然后选择走黑色路径，发现没有通路后，回溯到岔路口1，接着走绿色的路径。当你发现岔路口1的所用路径都是死胡同后，则沿着橙色路径回溯到岔路口2，并尝试另一条路径。

放学啦！你走到家门口时，却发现钥匙不见了！你确定自己离开学校前钥匙还在口袋。此时你肯定会原路返回寻找钥匙，这也是回溯的思想。

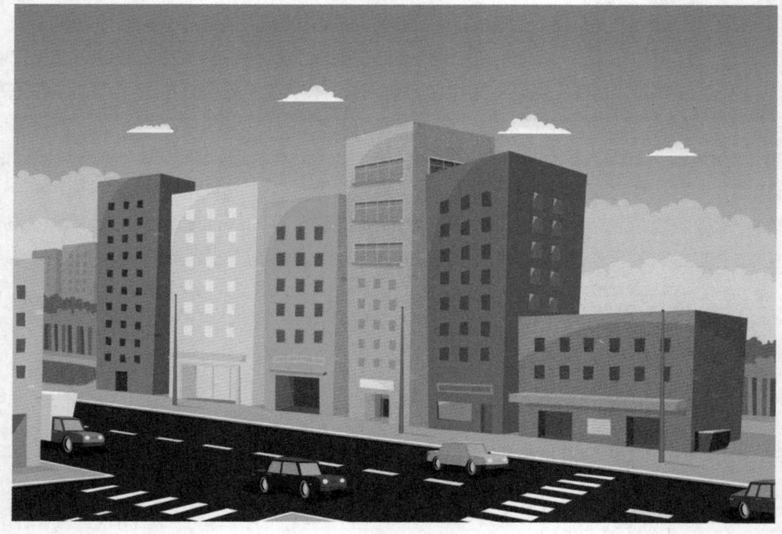

在棋类游戏中，内心的演算也需要不断地回溯。以五子棋为例，如果你执白棋，当黑棋冲三时，你就要开始演算：如果我堵在一侧，有无抓禁手的可能

性；如果我堵在另一侧，后续优势如何；如果选择冲四，会不会“己增一子敌添一兵”。在设想了众多可能的局面后，回溯到黑棋刚才的冲三手，再做出合适的选择。

什么是回溯？

根据问题表象或事物外部表现，向前推导问题的解决方法，即追本溯源。

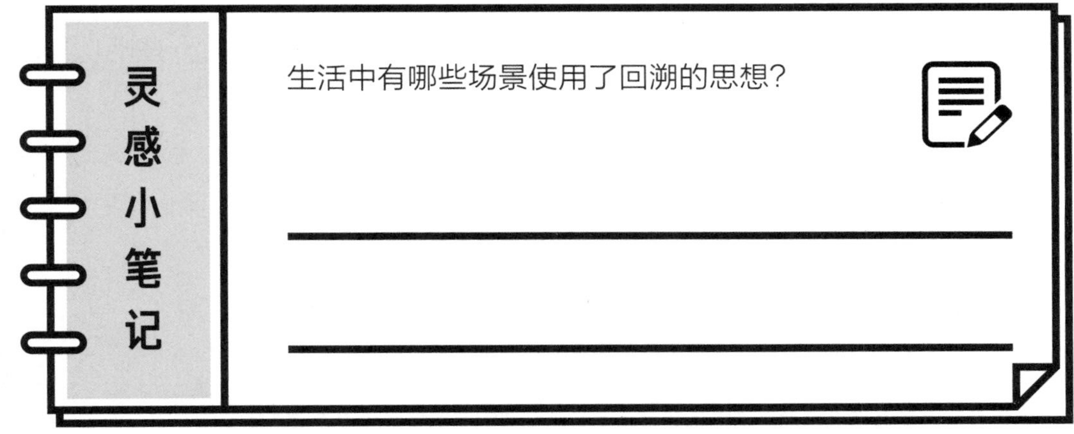

灵感小笔记
生活中有哪些场景使用了回溯的思想？

程序中的计算思维

如何让计算机自动地走迷宫并给出行进路线呢？我们来试试回溯的思想。如下所示，用一个4 × 4的网格表示迷宫，0表示此格不可通行，1表示此格可以通行，左上角为入口，右下角为出口。

```
# 4*4的迷宫，1代表可以通行，0表示障碍物不可通行
maze = [[1, 1, 1, 1],
        [0, 1, 0, 1],
        [0, 1, 0, 1],
        [0, 1, 1, 1]]
```

编写一个函数，用于判断某个格子是否可以通行，即格子上的数字是1，且x、y索引都在有效范围内。

```
# 判断格子是否可以通行
def valid(maze,x,y):
    if (x>=0 and x<len(maze) and y>=0 and y<len(maze[0]) and maze[x][y]==1):
        return True
    else:
        return False
```

计算机每走一步，都需要依次尝试上下左右四个方向是否可移动，如果某个方向走不通，就回溯到上一格再试探。快试试把地图修改得更大一些吧！看看计算机能不能找出一条逃离迷宫的路。

```
# 移步函数实现
def walk(maze,x,y):
    # 如果位置是迷宫的右下角，说明成功走出迷宫
    if(x==3 and y==3):
        print(x, y)
        print("successful!")
        return True

    if valid(maze,x,y):
        print(x,y)
        maze[x][y] = 2
        # 针对四个方向依次试探，如果失败，撤销一步
        if not walk(maze,x-1,y):
            maze[x][y]=1
        elif not walk(maze,x,y-1):
            maze[x][y]=1
        elif not walk(maze,x+1,y):
            maze[x][y]=1
        elif not walk(maze,x,y+1):
            maze[x][y]=1
        else:
            return False  # 无路可走说明，没有解
    return True

# 从左上角位置开始
walk(maze,0,0)
```

```
0 0
0 1
1 1
2 1
3 1
3 2
3 3
successful!
0 2
0 3
1 3
2 3
3 3
successful!
程序运行结束
```

11 如何寻找自驾游的最短行程呢？

生活中的计算思维

全家计划下个月自驾游，家人决定让你设计路线。你在地图上找到了几种路径方案，也考察了各城市之间的距离，如下图所示，那么如何选择出路程最短的方案呢？虽然你可以把从起点A到终点E的所有路径都计算一遍，但如果城市和道路更多，计算时就很容易遗漏或重复。从A到E中间要经过B、C和D城市，但B、C、D分别不止一个落脚点，因为时间有限，每个城市只能选择一个落脚点。怎么走才能使A到E的路径最短呢？

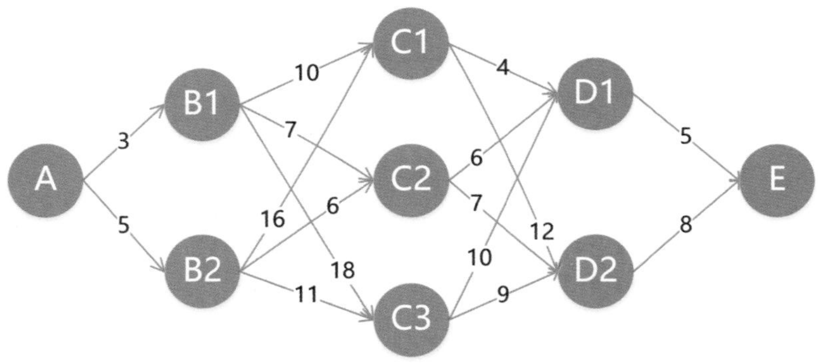

让我们分阶段地解决这个问题，并找出其中的规律。比如先从D到E，可以是D1到E，可以是D2到E，距离分别用L(D1)=5、L(D2)=8表示。从C到E，以C1为例，可以是C1、D1、E，也可以是C1、D2、E，所以C1到E的距离可能为C1到D1的距离加上L(D1)，或者为C1到D2的距离加上L(D2)，而最短距离L(C1)则为上述两个距离中的最小值。重复地运用此方法，就可以计算出L(C2)、L(C3)、L(B1)、L(B2)、L(A)，从而计算出从A到E的最短路径了。

什么是动态规划?

把复杂的问题分解为多个解决方式相似、相互依赖的子问题或阶段，逐一解决后便可以得到最终答案的一种思维模式。

解谜小能手

你要走上一个台阶为15级的楼梯，从下往上走，每次只能跨一级或者二级，请你算一算共有多少种走法。

程序中的计算思维

二手集市活动临近，这次你要去当小摊主了。家中有5件物品可以出售，它们的重量分别为2、2、6、5、4，对应的价值分别为6、3、5、4、6，但是你的背包最大承重只有10，能装下的最大价值是多少呢？这就是典型的“01背包问题”，即每个物品只有装和不装两种状态。虽然你可以随意尝试在不超重的情况下物品价值总和的多种方案，但是这种方式不仅容易遗漏或重复，而且费时费力，物品越多体现得越明显。接下来，让我们利用编程立刻计算出答案吧！

根据已知条件，假设背包中含有第5件物品（即重量为4的物品），问题就转换为求解在承重为6的背包中，放入前4个物品所能得到的最大价值。假设背包不包含第5件物品，问题就转换为在承重为10的背包中，放入前4个物品所能得到的最大价值。下表展示这一推导过程。

重量	价值	背包承重										
			1	2	3	4	5	6	7	8	9	10
2	6	总价值	0	6	6	6	6	6	6	6	6	6
2	3		0	6	6	6	9	9	9	9	9	9
6	5		0	6	6	9	9	9	9	11	11	14
5	4		0	6	6	9	9	9	10	11	13	14
4	6		0	6	6	9	9	12	12	15	15	15

你发现了吗？每个重量下的前若干个物品所能得到的最大价值，都可以分为两种情况。例如，假设背包承重为5且只能放入前2个物品，此时若包含第2个物品，最大价值即等于承重为3时放入第1个物品的最大价值（紫色标识）加上第2个物品的价值，即6+3=9；若不包含第2个物品，答案即为承重为5时放入第1个物品的最大价值（绿色标识），即6。这两种情况下取最大值，就得到了承重为5时只能放入前2个物品所得的最大价值（红色标识），即9。代码实现如下，最后算出最大的价值为15。

```
定义函数 最优价值 (i) (j)
  如果 (i) = 0 或 (j) = 0
    返回 0
  否则
    返回 values 第 ((i) - 1) × 最大承重 + (j) 项
```

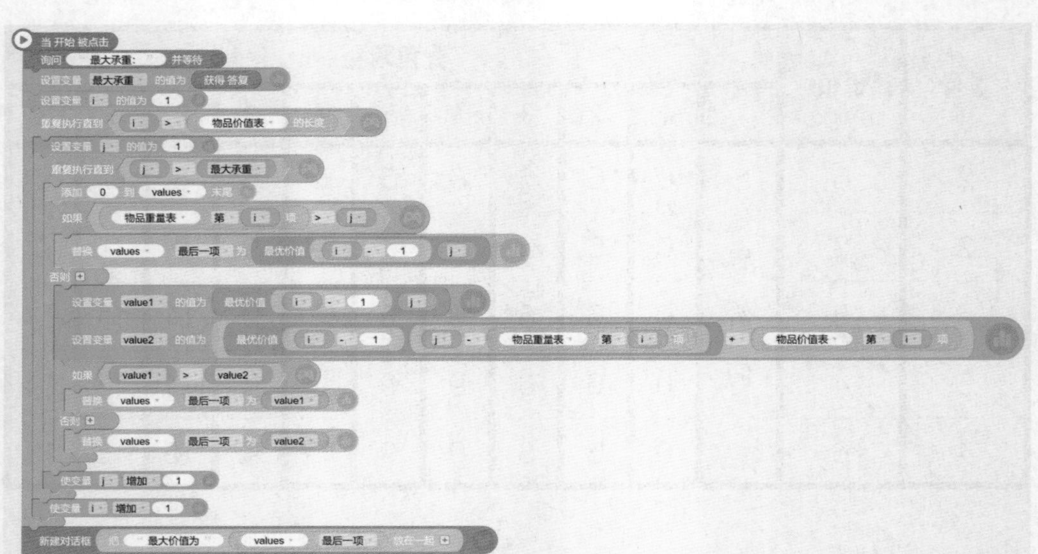
当 开始 被点击
询问 最大承重: 并等待
设置变量 最大承重 的值为 获得 答复
设置变量 i 的值为 1
重复执行直到 i > 物品价值表 的长度
设置变量 j 的值为 1
重复执行直到 j > 最大承重
添加 0 到 values 末尾
如果 物品重量表 第 i 项 > j
替换 values 最后一项 为 最优价值 i - 1 j
否则
设置变量 value1 的值为 最优价值 i - 1 j
设置变量 value2 的值为 最优价值 i - 1 j - 物品重量表 第 i 项 + 物品价值表 第 i 项
如果 value1 > value2
替换 values 最后一项 为 value1
否则
替换 values 最后一项 为 value2
使变量 j 增加 1
使变量 i 增加 1
新建对话框 把 最大价值为 values 最后一项 放在一起

最大承重:
10
确定

背包2
最大价值为15
点击继续

12 为什么购买火车票需要身份证？

生活中的计算思维

当你购买火车票时，需要遵循实名制度，即登记并且核查个人的真实姓名和身份证。为什么一定要这样做呢？一方面是为了避免不法分子倒卖车票，另一方面是为了便于公安机关工作。实名制度的关键特点是，每一个人都拥有唯一的标识，购票、上车都需要依赖这个唯一标识，售票员或公安机关可以根据它查询到某一位特定的乘客。

不仅是乘火车，去银行办理银行卡等众多场景都需要身份证。一个人可以拥有多个银行卡号，但是每个银行卡号都依赖于一个身份证号。

在网络上查询某本书时，如果只输入部分图书名或作者名，那么就有可能出现很多不相关的图书。就像有重名的同学一样，老师叫一个名字，重名的同学都答应，这样就会造成混乱。怎样才能最为精确地查找到一本图书呢？其实每本图书都有一个代表此书的唯一标识：ISBN。也就是说，图书唯一依赖于一个ISBN编号，搜索这个编码，就不会出现其他图书了。

什么是唯一依赖？

由事物A可以完全确定事物B，则称事物B唯一依赖于事物A。通常情况下，反之不成立，即由事物B不能完全确定事物A。

灵感小笔记

生活中存在哪些唯一依赖的现象？

____

____

程序中的计算思维

下表中有5位学生的信息，每位学生的信息包括姓名和分数。请问“Alice”的分数是多少呢？这是个很难回答的问题，因为有两个“Alice”！如何解决这个问题？或许你可以设计一个唯一依赖的事物？

姓名	分数
Alice	80
Bob	90
Rebecca	88
Daniel	90
Alice	92

我们在表格的最左侧添加一列“学号”，并且学号之间不重复（就像身份证号一样），这样姓名就唯一依赖于学号了。通过学号去查找成绩，便能准确定位某一个“Alice”的分数。当重名的人越来越多（如中考、高考的成绩汇总），为每名学生添加学号或考号是非常好的解决办法。

学号	姓名	分数
001	Alice	80
002	Bob	90
003	Rebecca	88
004	Daniel	90
005	Alice	92

这种思维模式在计算机科学的世界极为常见，例如Python中的字典的“值”就是唯一依赖于“键”的。即通过“005”才能查找到特定“Alice”的分数信息。

```
stud_info = {'001':['Alice',80],'002':['Bob',98],'003':['Abily',80],
             '004':['Daniel',86],'005':['Linda',90]}

print(stud_info['005'])
```

```
['Linda', 90]
程序运行结束
```

启发式算法　　实施解决方案 - 算法思维

13 为什么地图软件会给出多条线路？

生活中的计算思维

当你计划去某个陌生的地方时，用地图软件搜索该地，软件会立刻提供多条路线供你选择。为什么它不直接提供一条最好的路线呢？显然，从出发地到目的地的可选路径非常多，而且此时此刻，一定存在一条最适合你的路径。但是软件在计算路线时，即使考虑到当时路况，也无法列举所有的可能性，更何况现实情况中有各种突发情况，如堵车、公交系统临时停运等，所以它只能挑选多种相对可行的较优路径方案供你参考，这就是启发式算法。换言之，启发式算法的关键不是计算出最优的一条路径（实践中也无法做到），而是根据当前路况等信息给出较优方案。

如果你看中了一件商品，并想以较实惠的价格入手，除了和店员讲价外，你还会做什么呢？是否要去本市所有销售此款商品的店铺询问一遍价格后，再从中找出最低价？虽然理论上来说，一定存在最低价，但是你要为此付出的时间成本可能会非常高。实际上，只要价格在你的预算范围内，或者根据经验判断价格合理，又或者询问了附近的两三家店铺后，你就能做出决定，这就像在菜市场买菜一样。所谓启发式算法，就是寻找相对满意的方案。

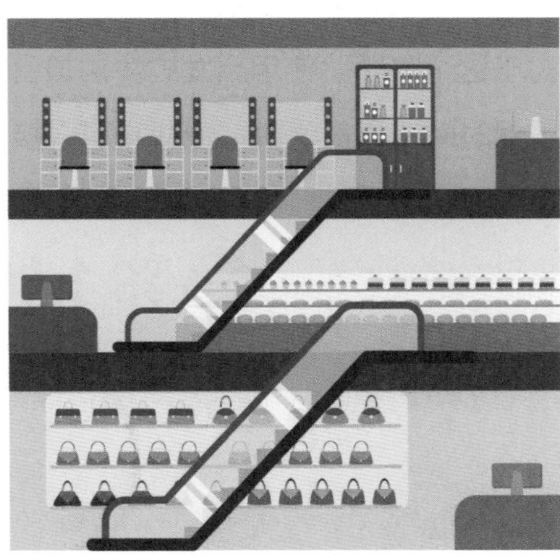

什么是启发式算法?

根据直觉、经验、常识或仿生学去解决问题的一种方法。其关键特征是解决方案并非最优，但却是实践中可以接受的方案。

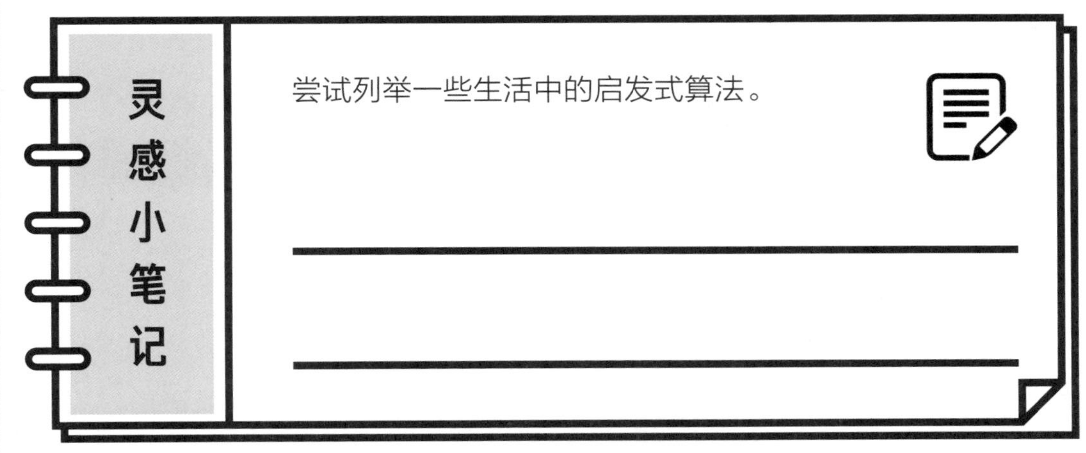

灵感小笔记
尝试列举一些生活中的启发式算法。

程序中的计算思维

巡线小车程序是Kitten中最有趣的案例之一。案例效果是：小车在无交叉的黑线上从一头自动地行进到另一头。如果希望小车以最短时间通过黑线，程序要如何实现呢？显然，小车通过黑线的全过程一定存在最短时间，但实际上这个数值极难求解。对于这个难题，使用启发式算法最合适：让它根据碰到黑线的情况调整角度。虽然时间不是最优解，但却是可以接受的答案。

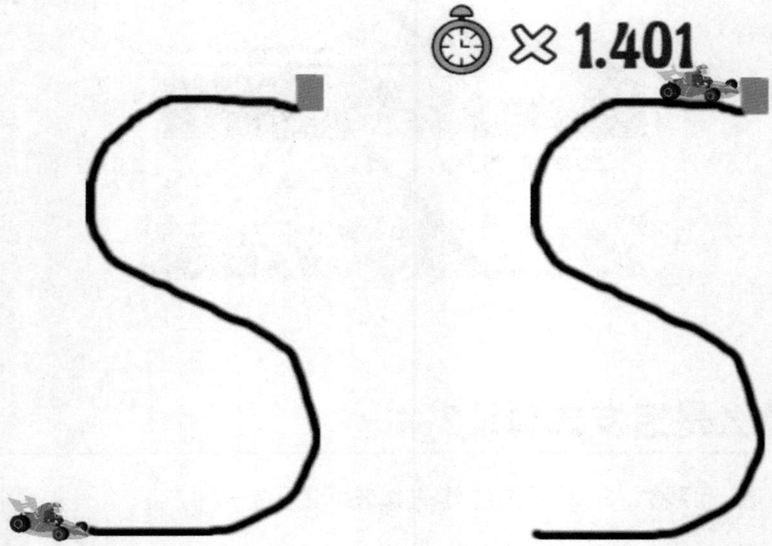

1.401

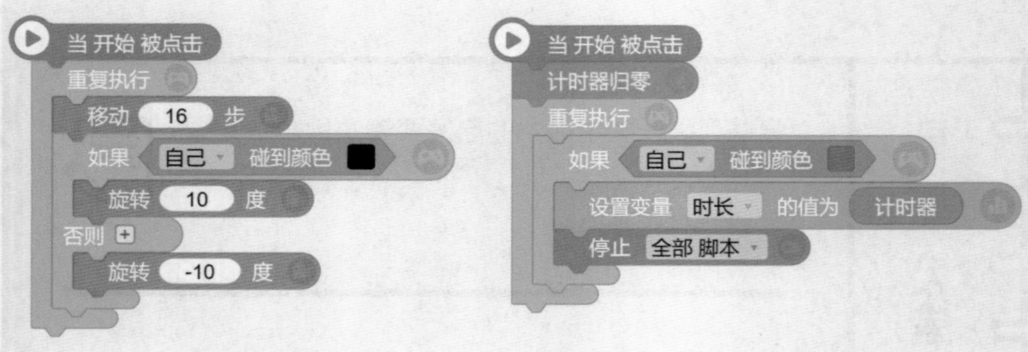

当 开始 被点击
重复执行
移动 16 步
如果 自己 碰到颜色
旋转 10 度
否则
旋转 -10 度

当 开始 被点击
计时器归零
重复执行
如果 自己 碰到颜色
设置变量 时长 的值为 计时器
停止 全部 脚本

14 篮球比赛中的24秒规则是什么？

生活中的计算思维

你知道篮球比赛中的24秒规则是什么意思吗？该规则的含义是：当某球队开始进攻时，该队球员必须在24秒内尝试投篮，否则就属于违规，球权归另一支球队。在投篮之后，如果该队抢到了进攻篮板，则计时器回到14秒并开始倒计时；否则重新回到24秒倒计时。这是一种数据还原到初始状态的行为，即初始化。赛场上还有很多初始化的情形，例如赛前将双方的比分归于0:0，田径比赛时大家都处于同一起跑线等。

当你刚刚成为一名初中生时，迎接你的是一个新的校园，而你已经拥有的小升初成绩单、新的学号、新的班级等都是你的初始状态。在学校，我们每天都要做好课前准备，例如准备好课本、笔记本、文具和参考材料等，这也体现了一种初始化行为。

什么是初始化？

当某一过程或阶段重新开始时，相应的属性会根据实际情况还原到最初的状态。

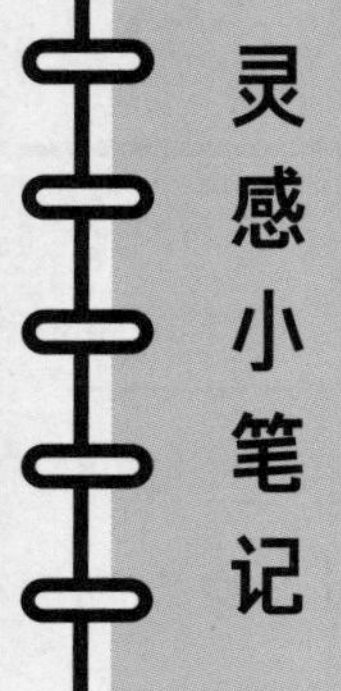

观察生活中还有哪些初始化的现象，并把它们记录下来吧！

____

____

程序中的计算思维

初始化如何在程序中体现出来呢？我们通过一个简单的程序来看看。游戏规则很简单：当计时器在9.8~10秒时点击宝箱，宝箱才能打开；否则挑战失败，点击重启按钮后再次尝试。

重启按钮代码

宝箱代码

当 开始 被点击
重复执行
设置变量 Time 的值为 计时器

当角色被 点击
如果 Time ≤ 10 且 Time ≥ 9.8
停止 当前角色的其它脚本
切换到造型 打开
新建对话框 “成功啦”
否则
停止 当前角色的其它脚本
新建对话框 “再试试吧！”

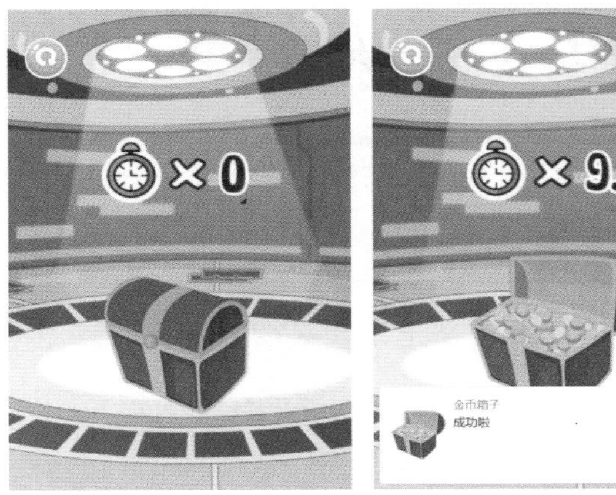

当重启按钮被点击时，计时器再次从0开始，程序将重新回到初始状态。

再来看一个使用Python创作的与计算机猜拳的游戏。如果你的战绩不佳，想重新开始游戏，最简单的方式就是重新运行整个程序，让程序从“game(0,0)”开始运行，将比分初始化为0:0。

```
import random

def game(score_a, score_b):
    print('当前比分：', score_a, ":", score_b)
    List = ['剪刀','石头','布']
    a = input('输入(剪刀、石头、布)：')
    b = random.choice(List)
    print('你的输入：', a)
    print('电脑的输入：', b)
    if (a == b) :
        print('打平了')
    elif (a == '石头' and b == '剪刀' or a == '剪刀' and b == '布' or a == '布' and b == '石头'):
        score_a += 1
        print('你赢啦！当前比分：', score_a, ':', score_b)
    else :
        score_b += 1
        print('电脑赢啦！当前比分：', score_a, ':', score_b)

    F = input('重新开始按1，继续游戏按2，退出游戏按3：')
    if (F == '1') :
        print('-------------重新开始-------------')
        game(0,0)
    elif (F == '2') :
        print('-------------继续游戏-------------')
        game(score_a, score_b)
    else :
        print('-------------游戏结束-------------')

game(0,0)
```

```
当前比分：  0 : 0
输入(剪刀、石头、布)：剪刀
你的输入：  剪刀
电脑的输入：  剪刀
打平了
重新开始按1，继续游戏按2，退出游戏按3：2
-------------继续游戏-------------
当前比分：  0 : 0
输入(剪刀、石头、布)：石头
你的输入：  石头
电脑的输入：  剪刀
你赢啦！当前比分：  1 : 0
重新开始按1，继续游戏按2，退出游戏按3：2
-------------继续游戏-------------
当前比分：  1 : 0
输入(剪刀、石头、布)：
```

15 月相的变化规律是什么？

生活中的计算思维

唐代诗人岑参曾在诗中写道“走马西来欲到天，辞家见月两回圆。”岑参通过“两回圆”的月亮形状，交代了已离家两个月，这是因为月相的一个周期约等于一个月。月相的变化有固定的先后顺序，例如上弦月后是盈月，盈月后是满月。这一系列月相状态就构成了一个序列。

当你早上起床时，先穿衣服，再洗漱，然后吃早餐，接着出门坐地铁，最后到达学校。这些事情也构成了一个序列。

我们都知道，DNA序列中包含着我们基因的信息，科学家们用A、C、G、T四个字母表示组成DNA的四种核苷酸。DNA的双螺旋结构就是把这些字母两两配对后按照特定的顺序进行排列。

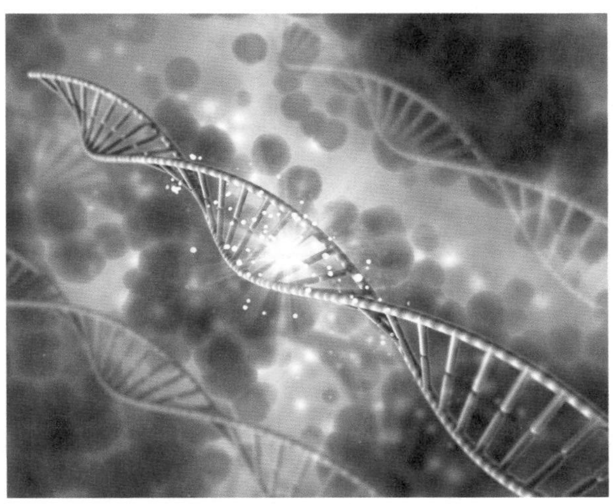

厨房有两个天然气阀门，一个是灶具上的关火阀，另一个是接软管的总阀。你知道正确的关闭顺序吗？在正常情况下，应当先关闭总阀，再关闭关火阀，因为这样可以充分燃烧管道中的余气。但是如果燃气着火，正确的关闭顺序则需要调换，应当先关闭关火阀，再关闭总阀，否则就有可能引发回火甚至爆炸。可见正确的关阀顺序非常重要。

什么是顺序 / 序列？

一系列具有特定次序的事物或事件。

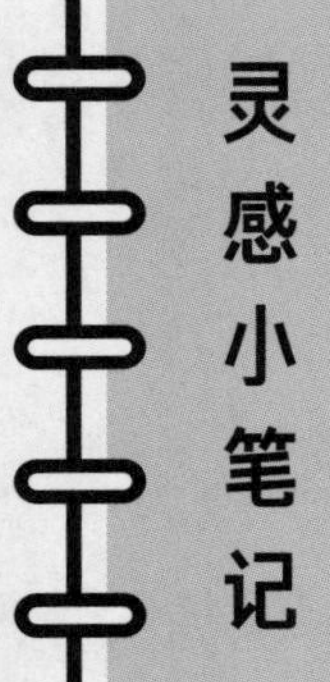

修改序列的顺序，结果可能截然不同。你能否列举出这样的场景？

程序中的计算思维

你是否注意到源码编辑器本身就存在很多序列？角色造型可以实现动画效果，但它需要依赖于每个造型出场的先后顺序。当你想使用列表存储一系列数据时，就会发现数据也有先后顺序，这样才便于存取、修改、删除。

如果用Kitten制作一个演奏《小星星》的音乐程序，我们是不是必须得严格按照音符的顺序来搭建积木呢？答案是肯定的，因为脚本是按照从上至下的顺序依次执行的。

Python的列表与Kitten类似，都是具有顺序的数据结构。如下所示，我们通过下标访问列表的值，也就是元素的顺序位置。

```
List = ['milk', 'bread', 'orange', 'apple', 'beef']
print(List[2])
```

但字典则不按照次序存储，而是依赖于键。如下所示，程序读取了字典中“food2”对应的值。

```
Dict = {'food0':'milk', 'food1':'bread', 'food2':'orange',
        'food3':'apple', 'food4':'beef'}
print(Dict['food2'])
```

16 为什么相近血缘的“达尔文雀”看起来差别很大？

生活中的计算思维

“达尔文雀”是生活在南美加拉帕戈斯群岛和科科斯岛上的一类小型鸟类，尽管这些鸟类在喙的大小和形状上差别很大，但实际上却有相近的血缘关系。是什么原因让人们得出了这个结论？生物学家普遍认为，“达尔文雀”的祖先为了适应不同的生活环境，进化成了不同的形状。以地雀为例，在同时有大、中、小地雀的岛上，三种鸟喙的大小各不相同，恰好都能取食大小不同的种子。也就是说，不同地雀选择不同大小的种子，导致逐渐进化出了不同的鸟喙，进而有了不同的分支。

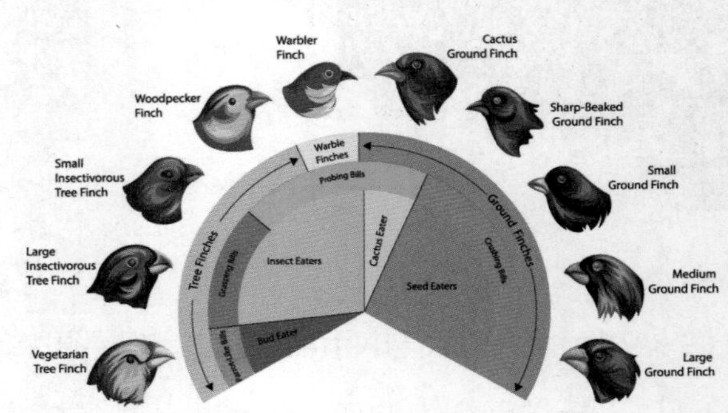

在日常生活中，我们经常使用选择语句来构建分支结构，即“如果……那么……否则……”的句式。例如，如果明天早上不下雨，那么我就出门锻炼身体，否则就在室内活动。再如，我们经常可以看到商场的打折规则，这里面也隐含了分支结构。上图展示了一家书店的购书优惠活动。

（1）购物金额大于或等于100元的，打8折；
（2）购物金额大于或等于50元的、小于100元的，打9折；
（3）购物金额不足50元的，不参加打折活动。

如果你消费了60元，那么就符合第二条活动规则，即打9折。如果你消费了100元，则打8折。如果你消费了200元，还是打8折。只需根据购物金额选择合适的分支选项即可。其实，应用程序也经常根据不同的条件执行不同的操作，与上图中的打折过程非常近似。

什么是选择 / 分支?

根据已知条件，作出判断和选择。正如美国哲学家阿尔文 · 普兰丁格所说:“命运不是机遇，而是选择”。命运不是巧合式的机遇，而是由大大小小的选择所汇集的人生。

灵感小笔记

你曾在生活中做出了哪些重要的选择呢？生活中还有哪些可能被你忽略的选择场景？（提示：如交友标准，学习策略等）

程序中的计算思维

分支结构（或称为选择结构）是计算机用来做决定的关键。

Python中的选择结构为if语句。下面我们用它来实现刚才提到的购书优惠活动吧！输入购物金额，程序输出打折后的实付金额。

```
money = float(input('请输入购物金额: '))

if money >= 100:
    print('打折后的金额为', money * 0.8)
if 50 <= money < 100:
    print('打折后的金额为', money * 0.9)
if money < 50:
    print('打折后的金额为', money)
```

```
请输入购物金额: 60
打折后的金额为 54.0
程序运行结束
```

17 西西弗斯的石头代表了什么？

生活中的计算思维

希腊神话中的西西弗斯因为触犯了众神，被惩罚推一块巨石到陡峭的山顶，然而每当巨石到达山顶时便又会重新滚落到山底。他只能回到原点，重新将石头推到山顶。就这样日复一日，年复一年，永远无法停歇。

中国神话也有类似的故事。相传月亮上的吴刚被天帝惩罚到月宫砍伐桂树，桂树随砍随合，周而复始。《山海经》中的精卫无休止地往来飞翔于西山和东海之间，将从西山衔来的一条条小树枝、一颗颗小石头丢进大海。在“愚公移山”的故事中，愚公日复一日地挖着大山。这些相同却重复的动作，称为“循环”。

生活中有许多循环的动作。例如每天早上起床、晚上休息，钟表指针一圈圈地走动，工厂流水线上不断被加工出来的产品等。

灵感小笔记

生活中存在许多循环或重复的现象，你能想到哪些？

____

____

什么是循环 / 重复？

事物周而复始、回旋往复的运动或者变化。

程序中的计算思维

Kitten的重复可分为无限次重复、有限次重复和条件重复。

我们通过一个简单的动画程序，来看一下如何使用循环！动画的效果是：雷电猴和草灵灵随着音乐不断移动，蛋糕的灯光微微闪烁。

雷电猴的脚本

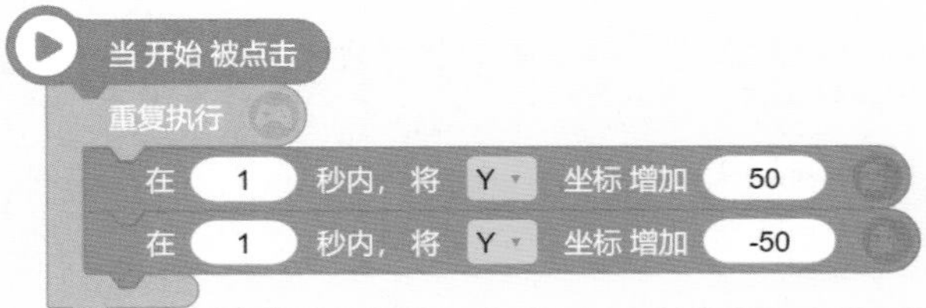

草灵灵的脚本

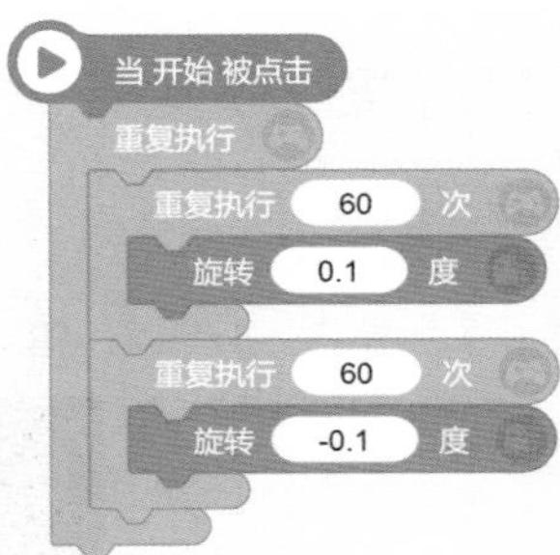

蛋糕的脚本

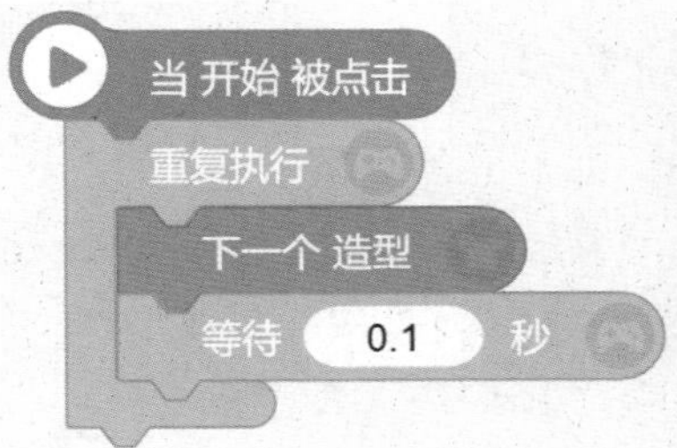

Pygame是开发游戏的Python库，也是最受欢迎的库之一，使用它我们就能创作各种好玩有趣的游戏和互动程序。在Pygame运行过程中，画面的渲染刷新速度非常快。实际上，程序的主线程会循环地、重复地刷新游戏的界面。下面我们使用它来创作一个最简单的游戏窗口，其功能是：点击右上角的“X”或者按下“Esc”键，终止主循环。程序中的“while True:”就是重复思想的关键。

```
import pygame, sys
from pygame.locals import * # 全局常量

# 初始化
pygame.init()

screen = pygame.display.set_mode((400,270))# 定义屏幕对象尺寸
surf = pygame.Surface((50,50))# 定义Surface对象尺寸
surf.fill((0,255,255)) # 定义Surface对象颜色

# Surface对象的矩形区域
rect = surf.get_rect()

# 窗口主循环
while True:
    # 遍历事件队列
    for event in pygame.event.get():
        if event.type == QUIT: # 点击右上角的'X'，终止主循环
            pygame.quit()
            sys.exit()
        elif event.type == KEYDOWN:
            if event.key == K_ESCAPE: # 按下'ESC'键，终止主循环
                pygame.quit()
                sys.exit()

    # 放置Surface对象
    screen.blit(surf, ((400-50)//2, (270-50)//2)) # 窗口正中
    # 重绘界面
    pygame.display.flip()
```

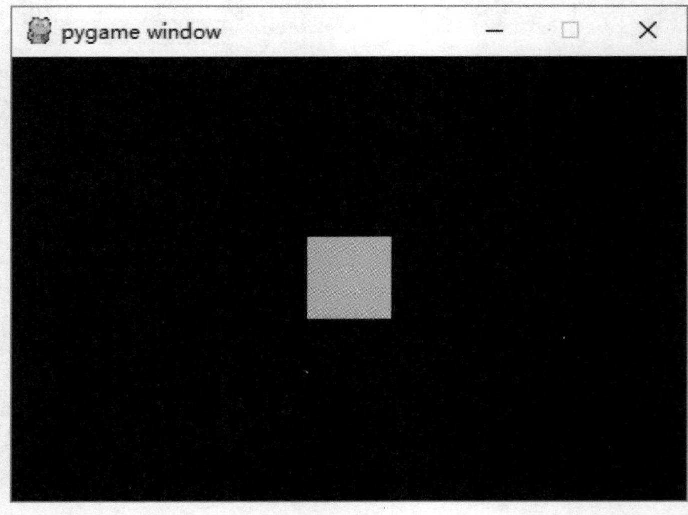

嵌套 实施解决方案 - 编程思维

18 隐藏在俄罗斯套娃背后的秘密是什么？

生活中的计算思维

俄罗斯套娃是俄罗斯的传统手工艺制品，通常由一组五到十几个数量不等大小不同的木制娃娃组成。娃娃内部为空心，因此最大的木娃娃可以套住次大的木娃娃，次大的又可以套住比它更小的。由此类推，所有的娃娃都依次被套在比它大一号的木娃娃内。

在管理学领域中，有一个词就是"套娃现象"。它是指因为不安全感，管理者倾向于与能力不如自己的下属合作，这就导致了组织一代不如一代，最终让公司走向衰弱。为了规避套娃现象，管理者应该有勇气和魄力打破这种恶性循环，形成一种开放积极的工作环境。

在原始社会，人们以原始群、血缘公社、氏族、部落、部落联盟等组织为单位进行生产生活，并没有地域划分的概念，正所谓"大道之行也，天下为公"（《礼记·礼运篇》）。随着生产力的提高，行政区划渐渐明确和固定下来。在我国，行政区划分为省级行政区、县级行政区、乡级行政区三个级别，即省、县、乡三级。你知道自己家乡所在的省、县、乡各是哪里吗？从地图中我们可以看到这些行政区的嵌套关系：国家先嵌套了34个省级行政区，每个省级行政区又嵌套了多个地级行政区，每个地级行政区又嵌套了多个县级行政区。行政区的嵌套结构可以有效帮助国家进行分级管理。

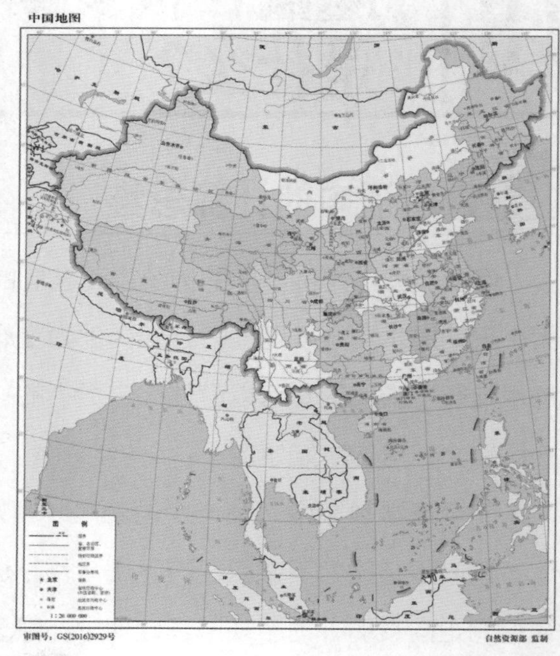

什么是嵌套？

将一个事物嵌入到另一个事物中，从而产生一定的层次结构。哲学中提到的整体与部分就是一种嵌套关系。佛教中提到的“一花一世界”展示了另一种有趣的嵌套关系：一朵花虽然没有一个世界那么大，但是它所涵盖的一切与一个世界所涵盖的一切并无区别。

解谜小能手

仔细观察这些嵌套图形，寻找规律，选出第五个图形。

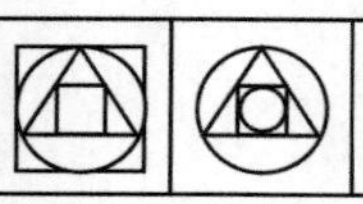 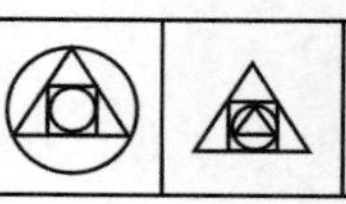 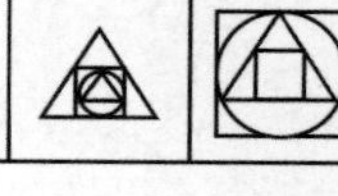 ______

A: 

C: 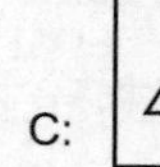 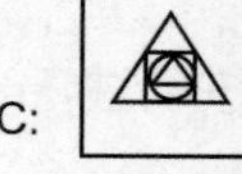

B: 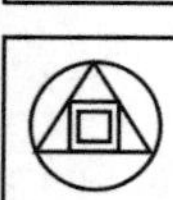

D: 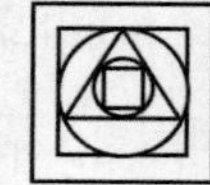

程序中的计算思维

下面的脚本使用了许多嵌套结构。游戏规则是：控制蓝雀躲避天上的雨滴，同时收集地上的草莓，最后返回树枝，游戏胜利；其他情况则认为游戏失败。

蓝雀代码

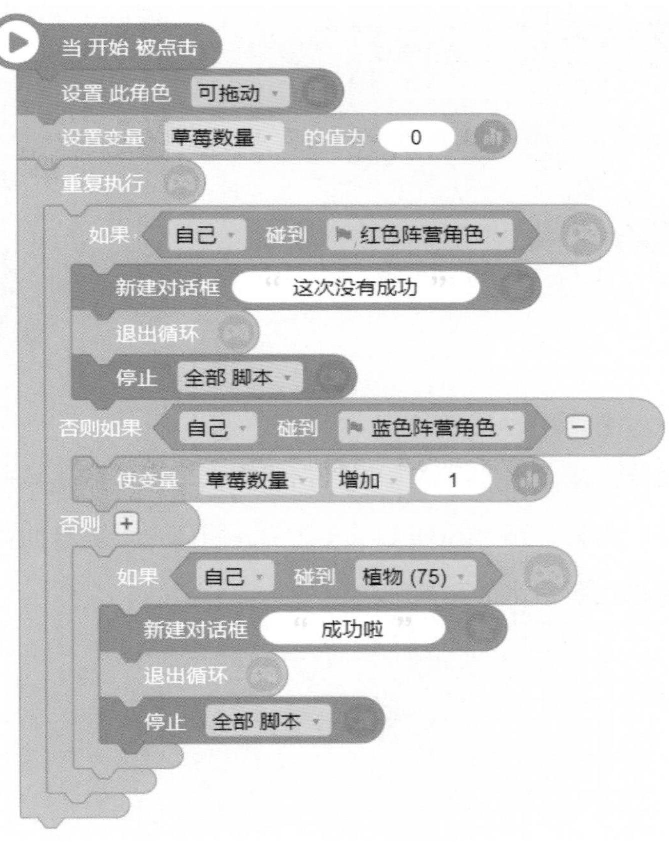

水滴代码

当 开始 被点击
设置 角色阵营 为 红色阵营
面向 -90 度
重复执行
移动 1 步

草莓代码

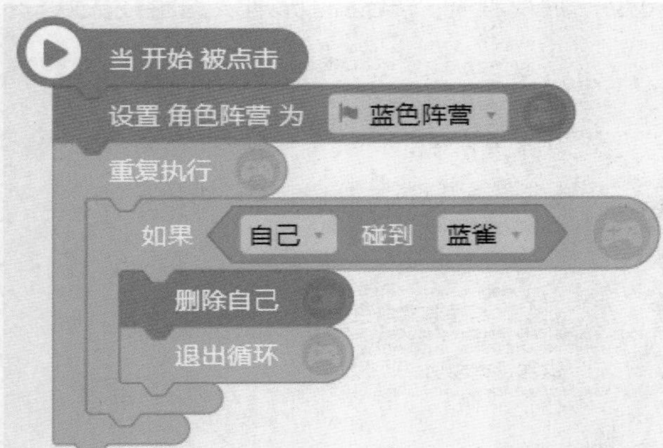

你知道什么是“水仙花数”吗？它是指一个三位数，其各位数字立方和等于该数本身。例如153=1^3＋5^3＋3^3，所以153是水仙花数。尝试用循环的嵌套结构输出所有水仙花数吧！

```
sxh = []

for i in range(1,10):
    for j in range(10):
        for k in range(10):
            if i*i*i + j*j*j + k*k*k == 100*i + 10*j + k:
                sxh.append(100*i + 10*j + k)

for i in sxh:
    if i == sxh[-1]:
        print(i)
    else:
        print(i, end = ',')
```

```
153,370,371,407
程序运行结束
```

19 飞机场是如何提高安检效率的?

生活中的计算思维

通常飞机场会设置多个入口、出口、问询台、值机柜台、安检通道、登机口等。为什么要设置这么多呢？思考问题的一个突破口便是从极限情况出发寻找反例。以安检通道为例，假设机场只有一个安检通道，每日人流量按6000人次计算，每位乘客安检需要1分钟，那么6000人通过一个安检通道的累积工作时间为100个小时，这样导致安检效率很低。如果同时开放10个安检通道，那么每个通道的累积工作时间为10个小时。所以为了节约乘客时间、提高安检效率，机场会设置许多安检口。每个安检通道每次只能通行一人，这就是“串行”；多个安检通道可以同时容纳多个人通行，这就是“并行”。

为什么马路要设计为多行道？如果都设计为单行道，每辆车只能跟在前一辆车的后面。如果某个路口为红灯，一旦前方有车停下，那么后方左转或右转的车辆，都只能排队等候，可想而知交通会有多么拥堵。

多行道可以很好地解决这个问题：在路口划分出左行道、右行道和直行道，让车辆分流，交通更加井然有序。如果说单行道是串行，那么多行道就是并行。

 什么是串行 / 并行？

串行是把资源集中到某个单一的过程中，而并行则是将资源分散到该过程的多个子过程中。两种方式各有利弊。串行机制的规则较为简单，易于构建和控制；并行机制的规则较为复杂，需要考虑子过程间的交互、同步、控制等问题。在实践中，两种方式都被广泛应用。

灵感小笔记

列举生活中的串行和并行现象。若将串行更换为并行，或将并行更换为串行，分析变化后的优缺点。

程序中的计算思维

在下面的《早发白帝城》演示程序中，六个屏幕按照顺序呈现出来。即每次只能显示一个屏幕画面，直到当前屏幕呈现完毕，才可以切换到下一个屏幕。逐个屏幕的呈现效果就是串行。

每个屏幕呈现时都需要让背景移动并且播放音乐。背景移动和播放音乐同时进行，即并行。

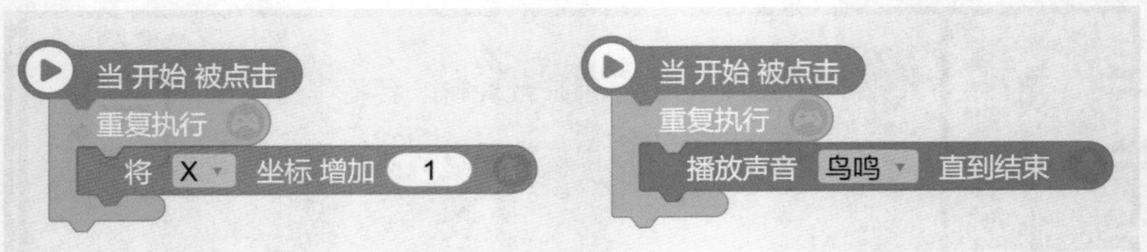

“奇异画笔”是一个非常有趣的程序（你可以在Kitten自带的示例程序中找到它）。程序中有四个点，通过鼠标控制其中一个点，另外三个点则镜面对称移动。这四个点同时进行绘制，所以每个点的脚本中都要同时抬笔和落笔，即并行执行。

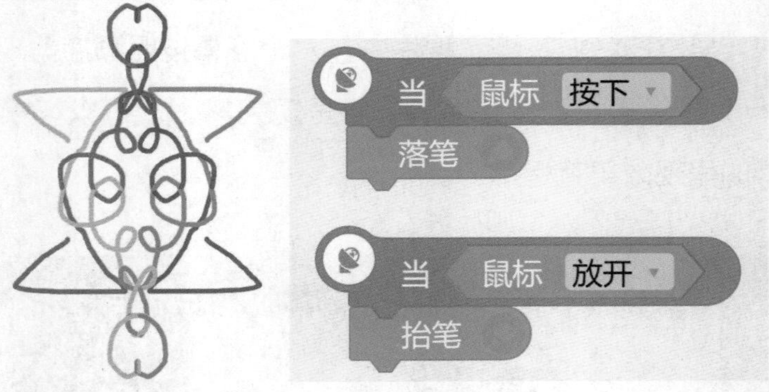

人们都希望程序的响应速度飞快。如果某程序要处理大量数据，采用串行的方式，必然会花费很多时间。如果采取并行的方式，则能最大限度地开发计算机的潜能，减少计算时间。

在下面的程序中，我们从一个长度为36000的字符串中统计每个字符出现的个数，并且统计30000次。结果显示并行的处理速度更快一些。

```
import time
from multiprocessing import Process

chars = 'abcdefghijklmnopqrstuvwxyz0123456789'

def task(n):
    file = chars*1000
    for i in range(n):
        for c in chars:
            file.count(c)

if __name__ =='__main__':
    list = [10000, 10000, 10000]
    start = time.time()
    serial_time = [task(i) for i in list]
    cost = time.time()-start
    print("串行消耗时间为："+str(cost))

    proc = 3
    process = []
    for i in range(proc):
        process.append(Process(target=task, args=(list[i],)))
    startp = time.time()
    for p in process:
        p.start()
    for j in process:
        p.join()
    costp = time.time()-startp
    print("并行消耗时间为："+str(costp))
```

```
串行消耗时间为：49.196327686309814
并行消耗时间为：17.8283269405365
程序运行结束
```

实践中，Python的threading线程库也能很好地完成并行任务，感兴趣的学习者可自行搜索了解。

同步/异步　实施解决方案 - 编程思维

20 多人如何分享一台掌上游戏机？

生活中的计算思维

你和朋友们都想玩掌上游戏机，可是手边只有一台！这要怎么办呢？看来最好的办法就是轮流借着玩了。如果这次没有轮到你，你可以去做点别的事情，等朋友玩完之后再把它给到你。你在等待的这段时间，就处于“同步”的状态，因为你必须一直等到朋友给你；另一方面，当你在做别的事情时，就处于“异步”的状态，因为你并非一直处于等待的状态。

你给朋友打电话，但对方一直处于未接听的状态。你焦急地等待着，这时你就处于同步的状态，因为你一直在等待对方的回应。最终电话无人接听，还好事情并不紧急，那就发送短信或电子邮件吧！发送之后，你就能去做别的事情了，而不用一直等待，直到对方回复你，这就是异步的状态。

今天是你和小可值日。经过商量后决定：你负责拖地，小可负责扫地。因为小可先扫地，所以你趁着这个时间去洗拖把。双方互不等待，各自做自己的事务，所以你们俩是异步工作。可当你洗完拖把回到教室后，却发现小可还在扫地，这时你就只能等着小可收工了，所以你处于同步状态。

什么是同步 / 异步？

为完成某项任务，多个过程共同执行且互不等待、互不影响，谓之异步。但凡某个过程需要等待其他过程的结果才能继续执行，谓之同步。同步和异步是相辅相成、不可分割的概念，就像抽象与具象、串行与并行一样。哲学中提到的“矛盾的双方既对立又统一”正是此意。中国古典哲学的太极图也体现了这一点：阴和阳是矛盾的双方，两者相互连接、相互吸引、相互依赖，同时又相互排斥、相互对立、相互分离。

灵感小笔记

想一想，生活中还存在哪些同步和异步的现象呢？

____

____

程序中的计算思维

我们通过一个简单的案例来了解同步和异步在程序中的体现。在下面的程序中，角色“依依”会通知烟花绽放，再通知编程猫登场。

角色“依依”

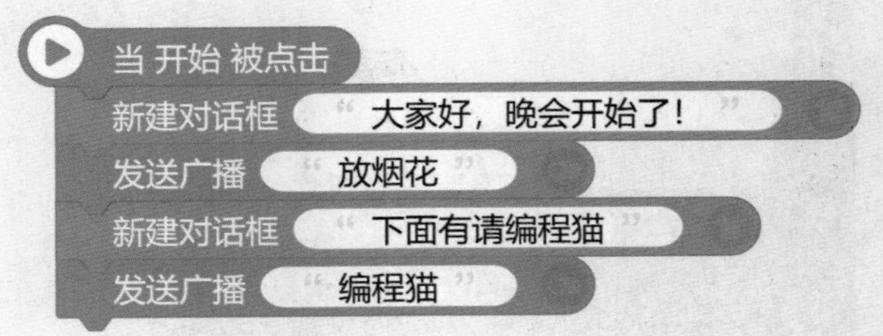

角色“烟花绽放”

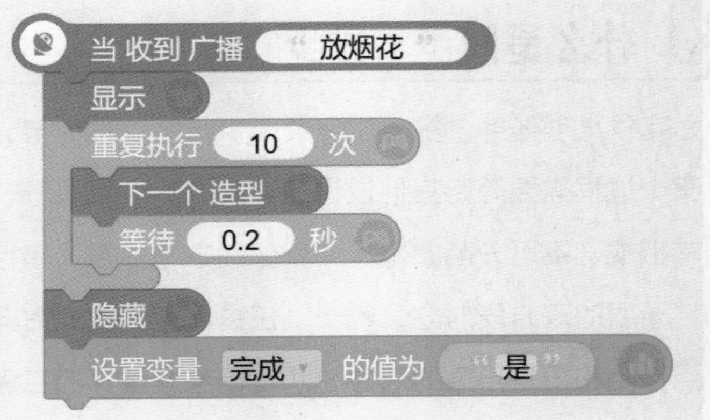

角色“编程猫”

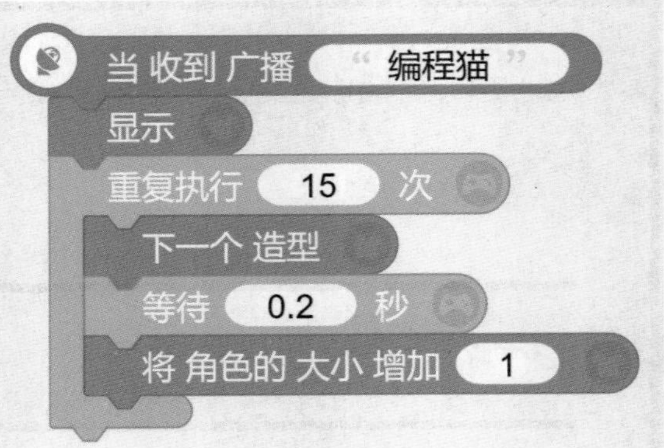

但是在烟花表演的同时，依依也通知编程猫立刻入场，这并不是我们想要的效果。我们希望烟花放完后，依依再告诉编程猫登场。由于Kitten的广播积木是异步的，所以当第一条广播积木执行完毕后，程序便会立刻执行“新建对话框”。如何让“新建对话框”的内容和广播积木同步执行呢?

非常简单，使用一个开关变量就能实现。让新建对话框积木等待发送广播完毕，就是同步的关键。

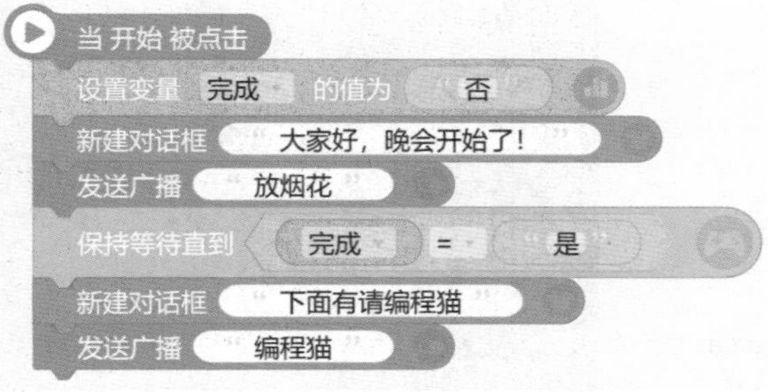

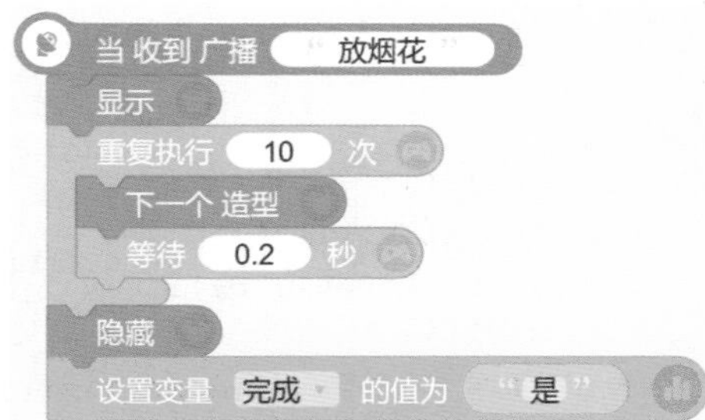

下面的Python程序模拟了多个任务的同步执行和异步执行。同步意味着任务一个接着一个完成，异步意味着多个任务一起运行（在本案例中，各任务的执行顺序是随机的）。虽然每个任务所使用的时间是随机的，但异步模式的用时要比同步模式少得多，这是因为同步模式下的用时即为各个任务所用时间之和。

```
import gevent
import random
import time

def task(pid):
    # do something
    # 使用sleep()函数代表
    # 每个task完成所需时间不同
    gevent.sleep(random.randint(0,5)*0.001)
    print('Task %s done' % pid)

#同步
def sync_call():
    start = time.time()
    for i in range(1,10):
        task(i)
    print("同步用时：", time.time()-start)

#异步
def async_call():
    start = time.time()
    threads = \
    [gevent.spawn(task, i) for i in range(10)]
    gevent.joinall(threads)
    print("异步用时：", time.time()-start)

print('同步:')
sync_call()

print('异步:')
async_call()
```

```
同步：
Task 1 done
Task 2 done
Task 3 done
Task 4 done
Task 5 done
Task 6 done
Task 7 done
Task 8 done
Task 9 done
同步用时： 0.0503084659576416
异步：
Task 6 done
Task 0 done
Task 1 done
Task 9 done
Task 2 done
Task 5 done
Task 7 done
Task 8 done
Task 3 done
Task 4 done
异步用时： 0.012344598770141602
程序运行结束
```

21 为什么要选出课代表？

生活中的计算思维

每位老师都会教多个班级。如果老师亲自去每个班级收作业，会严重影响到工作效率。如何才能解决这个问题呢？通常老师会在每个班级任命一位课代表，并赋予他收作业、布置作业等权力，还可以作为沟通的桥梁，在一定程度上帮助老师管理其他同学。这极大地提高了老师的效率，同时也增强了课代表的沟通和理解能力。课代表就是老师在某些职责上的代理。

虽然自驾游可以自由选择行程，但却要做很多准备工作。如果没有时间做攻略，那么去旅游公司就是最快捷的选择，因为它可以帮助你规划好行程、食宿、机票等事务，这就是一种代理的思维模式。

为什么买房时，人们更倾向在房屋中介寻找房源呢？为什么不是自己一家一家地联系、询问、查看房源呢？原因很简单：房屋中介有大量的房源信息。

因为买卖双方的信息不对等，中介就在其中收集房源信息，并为房子匹配合适的买家。房屋中介不仅为买卖双方建立了信息对等的桥梁，还为他们节省了时间。显然，中介也是代理思维模式的体现。

什么是代理?

如果双方存在某些方面（如信息、资源、职责、成本）不对等的情况，那么中间方建立起对等桥梁的行为就是代理，中间方也称为代理方。

灵感小笔记

生活中有哪些代理行为？我们如何称呼这些代理方？（提示：宽带，网络运营商等）

程序中的计算思维

大多数公司经理都会配一位秘书，这是为什么呢？经理要处理很多事情，如果客户和员工都一窝蜂地或时不时地找经理，他就会应接不暇。另一方面，万一客户来公司，而经理又出差了，这也会浪费客户的时间。所以为了提高双方的效率，经理需要一位秘书作为代理，帮助他处理接待、会议、排期等事务。下面的程序演示了秘书（secretary）代理经理接受他人的会议请求

```
import threading
import queue
import time

q = queue.Queue()  # 秘书处理的队列

# 会议类
class Meeting:
    def __init__(self, name, time):
        self.name = name  # 与会者
        self.time = time  # 会议时长

    def remind(self, address, timeLeft):  # 通知与会者会议即将开始
        # 可以是发送短信、微信等行为
        print("    %s 的会议将在 %s 于 %d 分钟后开始！" % (self.name, address, timeLeft))

    def start(self):  # 参加会议的具体动作
        print("    %s 的会议经开始，时长 %d 分钟。" % (self.name, self.time))

    def end(self):  # 会议结束的具体动作
        print("    %s 的会议已经结束" % self.name)

# 申请与老板会面
def request():
    while True:
        name = input("输入与会者的姓名：")
        time = int(input("输入会议时长（分钟）："))
        meeting = Meeting(name, time)
        q.put(meeting)  # 会议排队处理

# 秘书安排会议
def secretary():
    while True:
        if not q.empty(): # 如果队列不空，说明有人排队
            # 安排老板的会议
            meeting = q.get()
            meeting.remind("26楼会议室2", 5)  # 提醒还有5分钟会议开始
            time.sleep(5)  # 模拟老板休息5分钟
            meeting.start()  # 会议开始
            time.sleep(meeting.time)  # 模拟开会中
            meeting.end()  # 会议结束

t1 = threading.Thread(target = request, name = "Thread-request")
t2 = threading.Thread(target = secretary, name = "Thread-secretary")
t1.start()
t2.start()
t1.join()
t2.join()
```

```
输入与会者的姓名：a
输入会议时长（分钟）：5
    a 的会议将在 26楼会议室2 于 5 分钟后开始！
输入与会者的姓名：b
输入会议时长（分钟）：6
输入与会者的姓名：c
输入会议时长（分钟）：7
输入与会者的姓名：    a 的会议经开始，时长 5 分钟。
    a 的会议已经结束
    b 的会议将在 26楼会议室2 于 5 分钟后开始！
    b 的会议经开始，时长 6 分钟。
    b 的会议已经结束
    c 的会议将在 26楼会议室2 于 5 分钟后开始！
    c 的会议经开始，时长 7 分钟。
```

（Meeting），秘书按照先来后到的顺序进行处理（request）。

22 为什么厕所门上的锁很重要?

生活中的计算思维

假设一个场景：公共厕所中的每个厕所门外都没有任何标志。这时如果来了一个人，他就必须一扇一扇地逐一检查哪个厕所未被占用。显然这很不方便，那么现实中人们又是如何解决这个问题的呢？只要在每个厕所门上都安装一把锁：当里面的人上锁时，门外就会看到红色的标志；相反，当里面的人打开锁时，门外就会看到绿色的标志。锁只有开和关两种状态，而且它们不可能同时出现。我们称锁的状态是互斥的或对立的。

你可能在很多商店的门口见过类似于右图所示的标志，它们能让你快速了解到本商店是处于营业状态还是已经打烊。所以正在营业和已经打烊也是两个互斥、对立的状态，不可能同时存在。

为什么选择困难症的人群会采用抛硬币这种轻松的方法做出选择呢？因为抛硬币的两个结果是互斥的，要么正面要么反面，总能帮你选出一个结果。

投骰子的结果共有六种可能性。如果投出点数1，则称点数1和点数2和其他点数是互斥的。但此时我们不能称其为对立，这两者之间稍有区别。互斥意味着两件事情不可能同时发生，对立意味着一个事情发生的同时另一个事情必然不会发生。所以可以说，点数1和非1的点数是对立的（当然也是互斥的）。

什么是互斥 / 对立?

互斥是指两个事件不能同时发生。对立是指两个事件一个发生另一个必然不发生，即非此即彼。对立必然互斥，互斥不一定对立。

灵感小笔记

你能寻找到生活中的互斥或对立吗?

程序中的计算思维

在Kitten中，显示和隐藏是最常用的互斥且对立的状态。此外，拖动和不可拖动也是同样的道理。

显示
设置 此角色 可拖动
✓ 可拖动
不可拖动
隐藏

角色有三种旋转模式，而旋转模式只能是这三个中的某一个，所以这三种模式两两互斥。

禁止旋转
自由旋转
左右翻转
旋转模式:

下面的代码模拟了十辆车停车的过程。当某个车位被占用后，应立马把整体的剩余车位数减去一。

```
import threading
import time
import random

num = 10
mutex = threading.Lock()

class MyThread(threading.Thread):
    def run(self):
        global num
        time.sleep(random.randint(1, 2))
        num = num - 1
        msg = self.name + ' set num to ' + str(num)
        print(msg)

for i in range(10):
    t = MyThread()
    t.start()
```

```
Thread-1 set num to 9
Thread-2 set num to 8
Thread-10 set num to 7
Thread-9 set num to 6
Thread-3 set num to 5
Thread-4 set num to 4
Thread-5 set num to 3
Thread-8 set num to 2
Thread-7 set num to 0
Thread-6 set num to 1
程序运行结束
```

如上图所示，有时会出现一种错误的情形：一辆车比另一辆后到，但是却先完成了停车。如何才能解决这个问题呢？答案就是同步，方法是在停车时添加一把锁。每当有车辆即将做减一操作，则先给关键脚本上锁，即保护好公共资源（全局变量），确保其他车辆不能操作此全局变量。操作结束后，再把锁打开，其他线程再去处理和公共资源相关的业务。

```
import threading
import time

num = 10
mutex = threading.Lock()

class MyThread(threading.Thread):
    def run(self):
        global num
        time.sleep(1)

        if mutex.acquire(1):
            num = num-1
            msg = self.name+' set num to '+str(num)
            print(msg)
            mutex.release()

for i in range(10):
    t = MyThread()
    t.start()
```

```
Thread-2 set num to 9
Thread-1 set num to 8
Thread-6 set num to 7
Thread-4 set num to 6
Thread-3 set num to 5
Thread-5 set num to 4
Thread-9 set num to 3
Thread-7 set num to 2
Thread-8 set num to 1
Thread-10 set num to 0
程序运行结束
```

23 如何避免频繁重复地输入登录信息?

生活中的计算思维

我们在登录网页时经常要输入账号和密码，这总会花一些时间，尤其是频繁访问一个网站。在确保登录环境足够安全的情况下，如果浏览器可以自动保存账号和密码就太棒了，因为能节约不少精力！Cookie和localStorage技术可以解决这个问题，其核心思想非常简单：将用户的登录信息存储在本地计算机中。虽然该技术会占用计算机的存储空间，但它却能免去用户频繁输入登录信息的烦恼，帮助用户实现快速登录。

1938年，毛泽东同志在延安抗日战争研讨会上提出了“持久战”的战略，其精神思想是“积小胜为大胜，以空间换时间”，这是什么意思？当时日军占领了一些大城市和县城，而我国八路军和新四军对日军据点采取游击战，减缓日军占领速度，导致日军耗费大量时间来维持和管理占领区。这为我方扩充自身军力和恢复生产建设争取了时间，最后使自身实力增长速度远超日方。

多条队伍比一条队伍占用更多空间，但却减少了等候时间。多车道比单行道更能减缓交通拥堵的情况。这些场景都体现了以空间换取时间的思维模式。如果无法全款买房，那么购房者可以采用贷款的方式，即先获得居住空间，然后再花时间慢慢还清贷款，这是用时间换空间。

什么是时空互换?

为减少时间而增加空间，叫做以空间换时间；为减少空间而增加时间，叫做以时间换空间。时间和空间是一对矛盾，两者对立统一。“并行”也是一种以空间换取时间的计算思维。

灵感小笔记

请尝试列举更多以时间换空间或以空间换时间的场景。

程序中的计算思维

某个N位数，若每位数字的位数次幂之和等于该数本身，则称其为自幂数。按照位数从一到十，分别取名为独身数、水仙花数、四叶玫瑰数、五角星数、六合数、北斗七星数、八仙数、九九重阳数和十全十美数（两位数没有自幂数）。右面的程序实现了计算二十位数的自幂数。

```
import time

def is_zimi(number):
    length = len(str(number))
    num = number
    s = 0

    while num != 0:
        a = num%10
        s = s + a**length
        num = num//10

    if s == number or number == 0:
        return True
    else:
        return False

start = time.time()
for i in range(0, 10**20):
    if is_zimi(i):
        print(i)
print('耗时：' + str(time.time()-start))
```

运行就会发现程序花费的时间极长，有没有什么解决方法呢？既然自幂数都是固定的，我们完全可以用空间换时间，将其保存在列表中，计算时直接获取。实践中，时间是很宝贵的，而随着存储成本的降低，用空间换时间是很常见的方法。

```
import time
zimi_list = [0, 1, 2, 3, 4, 5, 6, 7, 8, 9, 153, 370, 371, 407,
             1634, 8208, 9474, 54748, 92727, 93084, 548834,
             1741725, 4210818, 9800817, 9926315, 24678050, 24678051,
             88593477, 146511208, 12985153, 472335975, 534494836, 4679307774,
             32164049650, 40028394225, 42678290603, 49388550606, 32164049651,
             44708635679, 82693916578, 94204591914, 28116440335967,
             4338281769391370, 4338281769391371, 21897142587612075,
             35641594208964132, 35875699062250035, 1517841543307505039,
             3289582984443187032, 4929273885928088826, 4498128791164624869,
             63105425988599693916]

start = time.time()
for i in zimi_list:
    print(i)
print('耗时：' + str(time.time()-start))
```

前面的输出省略

```
4338281769391370
4338281769391371
21897142587612075
35641594208964132
35875699062250035
1517841543307505039
3289582984443187032
4929273885928088826
4498128791164624869
63105425988599693916
耗时： 0.009428024291992188
程序运行结束
```

24 为什么说好记性不如烂笔头？

生活中的计算思维

“之乎者也”“勾三股四”“东经西经”“夏商西周”，老师们滔滔不绝。如果每节课只是左耳进右耳出，过一段时间，许多内容可能只剩下了脑海中模糊的印象。常言道“好记性不如烂笔头”。为了快速地回忆起课堂内容，人们通常会采用做笔记的方法，因为它可以帮助我们建立记忆的线索。

另一方面，老师在设计课程时，也会有意识地使用一些有趣味的案例和易于记忆的口诀，这也是一种帮助我们记忆的方法。

好朋友约你下周日中午三点参加聚会，有什么办法避免忘记呢？最简单的方法就是把它记录下来！你可以使用智能手机的备忘录软件、闹钟程序、便利贴等工具。无论是虚拟的软件还是可触的硬件，它们都能在一定程度上帮助我们记忆，避免遗忘。

什么是助记？

利用某种方法建立记忆的线索，从而帮助人们记忆，避免遗忘。

灵感小笔记

为了更快地记录信息，你会采用哪些独特的助记技巧呢？

程序中的计算思维

当你在编程猫的社区看到一个有趣的作品，但是打开作品后却发现许多代码没有任何说明信息，是不是一头雾水不知道从何处下手？换位思考，你的作品要如何才能让他人快速理解呢？注释就是最好的工具。

程序作者可以对关键功能和逻辑添加注释，详细解释设计原因，帮助他人理解。另一方面，注释也是写给自己的，因为即使是自己编写的复杂脚本，如果没有注释，过一段时间后也会忘记其中的细节。

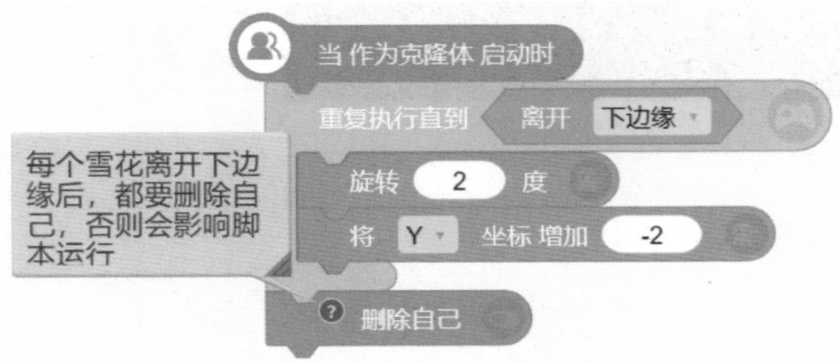

第一次使用源码编辑器的音乐画板和造型画板时，我们对它们的功能还不了解。为了便于用户快速入门，源码编辑器会给出使用提示说明。

假设你的程序有上千行代码，如果不添加注释，再过一个月，你自己都读不懂当时亲手写下的代码。所以Python提供了#或'''的注释符号，帮助我们记录关键信息，快速读懂并理解代码的作用。

```
#re模块可以使Python语言拥有全部的正则表达式功能
import re

phone = "156-1151-2345 #电话号码"

#删除字符串中的Python注释
num = re.sub(r'#.*$', "", phone)
print("电话号码是：", num)

#删除非数字字符
num = re.sub(r'\D', "", phone)
print ("电话号码是：", num)
```

```
电话号码是： 156-1151-2345
电话号码是： 15611512345
程序运行结束
```

优先级

实施解决方案 - 编程思维

25 为什么假期作业总是被拖到最后一刻？

生活中的计算思维

你有没有经历过假期最后一周奋笔疾书补作业的情形呢？假期初，为缓解一个学期的疲惫，娱乐放松是我们当下最想做的事情，即优先级最高；临近开学，要赶紧做完学校布置的作业，所以娱乐的优先级降低，做作业的优先级最高。

人们会在马路上设置特殊的标识，使得公交车辆获得较高的通行优先级。例如早高峰的拥挤路段，最外层的车道往往会优先给公交车辆使用。此外，当有紧急救援车辆、轨道交通等情形时，则需要中止正常的交通信号。本质上，这两个场景都运用了优先级的思想模式：一般公交车辆的优先级高于普通社会车辆，紧急车辆（紧急救援车辆、轨道交通等）的优先级最高。

什么是优先级？

优先级是指事件的重要性或紧急程度。通常情况下，不同的优先级会改变正常的处理顺序。

灵感小笔记

下面的表格展示了一种常见的确定事件优先级的方法，即按照重要性和紧急程度进行划分。罗列出你最近正在处理的事件，把它们填写到表格中，看是否符合你之前设定的优先级。

分类	不重要	重要
不紧急	优先级最低	优先级一般
紧急	优先级较高	优先级最高

程序中的计算思维

我们小学就学习过“先计算乘除法再计算加减法”的优先级规则。Python 也有优先级的概念。常见运算符的优先级从高到低如下表所示。

运算符	说明
**	指数 (优先级最高)
*, /, %, //	乘、除、取模、取整除
+, -	加法、减法
<=,<,>,>=	关系运算符
<>,==,!=	关系运算符
not	"非"逻辑运算符
and	"与"逻辑运算符
or	"或"逻辑运算符

对于一个复杂的表达式，Python会自动判断括号和运算符的执行顺序，如右图表达式中优先级数字所示。

(10 + 6) * 3**2 / (1 + 2) or 5 >= 3

1 4 3 5 2 7 6

我们可以通过程序验证优先级。比如分别计算下列等式，结果如下。

```
a = 20
b = 10
c = 15
d = 5

print("a:%d b:%d c:%d d:%d" % (a, b, c, d))
e = (a + b) * c / d  #(20 + 10) * 15 / 5
print("(a + b) * c / d的值为", e)

e = ((a + b) * c) / d  #((20 + 10) * 15) / 5
print("((a + b) * c) / d的值为", e)

e = (a + b) * (c / d)  #(20 + 10) * (15 / 5)
print("(a + b) * (c / d)的值为", e)

e = a + (b * c) / d  #20 + (10 * 15) / 5
print("a + (b * c) / d的值为", e)
```

```
a:20 b:10 c:15 d:5
(a + b) * c / d的值为 90.0
((a + b) * c) / d的值为 90.0
(a + b) * (c / d)的值为 90.0
a + (b * c) / d的值为 50.0
程序运行结束
```

信息隐藏　实施解决方案 - 编程思维

26 如何使用诗词传递秘密信息？

生活中的计算思维

在《水浒传》第六十一回中，吴用给卢俊义写了一首藏头诗。

芦花丛里一扁舟，
俊杰俄从此地游。
义士若能知此理，
反躬逃难可无忧。

当读完这首诗后，你能看出其中隐藏了什么信息吗？观察每句诗的第一个字，将其连接起来就是其隐含意义。正是这首藏头诗让卢俊义被官府兴师问罪，最后将其逼上梁山。

在古装剧或者悬疑剧中，把一张没有任何笔迹的纸加热或放入水中就出现了文字，这种隐藏信息的方式是如何实现的呢？为了传递秘密信息，人们使用了特殊的液体撰写秘密信息，即密写术。例如使用明矾水编写的文字，晾干后字迹便会消失，但若浸入水中，纸上的字迹便会显现出来。

为了杜绝假钞，你要如何辨别其真伪呢？在不使用验钞设备的情况下，人们可以感受其质感，或在光线下寻找纸币上的特殊图案，即数字水印。假币很难实现这样的技术。

在上下级沟通中（如班主任和班长），也包含着信息的隐藏。上级会给下级做指示，并告诉下级应该了解的工作信息，但下级无需了解上级的全部信

息；下级汇报工作时，也只需要汇报一部分关键信息，如工作成果、进度或难题等，而非所有工作过程中的细节内容。

什么是信息隐藏？

为达到特定目的，利用某些方法，使过程或数据不被轻易获取、知晓或伪造，从而保证信息的安全性、完整性或可靠性。

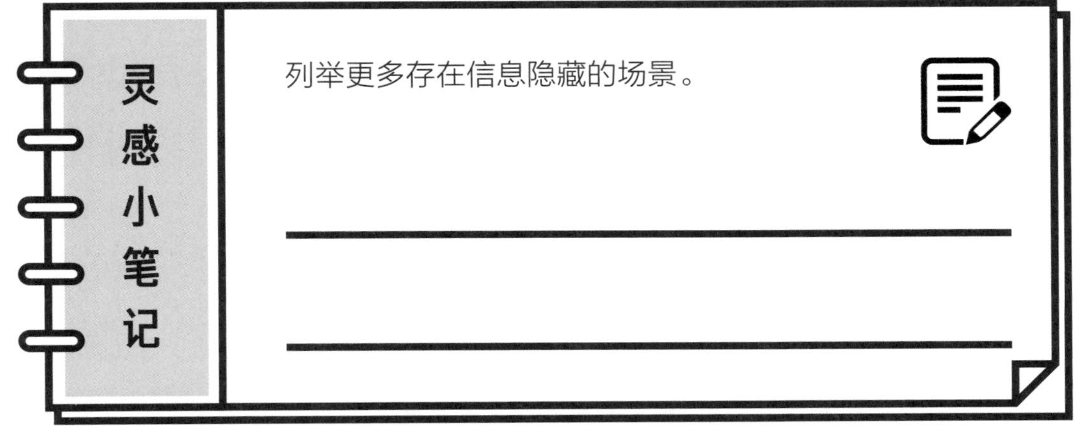

灵感小笔记
列举更多存在信息隐藏的场景。

程序中的计算思维

假设Kitten中某角色包含一个密码属性，为了隐藏该信息，我们应当将其设置为“角色变量”，如右图所示。这样一来，只有本角色可以访问它，其他角色无法获取其数值，更无法修改。

在Python中，信息隐藏体现在类的私有属性或保护属性上。在类的变量名前添加两个下划线（“__”）则表示私有属性，而添加一个下划线（“_”）则表示保护属性。在下面的程序中，对象不可以直接访问自己的私有变量，子类的对象可以访问父类对象的保护变量，但不能访问父类对象的私有变量。

```
class Person:
    def __init__(self,name, age, pwd):
        self.name = name
        self._age = age
        self.__password = pwd

    def getpwd(self):
        return self.__password


class Child(Person):
    def geta(self):
        return self._age

    def getp(self):
        return self.__password


p1 = Person('Ada', 30, 123456789)
print(p1.name)
print(p1._age)
print(p1.getpwd())
# 错误
#print(p1.__password)
c1 = Child('Baby', 1, 123)
print(c1.name)
print(c1._age)
print(c1.getpwd())
print(c1.geta())
# 错误
#print(c1.__password)
#print(c1.getp())
```

27 杨子荣是如何智取威虎山的？

生活中的计算思维

你看过电影《智取威虎山》吗？杨子荣打入土匪内部时，出现如下经典对白。

人物	隐语	翻译
土匪	天王盖地虎！	你好大的胆！敢来气你的祖宗？
杨子荣	宝塔镇河妖！	要是那样，叫我从山上摔死，掉河里淹死。
土匪	嘛哈嘛哈？	以前独干吗？
杨子荣	正晌午时说话，谁也没有家？	许大马棒山上。
土匪	晒哒晒哒。	谁指点你来的？
杨子荣	一座玲珑塔，面向青寨背靠沙！	是个道人。

如果没有翻译过来，你能理解这些话的含义吗？这是当时民间江湖上只有土匪内部的人才明白的隐语，用来辨别是不是同伙。

在国产电视剧《潜伏》中，情报人员余则成在人人都能听到的收音机节目里识别出了一串数字："53524591"，它代表密码本中某页某行的某个字或某几个字。比如"5352"可能代表第53页第5行第2列。只有拥有密码本的情报人员才能解读其含义，没有密码本的"外人"无法解读其中的含义。

1918年，德国发明家Arthur Scherbius和Richard Ritter发明了一种能自动加密的机器，取名为"恩尼格码"。二战时期，德军凭借这台机器加密了许多信息（后来被图灵破译）。被加密的信息同样需要密码本才能还原。

什么是信息加密?

为了保护信息，防止信息泄露，在其传输过程中，使用某种数字或物理手段对信息进行转换，转换后的信息通常只能被拥有授权的人解读。

灵感小笔记

你还知道哪些信息加密的方法?（提示：暗号、手势等）

程序中的计算思维

古罗马共和时期，凯撒曾使用了一种信息加密方法来防止信息泄露，即凯撒密码。其规则非常简单：按照字母表顺序，将待加密单词的每个字母都向后或向前移动一定数量。例如待加密的单词为abc，约定向后移动量为2，则加密后的信息为cde。下面的程序根据用户输入的向后移动量（例如3），把“attack”加密成了不易理解的“dwwdfn”。

```
当 开始 被点击
询问 位移 并等待
设置变量 位移 的值为 获得 答复
设置变量 i 的值为 1
重复执行直到 i > 明文 的长度
    替换 明文 第 i 项 为 list 第 ((list 中第一个 明文 第 i 项 的位置 + 位移) ÷ 26 的余数) 项
    使变量 i 增加 1
显示 明文
```

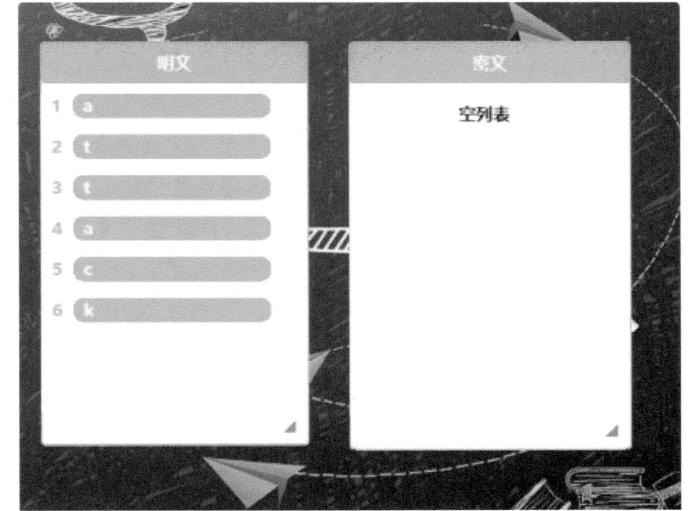

在1976年以前，发送方使用的加密规则与接收方使用的解密规则相同，我们将该规则称为“密钥”。显然，相同的密钥威胁着密码的安全性，因为我们总要将解密方法（从某种角度上也可以说是加密方法）告知接收方，这就是著名的“密钥配送问题”。

1977年，三位数学家发明了目前应用最为广泛的RSA加密算法，它可以让加密规则和解密规则完全不同。具体做法是：接收方B先生成公钥和私钥（因为两者完全不同，规则无法相互推导出来，所以也称为“非对称加密算法”），再将公钥公开（相当于发送方A可以获得该公钥）；接着发送方A使用B的公钥进行加密，并将密文发送给B；接收方B使用自己的私钥解密数据获得原文。

```
from Crypto.PublicKey import RSA
from Crypto.Random import get_random_bytes
from Crypto.Cipher import AES, PKCS1_OAEP

# B生成私钥
key = RSA.generate(2048)
private_key = key.export_key()
with open("private.pem", "wb") as f:
    f.write(private_key)

# B生成公钥
public_key = key.publickey().export_key()
with open("public.pem", "wb") as f:
    f.write(public_key)

# A使用B的公钥加密
with open("加密数据.bin", "wb") as f:  # 将原文加密后写入"加密数据.bin"
    data = "听说编程猫是一家不错的公司。".encode("utf-8")
    recipient_key = RSA.import_key(open("public.pem").read())
    session_key = get_random_bytes(16)
    cipher_rsa = PKCS1_OAEP.new(recipient_key)
    enc_session_key = cipher_rsa.encrypt(session_key)
    cipher_aes = AES.new(session_key, AES.MODE_EAX)
    ciphertext, tag = cipher_aes.encrypt_and_digest(data)
    [ f.write(x) for x in (enc_session_key, cipher_aes.nonce, tag, ciphertext) ]

# B使用自己的私钥解密
with open("加密数据.bin", "rb") as f:  # 读取密文"加密数据.bin"
    private_key = RSA.import_key(open("private.pem").read())
    enc_session_key, nonce, tag, ciphertext = \
    [ f.read(x) for x in (private_key.size_in_bytes(), 16, 16, -1) ]
    cipher_rsa = PKCS1_OAEP.new(private_key)
    session_key = cipher_rsa.decrypt(enc_session_key)
    cipher_aes = AES.new(session_key, AES.MODE_EAX, nonce)
    data = cipher_aes.decrypt_and_verify(ciphertext, tag)
    print(data.decode("utf-8"))  # 输出原文
```

```
听说编程猫是一家不错的公司。
程序运行结束
```

非对称加密算法是当今世界信息安全的基石。公钥和私钥并非本书的重点，感兴趣的学习者可自行搜索关键字了解。本程序使用的库是“pycryptodome”，你可以在海龟编辑器内置的“库管理”中的“安装其他第三方库”搜索、下载并安装。

库管理

其他库

pycryptodome

了解更多

pycryptodome 安装

冗余/冗稳性/备份　实施解决方案 - 工程思维

28 为什么高铁“小黄车”从不载客？

生活中的计算思维

乘坐过高铁的读者应该知道灰色的“复兴号”和白色的“和谐号”，但应该没有乘坐过金黄色的“高速综合检测列车”，即“小黄车”。它们每天清晨便会运行却从不载客，这是为什么呢？原来，小黄车的数百个传感器可以检测线路状况，发现潜在的交通隐患，例如铁路是否平整、信号系统是否正常等，如果发现问题便能够及时修理。不载客的高铁“小黄车”是冗余的配置，却是确保铁路交通可靠性和稳定性的关键，这正是冗稳性的思维模式。

你知道居民身份证号码最后一位所代表的含义吗？身份证号码共有18个数字，前17个分别表示持证人的户口所在地、出生日期、顺序码。这些数字已经能够区分出特定的居民了，为何还需要最后一个数字呢？这看似多余的一位称为验证码，它是根据前17个数字计算出来的，其作用是验证该身份证号码的正确性。例如，当某台设备扫描到了一个身份证号码后，它便会根据前17个数字进行计算，将结果与验证码进行比较，如果相同则认为身份证号码正确，否则为错误。这一个额外数字，提高了扫描设备的可靠性。

居民身份证号码									
号码含义	省代码		城市		县区		出生年月日	顺序码	验证码
第几位	1	2	3	4	5	6	7~14	15~17	18
身份证号码	4	1	0	1	0	3	19890229	193	3

汽车的某个轮胎出现故障可怎么办？紧急的处理办法便是换上备用轮胎。虽然我们平时不使用它，看似很多余，但是它却能在特殊时刻发挥作用，提高了出行的可靠性。这与考试时至少准备两支笔的道理是相同的。

数据存储在计算机的硬盘中，如果硬盘损坏，数据资料就很难再恢复。所以为了防止资料丢失，我们通常会使用存储设备（如U盘）和技术（如RAID）对重要数据进行备份或容灾（针对火灾地震等重大自然灾害的远程实时备份）。以RAID为例，它把数据存储在多个设备上，保证数据在丢失或损坏的情况下，能够从其他设备中恢复出来。这也是冗稳性思想的体现。

灵感小笔记

生活中还有哪些场景体现了冗稳性？其冗余部分如何提高系统的可靠性？

什么是冗余 / 冗稳性 / 备份?

冗余是指多余或重复的内容或物体。冗稳性是一种特征，即因冗余而提升了系统的可靠性。备份是提升冗稳性的一种常见方法。

程序中的计算思维

网络已经深入到每个人的生活场景中，而通信数据传输的正确性非常重要。假设传输过程受到干扰，数据就会出错。那么对于网络数据的接收方来说，它如何判断数据的正确性呢？循环冗余校验码（CRC）就是一种常见的验证技术，它与验证身份证号码正确性的思想如出一辙。接收方首先计算出校验码，然后和原数据中“多余”的校验码进行比较，从而确定数据正确与否。

在右边的Python程序中，发送方传输了一个十六进制数据0x90，并按照CRC-8算法计算出校验码为0xf9。

```
import crcmod

crc8_func = crcmod.predefined.mkCrcFun('crc-8')
info = crc8_func(bytes.fromhex('90'))
print(hex(info))
```

```
0xf9
程序运行结束
```

发送方将原信息0x90和验证码0xf9一并发送。接收方获取这两个信息后后，采用相同的方法再次计算0x90的验证码，将结果与0xf9进行比较，从而确定数据是否完整正确。假设接收方获得的原信息为0x9c，程序计算其验证码为0xdd，与接收到的验证码不符。因此接收方可认为数据传输有误，双方约定再次发送数据即可。

```
import crcmod

crc8_func = crcmod.predefined.mkCrcFun('crc-8')
info = crc8_func(bytes.fromhex('9c'))
print(hex(info))
```

```
0xdd
程序运行结束
```

协作　实施解决方案 - 工程思维

29 玲珑的犀牛鸟为什么与粗笨的犀牛是“知心朋友”？

生活中的计算思维

犀牛的皮肤非常厚，但皮肤之间的褶皱却又嫩又薄，很容易被寄生虫和蚊虫叮咬。犀牛又痒又痛，除了在泥地上“打滚”，往身上涂抹防护层抵御叮咬外，别无他法。有趣的是，犀牛鸟是捕虫高手，它们成群地落在犀牛背上，帮助它啄食害虫。犀牛鸟还能在危险来临时，上下飞个不停，犀牛便知道危险来临，及时采取防范措施。犀牛和犀牛鸟在一起时对彼此都有利，是互利共生、共同合作的关系。类似的例子还有鳄鱼与牙签鸟、小丑鱼与海葵、白蚁与其肠内鞭毛虫、人与其肠道菌群等。

合作的互惠互利关系在人类社会中就更常见了。唐太宗李世民有两个得力的宰相：“尚书左仆射”房玄龄和“尚书右仆射”杜如晦，唐朝许多规章典法都是由两人共同讨论制订的。房善于出计谋，杜善于作决断，后人使用“房谋杜断”来形容人与人之间合作顺利。

什么是协作？

为实现各自的目标或利益，个人与个人、集体与集体、个人与集体之间互相配合与协调。双赢就是一种协作的结果。马克思说：“人们奋斗所争取的一切，都同他们的利益有关。”因此协作时要正确处理个人利益和集体利益之间的关系，从全局出发。

灵感小笔记

你的班级或朋友们是如何协作解决难题的？大家如何分工？协作流程又是怎样的？

____

____

程序中的计算思维

Kitten中的云变量能够建立用户间的协作关系，因为它可以把某位用户的数据存储在编程猫的服务器，从而让其他用户获悉，反之亦然。这样一来，两位用户间就产生了联系，基于此能够创造出大量有趣的互动程序，右图是一款使用了云变量的网络聊天室。

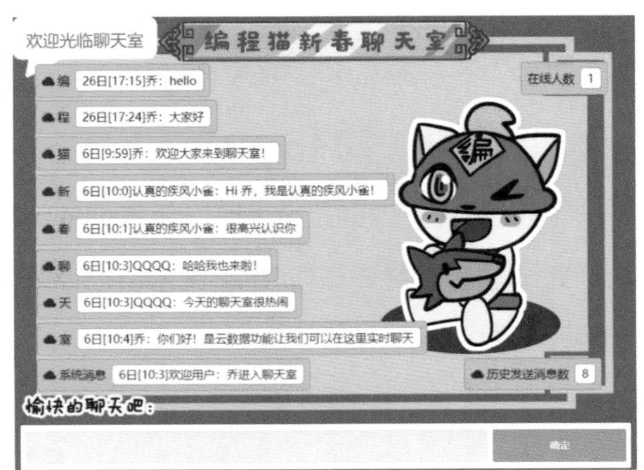

当遇到难题时，你可以在编程猫的社区寻求帮助。我们也鼓励你把自己的创意程序和想法分享出来，或者解答其他小伙伴的疑惑，这些都是自我成长的极佳途径。

专业的协作工具Github可以保管你的代码，并允许世界各地的程序员协助你完成项目。尝试在Github搜索自己感兴趣的项目，和全世界的程序员们一起完成吧！

复用　实施解决方案 - 工程思维

30 乐高积木是如何被批量生产出来的？

生活中的计算思维

乐高积木一直受到人们的喜爱，我们可以使用它拼出各种各样的“小世界”。乐高积木型号丰富，一块块独立制造肯定不现实，那么它是如何被大规模生产出来的呢？秘诀就是模具啦！每次生产一种新的积木，工程师就要设计、开模、修模，反复测试模具。最终，模具可以被重复利用，从而批量制造出各种型号的积木，大大提高了效率。模具就是一种运用了重复使用（即复用）思维模式的工具。

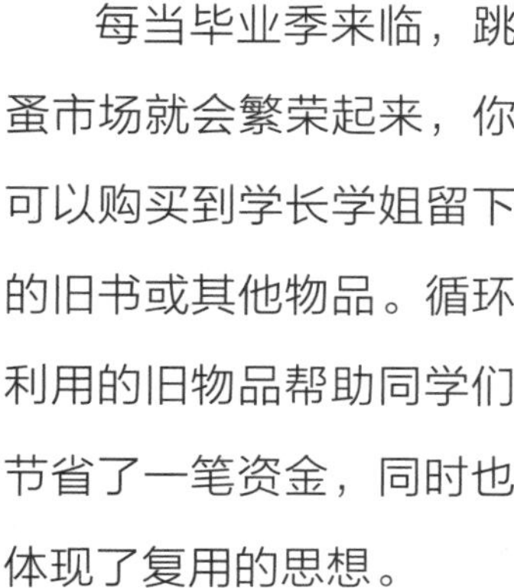

每当毕业季来临，跳蚤市场就会繁荣起来，你可以购买到学长学姐留下的旧书或其他物品。循环利用的旧物品帮助同学们节省了一笔资金，同时也体现了复用的思想。

除了实物外，还有很多不可见的复用形式，如知识或经验。“吃一堑长一智”就是吸取以往的教训，当再次遇到相似的问题时复用之前的经验。

什么是复用？

重复地使用可见或不可见的物件，以满足降低成本、提升效率、快速组装等需求，使得构建系统时无需从零起步。“不要重复造轮子”是复用的另一种说法，换言之，我们不要把重点放在重复制造上，而是要充分利用已有资源。

生活中还有哪些复用现象？复用后带来了哪些好处？

程序中的计算思维

在编写程序时，我们会发现不同程序的某些功能是类似的，或者当前希望实现的功能已经在其他的程序中被实现了。能不能把这些功能提取出来进行复用，从而避免再次构建相似的脚本呢？编程猫的工程师们根据长期的实践，总结出了一些可复用的功能，如下图所示。你可以将这些角色添加到背包中，便于复用。

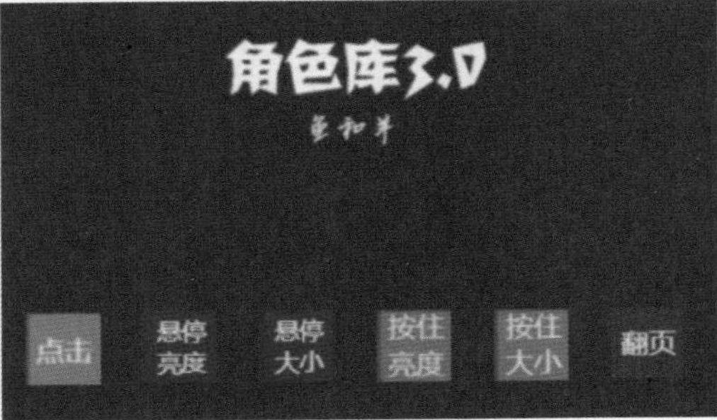

* 本程序由编程猫的学科游戏组自主研发设计

复制
导出此角色
导入角色
添加到战队背包
添加到我的背包
悬停亮度
大小
hey悬停亮度
hey悬停大小

如果我们编写的程序中包含按钮，那么完全可以复用这些交互效果。例如在下面的程序中包含了一个开始按钮，我们直接从背包中导入“点击”和“悬停亮度”，然后再将两个角色中的所有脚本复制到开始按钮中。点击开始，你就会发现开始按钮已经具备了交互效果，而无须自行编写脚本。

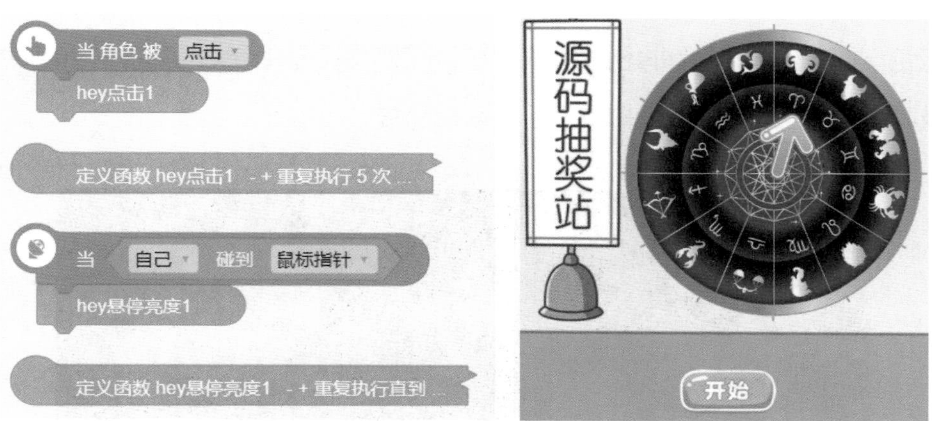

在海龟编辑器中，我们经常执行import命令来复用第三方库。你有没有设想过创建自己的第三方库方便他人复用呢？其实，创建第三方库就是将自己的程序打包的过程，我们可以使用setuptools说明库文件的元信息。

```
from setuptools import setup

setup(
    name = '我的库',
    version = '0.1',
    description = '库描述：绘制一个圆',
    author = '编程猫',
    author_email = '创建者邮箱：codemao@codemao.cn',
    #将这个库中所有需要加入的py文件列入
    py_modules = ['draw_circle'],
)
```

然后编写库中包含的函数，如右图文件draw_circle.py所示的脚本。

```
import turtle

__Pen = turtle.Pen()

def draw_circle(size):
    __Pen.circle(size)
```

最后使用命令行打包，并放置在库文件所处的位置即可使用，感兴趣的读者可以自行探索研究。

集成

实施解决方案 - 工程思维

31 《论语》是孔子写的吗?

生活中的计算思维

《论语》是中国儒家经典著作之一，它体现了孔子的政治主张、审美及道德理论。但《论语》并非出自孔子之笔，而是由孔子的弟子及其再传弟子把孔子及其弟子的言行记录下来后，汇总编辑而成。

清代乾隆时期的《四库全书》也汇集了各种著作，例如儒家“十三经”、诸子百家、诗集等。历经13年才完成的《四库全书》是中华传统文化最丰富、最完备的整合作品之一。正是集成思维模式的运用，中国历代文献才得以传承。

网上购物是生活中最常见的场景之一，它不仅节约时间，也可以让用户买到几乎所有的合法商品，而且还能够货比三家。电商平台把各种商家和商品聚集起来，这也是一种集成的思维模式。

1957年，Jack Kilby入职德州仪器公司。工作中密密麻麻的电路焊接点令人头疼不已，于是他决心解决这个问题。他创造性地将电子元件和连接线聚集在一块半导体材料上，免去了焊接的烦恼。1958年9月12日，他成功发明了集成电路，电子业从此踏入新的领域，他也因此获得了2000年的诺贝尔物理学奖。集成电路同样运用了集成的思维模式。

什么是集成？

将孤立的事物或部分通过某种方法汇集在一起并产生联系，从而形成具有意义的整体。哲学中的“质量互变规律”可以解释集成思维：当物体的结构或数量发生一定程度的量变后，事物的性质就会发生变化，即质变。《失控》也有类似的理论：一滴水并不足以涌现出漩涡现象，而一把沙子也不足以引发沙丘的崩塌。

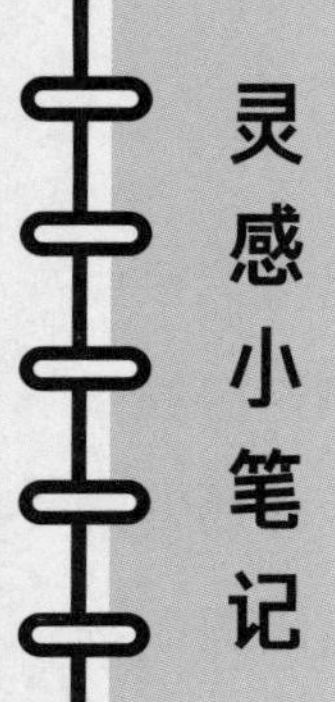

生活中还有哪些事物运用了集成的思维模式？

程序中的计算思维

Kitten给创作者提供了丰富的功能。例如，Kitten集成了动漫素材，让你能够创作出漂亮的程序界面；Kitten集成的硬件接口，让你通过软件控制硬件设备；Kitten还集成了大量原创音乐，使你的作品更加生动。此外，Kitten还集成了云变量、云列表、物理引擎、GameAI、分类AI、认知AI等一系列高级功能，让你的创意被更好地呈现出来。

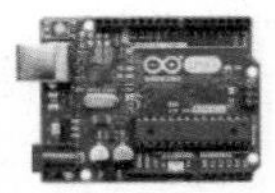

海龟编辑器之所以简单易用，也是因为它集成了很多功能。如果你想使用第三方库，直接使用它便能“一键安装”，无须使用Python命令行。它还集成了云端保存功能，便于你从“云端”随时随地存取作品，非常方便。

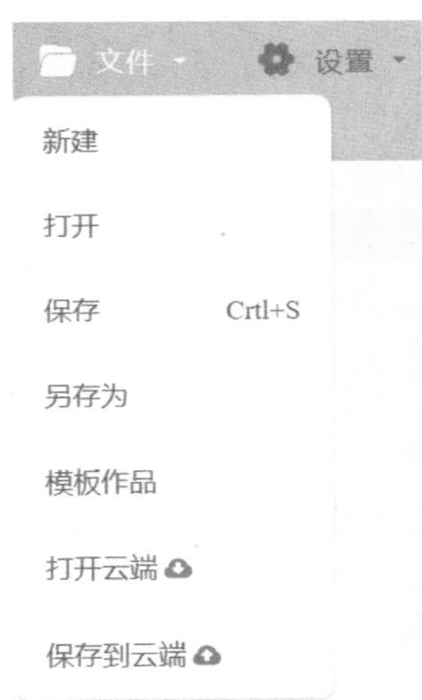

编

检验策略的优劣

——分析验证解决方案

04

01 地球上新的一天从哪里开始？

生活中的计算思维

地球每天自西向东旋转，黎明、正午、黄昏和子夜依次周而复始地在世界各地循环出现。地球上新的一天究竟应该从哪里开始，到哪里结束呢？为了解决这个问题，国际上统一规定了一条全世界公认的、用于对照的“日期变更线”。东西十二区重叠，计时相同但日期不同，为避免混乱，公认180°经线作为日期变更线，以“格林尼治时间”为标准的日期变更线，也就是日界线。

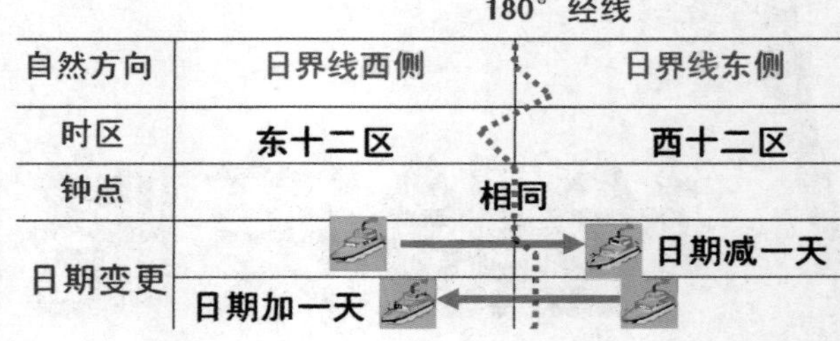

高考结束后，同学们都十分关注报考学校的录取分数线，以此来估计自己能否被这所学校录取，这个分数线就是录取和不录取的边界值（或称为临界值、阈值）。成绩出来后，各个省份会按照该省学生们的成绩情况制定一本线和二本线，这也属于边界值。

你知道我国的省界线是如何划分的吗？其实，最开始划分省界线的方法十分简单：沿着山川河流的边界而自然设定，例如唐朝用山川河流的区域进行划分。再后来，由于文化、经济、行政上的差异和变化，划分边界的方式也变得多样化。

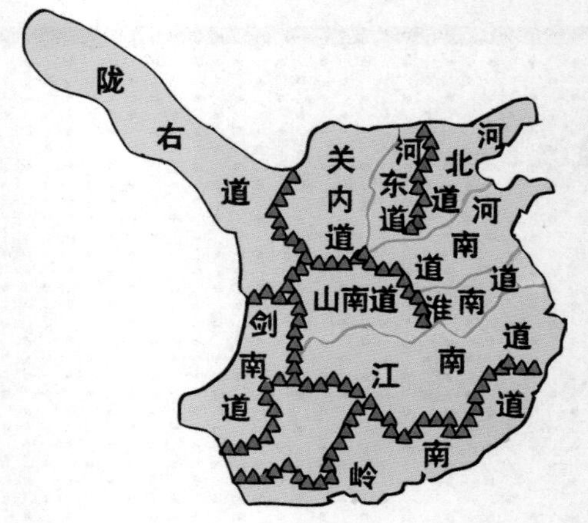

什么是边界值 / 临界值 / 阈值?

它们是一组同义词，表示人为划分的或客观存在的界线，界线两侧往往有着不同的变化规律或特征。

灵感小笔记

你经历过或者听说过哪些因为跨越了边界值而导致有完全不同结果的事情呢？（提示：边界值可能是时间、金额、年龄、地点，也可以是抽象的感觉、原则等）

程序中的计算思维

如何使用Python来判断三条边是否可以构成三角形？首先使用input方法获取三条边的长度，然后判断边界条件，最后输出能否构成三角形的结论。

```
a = int(input('请输入三角形的边长, 边长a的长度是: '))
b = int(input('边长b的长度是: '))
c = int(input('边长c的长度是: '))
if (a > 0 and b > 0 and c > 0) :
    if (a + b > c) :
        if a - b < c :
            print('三条边可以构成三角形')
        else :
            print('三条边不能构成三角形')
    else :
        print('三条边不能构成三角形')
else :
    print('输入错误! 三条边要都是正数')
```

```
请输入三角形的边长，边长a的长度是: 5
边长b的长度是: 4
边长c的长度是: 3
三条边可以构成三角形
程序运行结束
```

边界值也常应用于测试。大量的实践经验告诉我们，在输入或输出范围的边界上，最容易出现错误。因此，我们会选定这些边界值作为测试用例，来检查程序是否可以正常运行。例如在上面的案例中，我们可以分别设置三条边的值为a=0、b=0、c=0或者a+b=c，来测试程序能否输出正确的结果。

等价　分析验证解决方案 - 数学思维

02 为什么原始社会能以物易物？

生活中的计算思维

在原始社会，人类生活的物质资料匮乏，为了满足自己的物质生活所需，他们会用自己多余的东西和别人多余的东西做交换。比如A养了很多只羊，但他需要一把斧子，恰好隔壁的邻居B有多余的斧子，而且他也想要一只羊。如果没有统一的货币和度量衡，他们要如何进行交换呢？双方经过协商后，认为一只羊的价值大致等价于三把斧子的价值，并以此作为交换依据，这便是以物易物。购物也是相同的道理，当你认为某件物品值得购买时，就意味着价格与价值等价，即等价交换。

我们在初中数学中学习过，经翻转、平移后，能够完全重合的两个三角形称作“全等三角形”，简称“全等”。假如三角形A和三角形B全等，而另一个三角形C和三角形B也全等，则三角形A和三角形C亦全等。这就是数学中的等价传递。

什么是等价？

根据不同事物间的某些能够被互换的属性，将它们同等地交换。

灵感小笔记

生活中有哪些场景体现了等价交换呢？（提示：尝试从更加抽象的角度思考问题，例如学习成绩和努力程度）

程序中的计算思维

假设你刚开发了一款学生成绩管理软件，其中有一个输入学生成绩的文本框，你会如何进行测试，从而确保该功能的正确性呢？如果学生成绩的分数为0到100之间的整数，你需要把0至100的所有整数都输入一遍吗？严格地说，测试这101个数是非常完备和完美的测试方案，但实践起来却非常烦琐。仔细思考，你认为真的有必要把所有的数都测试一遍吗？根据等价的思维模式，0至100中的所有整数都具有相同的作用，即都是等价有效的，这一类数据就叫做“有效等价类”。在测试时，只需在有效等价类中挑选一两个数据做测试即可。

另一方面，除了有效等价类，其他“不符合要求”或者“不正确”的某类数据就称为“无效等价类”，比如负数、大于100的数、小数和特殊字符等。测试时，只需从无效等价类中挑选一两个数据做测试即可。

```
如果 〈 获得 答复 ≥ 0 〉 且 〈 获得 答复 ≤ 100 〉
    新建对话框 “有效等价类，录入功能正常”
否则 ⊕
    新建对话框 “无效等价类，提示输入错误”
```

03 圆周率是怎么计算出来的?

生活中的计算思维

人们使用圆周率可以进行关于圆和球体的各种计算。那你知道圆周率是怎么计算出来的吗？三国时期，数学家刘徽发明了“割圆术”，其基本思想是“割之弥细，所失弥少，割之又割以至于不可割，则与圆合体而无所失矣”。翻译过来是说：圆的内接正多边形的边数越多，分割得越细，误差就越小，无限细分就能无限接近圆周率的实际值。

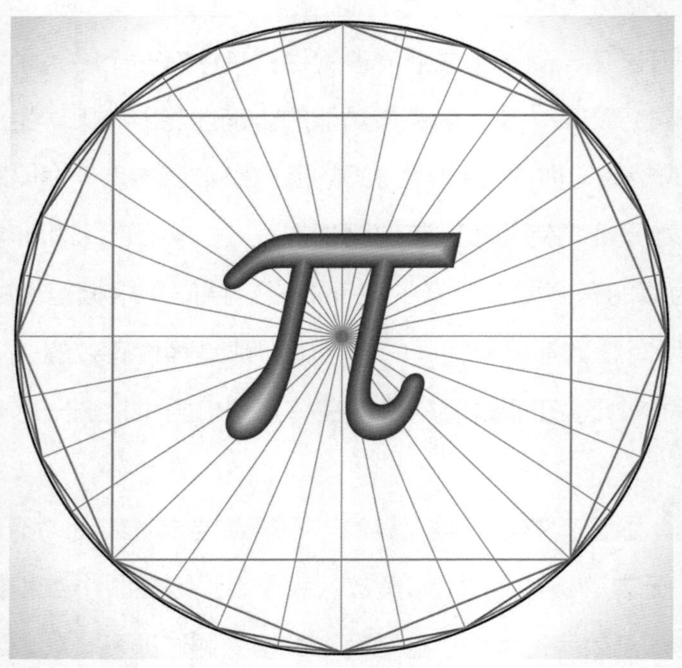

说起吉尼斯世界记录，那真是无奇不有。比如世界上最高的人、水下骑行时间最长的人、寿命最长的人……这些记录都在挑战着人类的极限。在不断被刷新的记录中，人类的极限到底在哪里，也许永远都没有答案。

什么是极限?

无限接近而又不能到达的状态或者程度。哲学中的绝对真理就是一种极限，它只能通过相对真理表现出来，却又永远无法达到。

灵感小笔记

你有哪些极限数据？你认为有哪些极限人类在不断追寻呢？

程序中的计算思维

在Kitten中绘制多边形并不是一件困难的事情，只要我们掌握好边和角的计算规律——任意凸多边形的外角和等于360度。随着正多边形的边数增加，多边形越来越趋向于一个圆形。

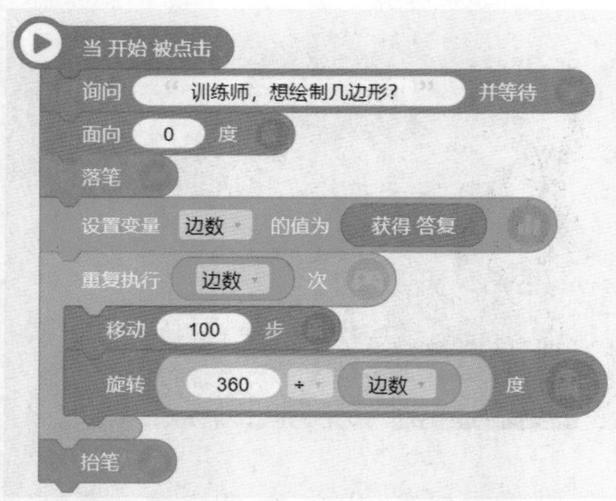

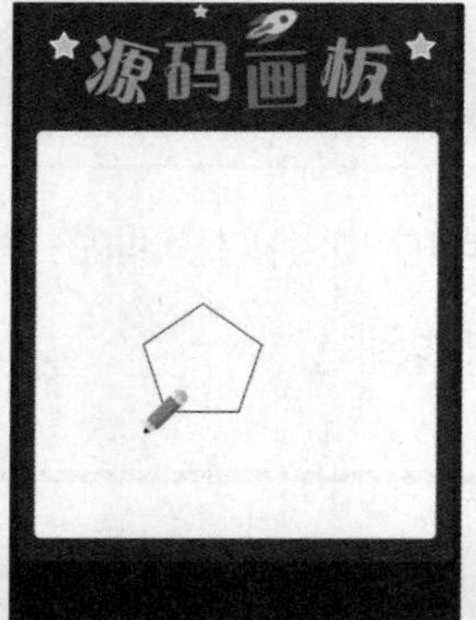

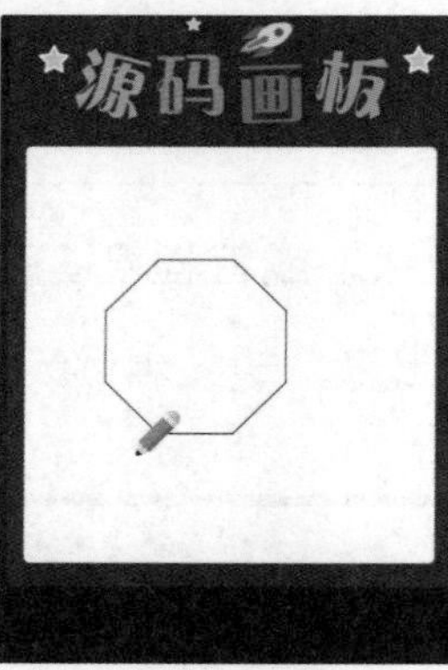

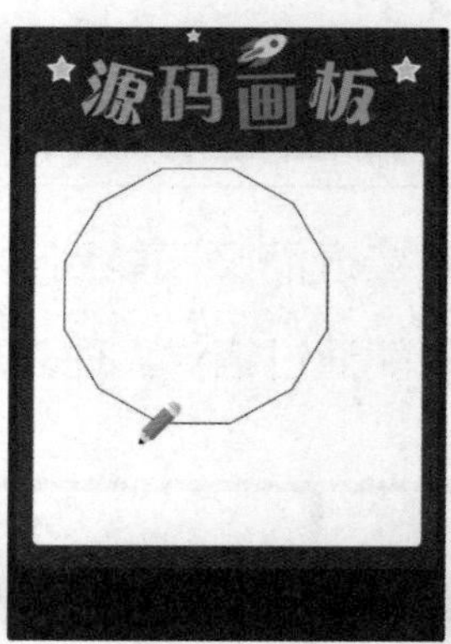

如何对多边形进行填色呢？我们也可以使用极限的思想，每隔10度、5度、1度来绘制线条，填色效果如下图所示。可以观察到，间隔的角度越小，填色的效果就越完整。

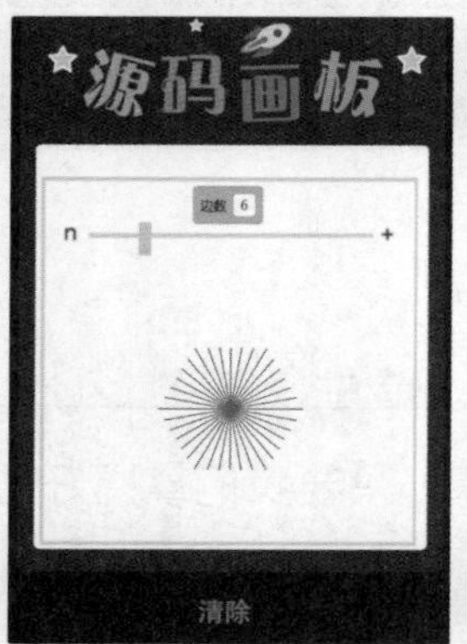

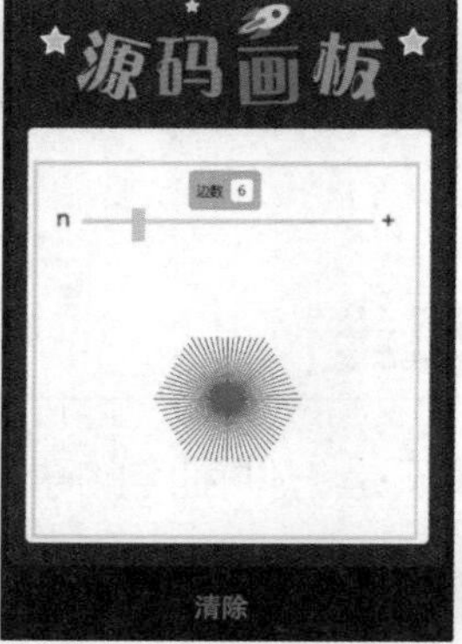

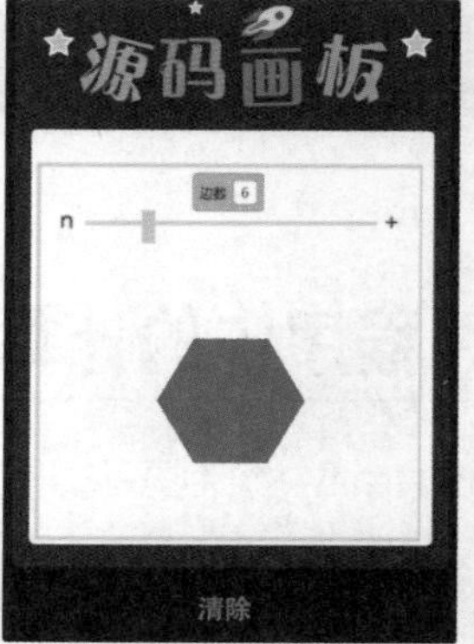

*本程序由编程猫联合创始人兼CEO李天驰设计开发

抽样　分析验证解决方案 - 数学思维

04 如何调查城市植物的种类情况？

生活中的计算思维

城市的植物生态系统可以调节水、空气、土壤的品质，还可以调节环境温度，多样的植物生态系统是人类及其他生物赖以生存的基础。所以，生物学家常常需要了解城市内植物的种类情况。可是一个城市往往建设了成百上千的绿植区，生物学家根本无法逐一调查。那么他们如何知晓种植情况呢？生物学家会随机地挑选几个绿植区进行调查，比如在200个绿植区中任意挑选20个，这就是抽样。被抽样出来的个别区域的植物种类情况，通常能大致代表整个城市的植物种类情况。

与随机抽样相反的行为称为普查。我国人口普查中考察人口年龄构成时，便可以得到相对准确的数据，因为它是基于我国的每一位公民做的调查，即直接获得了总体的情况。

质检员们检查某个品牌的瓶装牛奶是否合格时，他们不可能把这个品牌生产的所有牛奶都一一拆开来检查，而是从这批牛奶里随机地抽取几瓶进行质量抽检。另一方面，如果要调查消费者对这款牛奶的评价，在人群中随意挑选一些人做调查可以吗？这里就不能像牛奶质检一样随意挑选了，而应该考虑人群的差别，比如抽样的个体应该包含老人、小孩、青年等，否则就会导致结果的偏差。

什么是抽样？

抽样又称为取样，即从需要研究或调查的事物集合中抽取一部分元素，而被抽取的部分元素又必须能充分地代表整个集合。换言之，样本要具有代表性。常见的抽样方法有随机抽样、系统抽样、分层抽样和整群抽样。

灵感小笔记

列举一些使用了抽样的场景，并说明该抽样的特点。

____

____

程序中的计算思维

假设学校将举办一个联欢晚会，你需要为晚会设计一个抽取幸运观众的程序。该程序首先提示用户输入参与抽奖的观众名单，接着提示输入随机抽取幸运观众的人数。为了保证公平性，需要从观众名单中随机地取出指定数量的观众，即随机抽样。

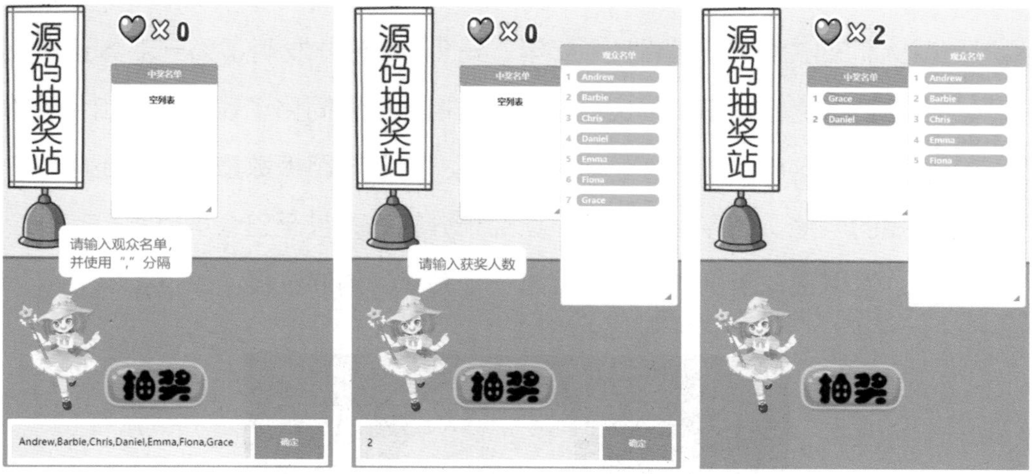

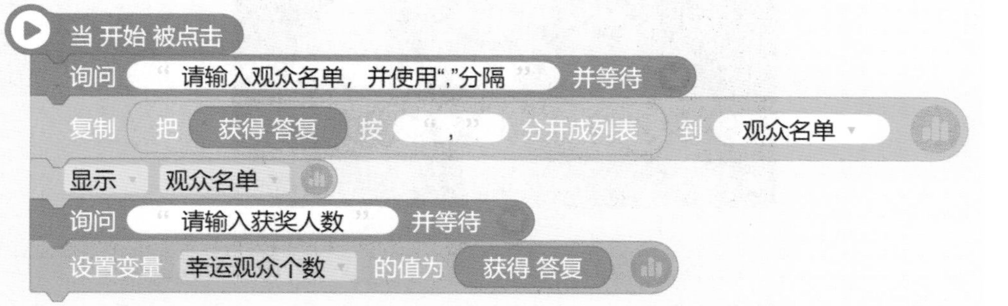

```
当 开始 被点击
询问 "请输入观众名单，并使用","分隔" 并等待
复制 把 获得 答复 按 "," 分开成列表 到 观众名单
显示 观众名单
询问 "请输入获奖人数" 并等待
设置变量 幸运观众个数 的值为 获得 答复
```

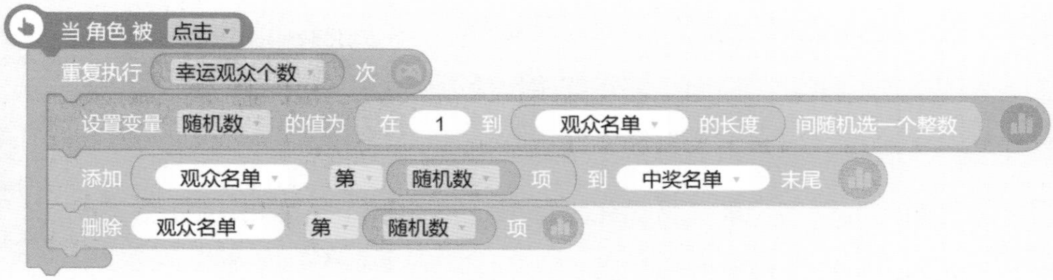

```
当角色被 点击
重复执行 幸运观众个数 次
    设置变量 随机数 的值为 在 1 到 观众名单 的长度 间随机选一个整数
    添加 观众名单 第 随机数 项 到 中奖名单 末尾
    删除 观众名单 第 随机数 项
```

05 第一部移动电话是什么样的?

生活中的计算思维

你知道第一部移动电话长什么样子吗？1940年，贝尔实验室发明了第一部所谓的移动通讯电话。但是它构造复杂、体积庞大，只能放在实验室中，并没有引起人们的注意。一直到1973年，马丁·库帕才发明了第一部真正意义上的移动电话。尽管它和贝尔实验室的设备相比已经简化了很多，但和今天的智能手机相比，这部手机仍然显得十分笨重：内部电路板数量极多，还需要安装一定容量的电池。如今，智能手机已经十分轻巧，甚至整个屏幕都没有一个物理按键。可以说，手机的发展史就是一个由繁到简的过程。

中国的汉字可谓是历史悠久、博大精深。从甲骨文、金文、篆书、隶书到楷书，其总趋势是由繁到简。秦朝时秦始皇统一六国文字为小篆，因为小篆写起来比大篆简洁。再后来，随着人们想要更快捷地书写，篆书简化为隶书，隶书又简化为草书、行书，而简体字正是楷书的简化版。

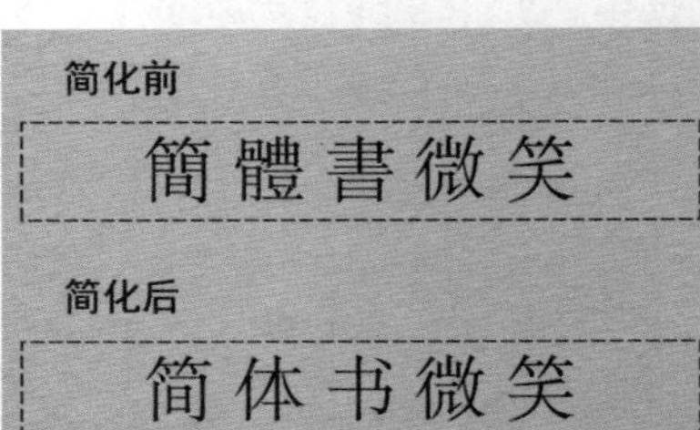

简化前
簡 體 書 微 笑
简化后
简 体 书 微 笑

毕加索的抽象画看起来有些难懂，但其实它包含了丰富的艺术内涵，是一个不断做减法的过程。毕加索年轻时绘制的牛体型庞大、有血有肉，十分精细。但是随着年龄的增长，他绘制的牛越来越抽象，渐渐地只有寥寥几笔，最后只剩下一副具有牛的神韵的骨架。抽象画的关键就是约简。

什么是约简？

将繁杂或冗余的事物进行简化，以满足特定的用途。

灵感小笔记

想一想，身边有哪些事物符合由繁到简的发展规律呢？

程序中的计算思维

在社交媒体上，经常存在针对热门话题的投票。假设在一次投票中，表示支持的网民为1512人，表示反对的网民为524人。如果直接把数字展示出来，大家很难直观地看出两者的比例关系。我们可以将其近似地简化为3:1，虽然结果不是很精确，但仍然能直观地反映出调查结果。你能用枚举的方式对两个数据A、B的比值进行简化吗？要求简化后的两个值A'和B'均小于10，A'/B'≥A/B，A'/B'-A/B的值尽可能小。

```
#求x,y的最大公约数
def isCoprime(A1,B1):
    if (B1 == 0) :
        return A1
    else :
        return isCoprime(B1, A1 % B1)

#开始进入Python的世界
A = float(input('支持人数为：'))
B = float(input('反对人数为：'))
A1 = 0
B1 = 0
S1 = ((A * 1) / B)
S3 = 10
for i in range(1,10,1):
    for j in range(1,10,1):
        if (isCoprime(i, j) == 1):
            S2 = (i * 1.0) / j
            if (S2 >= S1 and S2-S1<S3):
                A1 = i
                B1 = j
                S3 = S2-S1
print(A1,B1)
```

```
支持人数为：1512
反对人数为：524
3 1
程序运行结束
```

06 如何避免“鼠标手”?

生活中的计算思维

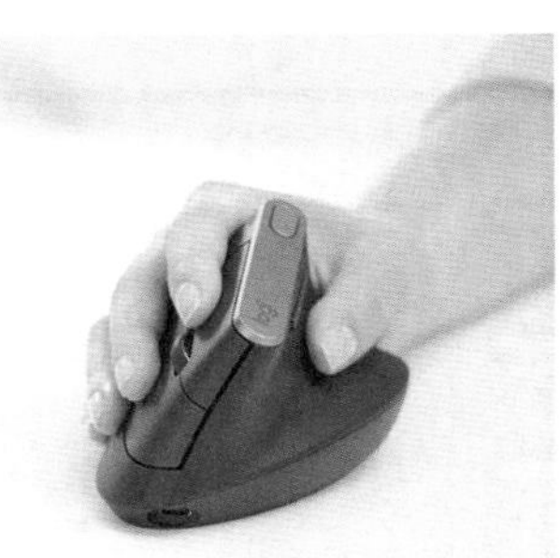

现代社会，越来越多的人因长期使用鼠标而导致手指不适，严重的甚至患上了“鼠标手”。如何才能解决“鼠标手”问题呢？除了正确使用鼠标、经常活动手指外，更重要的是使用舒适的鼠标。设计师们针对原来的鼠标不断进行改进和优化，设计出了更符合人体工程学的鼠标。

你知道“烧开水”问题吗？小明家来客人了，妈妈要小明给客人上茶。小明需要做六件事情才能完成妈妈的任务，如下所示。

烧水	8分钟	洗水壶	1分钟	洗茶杯	2分钟
接水	1分钟	找茶叶	1分钟	沏茶	1分钟

正常来说，只要把这六件事情按先后顺序依次完成即可。这一过程共花费14分钟，有没有更快的让客人喝上茶的方法呢？其实有些事情可以同时进行，例如烧水的同时找茶叶和洗茶杯。尝试优化一下步骤，花费的时间就能够减少到11分钟。

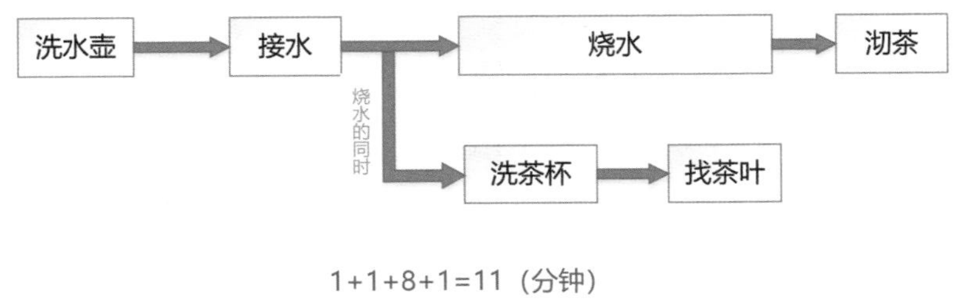

1+1+8+1=11（分钟）

什么是优化?

按照特定的目标，在一定的约束下，以科学、技术或实践经验为基础，对方案、规划、布局、结构、资源、流程、算法、措施等方面进行选择、设计或调整，从而提高效率、效益、稳定性等，最终达到理想的效果。

灵感小笔记

回忆身边有哪些让你头疼的难题，尝试对其进行优化。

程序中的计算思维

你知道如何将100万个数字连接成字符串吗？下面的代码使用“+”进行连接，但却花费了约2.9秒。如果一个小步骤就要消耗两三秒，用户体验就会比较差。

```
import time

i = 0
word = ''
t_start = time.time()
for i in range(1000000):
    word = word + str(i)
t_end = time.time()
print(str(t_end - t_start))
```

```
3.270620346069336
程序运行结束
```

如何对其进行优化呢？其实可以把各个子字符串放入列表后再转换成字符串。结果显示花费的时间减少了两个数量级。

```
import time

i = 0
list1 = []
t_start = time.time()
for i in range(100000):
    list1.append(str(i))
output = ''.join(list1)
t_end = time.time()
print(str(t_end - t_start))
```

```
0.09126162528991699
程序运行结束
```

07 为什么电力系统安装后不能立刻投入使用？

生活中的计算思维

如果某大厦刚刚安装好电力设备，那么它可以立刻投入使用吗？答案显然是否定的，因为这套电力系统还从未运行过，万一存在安装错误怎么办？即使安装正确，万一出现运行故障造成损失怎么办？为了今后设备能安全、正常地运行，避免发生意外事故，我们必须在正式投入使用前进行试运行，这就是“调试”。调试的过程中通常会出现一些问题，解决之后再调试，直到系统顺利运行。

舞台音响是舞台综合演出中必不可少的组成部分。你是否注意到在一场演出正式开始之前，工作人员通常会不停地对音响设备进行调试？例如调整麦克风的音量和音质，使其达到最佳的效果。

什么是调试？

在某系统正式投入使用或运行之前，对其正确性进行验证和调整。

灵感小笔记

生活中有许多调试的场景，你能举出一些典型例子吗？

程序中的计算思维

在程序正式提交之前，必须对其进行调试。该过程帮助我们修正语法错误或逻辑错误，从而保证程序的正确性。Kitten中存在两类错误，下图展示了第一类错误，即运行前错误，此时Kitten会提供错误信息。第二类错误是运行时错误，即程序的结果与预期不相符。这类错误很隐蔽，需要你反复地调试才能发现并修正。

海龟编辑器也是类似的。当程序运行出错时，我们可以关注控制台输出的报错信息，其中包含了错误描述和错误代码所在的行数，从而便于对症下药，修改出错的脚本。

```
n = =input("请输入一个数字：")
print( n + 1 )
```

```
  File "C:\Users\007\AppData\Local\Temp\codemao-HyzCVe/temp.py", line 2
    n = =input("请输入一个数字：")
        ^
SyntaxError: invalid syntax
程序运行结束
```

```
n = int(input("请输入一个数字："))
print( n + 1 )
```

自动化 | 分析验证解决方案 - 编程思维

08 为什么机器人的工作能力比人类强？

生活中的计算思维

你了解快递公司分拣员的日常工作内容吗？他们每天都把大量的快递进行分类，在这个过程中不仅要靠肉眼识别出订单地址，还要靠步行的方式把快递分配到对应的滑道。这个工作并不难，但要求分拣员耐心仔细，万一出错，就会面临退换货或者投诉的压力。人总有累的时候，一天的工作量也是有极限的，出错在所难免。

随着快递行业规模的迅速增长，快递公司也希望提高分拣效率和正确率。这时候轮到自动化分拣机器人大显身手了！因为它们最擅长重复的、无需创造力的工作。机器人们可以自动扫描订单信息、读取地址、称重、投递，一天工作24小时也不会“感觉”疲惫，而且几乎不会出现差错。

仔细观察交通要道、治安卡口、公共聚集场所、宾馆、学校、医院等场所，就会发现摄像头无处不在。这些摄像头用来做什么呢？为了对刑事案件、治安案件、交通违章等行为提供可靠的影像资料，便于大数据分析，我国发起了“天网工程”。监控设备的关键技术之一就是人脸识别，它可以自动地识别、判断出一个人的面部信息，从而确定身份。如果只靠肉眼去分析，其工作量会异常繁重。

你有没有觉得重复的动作很枯燥？比如扫地、洗碗。越是重复的工作，越适合机器去处理。所以人们发明了各种各样的自动化机器，如扫地机器人、洗碗机、全自动洗衣机、自动感应设备，它们把人类从枯燥的劳动中解放出来。

什么是自动化？

在无人参与或仅需少量人力参与的情况下，让软硬件设备自动地完成预期目标。

灵感小笔记

你身边有哪些自动化的软件和硬件设备呢？
（提示：可保温的烧水壶，语音转文字工具等）

程序中的计算思维

你现在想把一张图片上的文字转换成可以复制的文本，如果字数较少则罢了，但若字数较多，有没有自动化的方法直接获取呢？Python中提供了图像识别功能，只需指定图片文件的路径，程序就能自动地识别出文本信息。

```
import pytesseract
from PIL import Image

image = Image.open(r"C:\Users\blue_\Desktop\words.jpg")
text = pytesseract.image_to_string(image)
print(text)
```

“
Lorem ipsum dolor sit amet,
consectetur adipiscing elit.
Integer in est vel arcu ultrici
fringilla vel egestas nisi.
Lorem ipsum dolor sit amet,
consectetur adipiscing elit.

John Doe
”

```
Lorem ipsum dolor sit amet,
consectetur adipiscing elit.
Integer in est vel arcu ultrici
fringilla vel egestas nisi.
Lorem ipsum dolor sit amet,
consectetur adipiscing elit.
Integer in est vel arcu ultrici.


John Doe ' '
程序运行结束
```

想要在计算机上运行此程序，不仅需要安装pytesseract库，还需要安装tesseract-ocr引擎，感兴趣的话，可自行下载安装。

容错 分析验证解决方案 - 工程思维

09 正在编辑的文件会不会因断电而丢失？

生活中的计算思维

当我们使用台式机编写文档时，如果意外断电或重启，之前辛辛苦苦编辑的文档就有可能因未保存而丢失。你是否有过这种“不幸”的经历呢？越来越多的软件设计师考虑到这个问题并想出了对策，例如，某些办公软件能够隔几分钟就自动保存文档到硬盘。这样一来，即使计算机断电或重启，文件也不会完全丢失。这种在发生错误后仍能在一定程度对数据进行保护的思想，就是一种容错的思维模式。

假设某工厂在生产加工时，预定每个罐头的标准净含量为350ml。如果加工设备装入了349ml的食品怎么办？对于消费者来说，这1ml并没有太大的影响，而工厂也不希望仅仅因为1ml的误差就将其召回。所以具有适当含量差异的罐头也能被认为是合格的，即接受一定的误差。

在篮球比赛中，运动员可能会出现拉人、推人、阻挡等犯规动作。有时犯规是不小心的失误，但若仅仅因为一次失误就直接判罚运动员离场，那整场比赛不知道要因更换运动员暂停多少次。为了限制运动员的犯规行为，同时不因过多的犯规行为影响比赛的流畅性，篮球比赛规定：最多允许运动员犯规五次，第六次就要离场。

什么是容错?

当发生故障、错误、误差时，系统能够容忍它们并积极采取对策，保证不会影响其正常运行。

灵感小笔记

你身边还有哪些包含容错机制的系统呢？它们是如何容错的？该机制为其带来了何种好处？

程序中的计算思维

Kitten作为图形化编程语言，容错机制大都是隐性的，例如右图所示脚本。

假设你输入了字符串，移动积木显然是无法被理解的。但是当你运行了这段脚本后，程序仍然能无故障地向下运行，这就是一种容错机制。

当Python程序出现错误时，你该如何确保系统具有容错能力呢？除了使用分支结构，捕捉潜在的异常是最好的方法。异常是指程序发生的意外错误，当它出现时，程序需要捕获并处理它，避免其终止运行。

捕获异常可以使用try/except语句。右面的脚本展示了一个典型应用：在读取文件时，要预防文件不存在的错误。

```
try:
    with open('1.txt', 'r') as f:
        print(f.read())

    with open('2.txt', 'w') as f:
        f.write('some text')

except IOError as err:
    print(err)
```

如果“1.txt”不存在，那么程序会输出捕获到的异常，即文件不存在。

```
[Errno 2] No such file or directory: '1.txt'
程序运行结束
```

如果“1.txt”存在，那么“2.txt”也有可能访问错误，如权限不够（“2.txt”为只读文件）。

```
我是1.txt的文本
[Errno 13] Permission denied: '2.txt'
程序运行结束
```

测试　分析验证解决方案 - 工程思维

10 如何在上市前保证新药的安全性？

生活中的计算思维

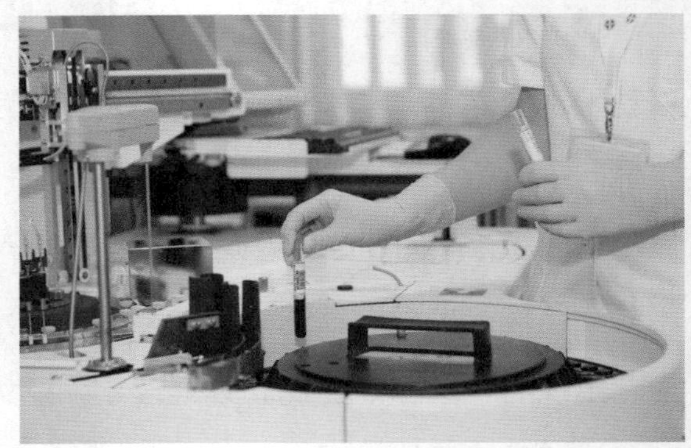

安全有效的药品才能被大众接受。在新药上市之前，国家药品监督管理局必须确认它的安全性和有效性。那么国家药监局如何进行确认呢？它规定所有新药必须通过动物试验和人体临床试验，且试验可以证实或者揭示药物的作用、副作用或者禁忌事项。显然，测试环节是新药上市的关键。

电梯虽然便捷，但也造成了很多安全事故，那么如何保证电梯的安全性呢？答案就是做电梯的定期检测和维护。每次检测都需要测试电梯能否正常运行，包括控制屏、线路开关部件是否完好等，从而排查安全隐患。检测就是一种测试的思维模式。

按下开关后，如果电灯没有亮，你接下来会做什么？你肯定会来回多按几次，试一试电灯能否再亮起来。如果还是不亮，你要么借助自己的电工技术进行修理，要么寻找物业帮你解决。来回多按几次就是一种测试行为。

什么是测试？

基于特定的目标，使用某种方式或手段，试验性地测量或验证事物的功能或性能等特性，以获取有用的信息。按照是否需要涉及事物的内部结构，测试可分为黑盒测试和白盒测试。黑盒测试是对整体功能的测试，不涉及事物的内部结构，而白盒测试需要考虑事物的内部结构或特性。在实践中，黑盒测试和白盒测试通常相互补充、共同使用。

灵感小笔记

生活中有哪些测试行为？你能列举出黑盒测试和白盒测试的实例吗？

程序中的计算思维

在使用Kitten创作时，你是不是会经常运行程序，测试当前脚本是否达到了预期的效果？编程离不开测试。假设你编写了如下脚本，那么你自然而然地就会去试一试按下空格键的效果。如果没有旋转，则说明程序出现了某些问题，需要修正。

右面的Python程序尝试实现了求绝对值的功能。

```
def abs(x):
    if x < -1:
        return -x
    else:
        return x
```

分别使用正数、负数和零去测试程序的正确性（即黑盒测试）。如果都没有错误，我们可以认为程序是正确的吗？

```
print(abs(2))
print(abs(-10))
print((abs(0)))
```

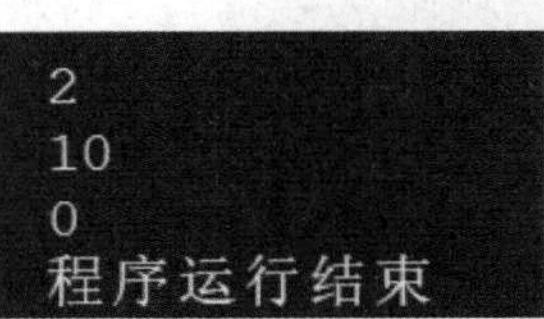

尝试用-1进行测试，程序的运行结果还正确吗？为什么刚才没有发现呢？因为黑盒测试不足够充分。既然发现了这个BUG，我们就需要深入程序本身去做分析和测试（即白盒测试）。

```
print(abs(-1))
```

```
-1
程序运行结束
```

编

维系完善的方法

——系统维护

05

统计 系统维护 - 数学思维

01 如何从数据中探寻因果？

生活中的计算思维

1854年，伦敦爆发了一次霍乱，夺走了很多人的生命。当时主流观点认为其传染的原因是瘴气，即以空气为传播的媒介。但医生约翰·斯诺却认为感染疾病是因为患者接触了其他患者的排泄物，或饮用了被排泄物污染的水。为了验证猜想，他不辞艰辛地调查，搜集了大量数据，并绘制了一份“死亡地图”，如下图所示。

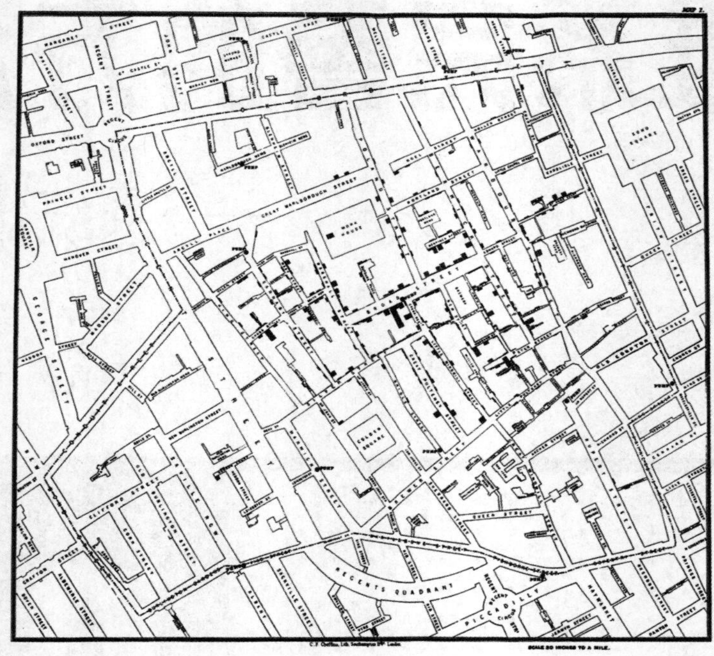

将城市的中心区域放大，可以发现斯诺医生用较粗的横线标记了死亡人数。柱状条越高，说明情况越严重。在“Broad Street”附近有一个水泵（即下图中五角星处的“PUMP”），说明这里可能被污染了。

随着水泵被挖开，化粪池和水泵之间的直接联系被查出，斯诺的猜测得到了证实。这就是统计数据所发现的因果关联的经典流行病学案例。

编程猫社区官网的优秀作品是如何被评价出来的呢？随着作品点赞和收藏的人数增加，后台系统就会将它的展示排名向前移动。这一变化和你的作品是否受到大众喜欢呈现出一定的因果关联。

什么是统计？

因特定目的，对数据进行搜集、整理、计算、分析、描述，从而发现潜在的因果关联，最终给出合理解释或方案。

解谜小能手

睡眠是人类生活中一项不可缺少的生理需要，也是影响青少年生长发育的重要因素。请你按照如下调查数据，统计某班级学生的睡眠情况。

调查问卷：

姓名	睡眠时间
	A. 8小时以下（包含8小时） B. 8至8.5小时（包含8.5小时） C. 8.5至9小时（包含9小时） D. 9小时以上

50个调查数据：

B C B A A C C D B B

A C C B C C D B A D

D C B C C A A C C D

B A C C D B C C A C

C B C B C A C B C C

请你完成如下统计表，并得出你的结论。

睡眠时间	正字统计	人数	占全班人数的百分比（%）
A. 8小时以下（包含8小时）			
B. 8至8.5小时（包含8.5小时）			
C. 8.5至9小时（包含9小时）			
D. 9小时以上			

程序中的计算思维

在现实生活中，有些调查可能需要开展多次，才能得到结论。例如统计了一个班级里学生的睡眠情况后，这些结果只能代表某一段时间的情况。若老师还需要持续跟踪学生的睡眠情况是否有变化，就需定期进行调查统计。每次调查统计，必须重新搜集数据，但重复的计算任务可以由程序完成。这样，每次只需输入学生们的睡眠时间，程序便自动地统计出各个睡眠时间段的人数。

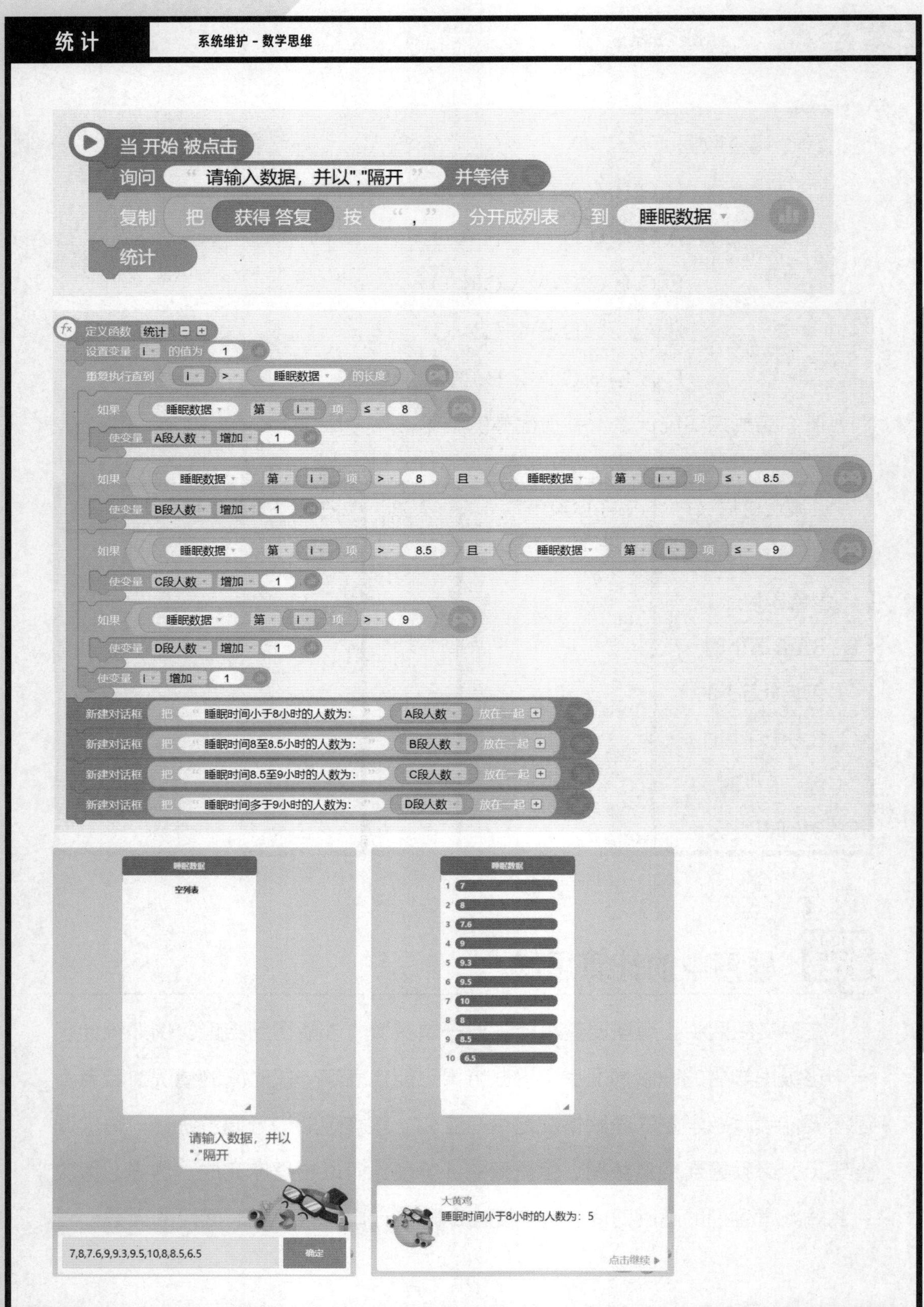
当 开始 被点击
询问 "请输入数据，并以","隔开" 并等待
复制 把 获得 答复 按 "," 分开成列表 到 睡眠数据
统计
定义函数 统计
设置变量 i 的值为 1
重复执行直到 i > 睡眠数据 的长度
如果 睡眠数据 第 i 项 ≤ 8
使变量 A段人数 增加 1
如果 睡眠数据 第 i 项 > 8 且 睡眠数据 第 i 项 ≤ 8.5
使变量 B段人数 增加 1
如果 睡眠数据 第 i 项 > 8.5 且 睡眠数据 第 i 项 ≤ 9
使变量 C段人数 增加 1
如果 睡眠数据 第 i 项 > 9
使变量 D段人数 增加 1
使变量 i 增加 1
新建对话框 把 "睡眠时间小于8小时的人数为：" A段人数 放在一起
新建对话框 把 "睡眠时间8至8.5小时的人数为：" B段人数 放在一起
新建对话框 把 "睡眠时间8.5至9小时的人数为：" C段人数 放在一起
新建对话框 把 "睡眠时间多于9小时的人数为：" D段人数 放在一起
空列表
请输入数据，并以","隔开
7,8,7.6,9,9.3,9.5,10,8,8.5,6.5
确定
1 7
2 8
3 7.6
4 9
5 9.3
6 9.5
7 10
8 8
9 8.5
10 6.5
大黄鸡
睡眠时间小于8小时的人数为：5
点击继续

去重 系统维护 - 数学思维

02 搜索引擎会直接呈现抓取的结果吗？

生活中的计算思维

当你遇到不懂的问题时，使用搜索引擎寻找答案是最常见的方法。搜索引擎会从其他网站上“抓取”与你输入的关键字相匹配的内容。实际上，搜索引擎并不是直接把这些内容呈现给用户，而是要先做一些处理，去除重复信息就是其中一项重要的工作。这是为什么呢？因为网络上重复的内容非常多，例如同一条新闻会被多家网站报道，同一篇文章也会被多家网站转载等。所以，搜索引擎需要对“抓取”的内容进行去重，尽可能把唯一的、准确的、详细的内容提供给用户，这样才能真正地满足用户的搜索需求。

在某次演出中，主办方准备根据所有节目的演员数量之和来购买工作餐。但主办方发现，部分演员同时参加了多个节目，所以其名字在不同节目中多次出现。如何才能为每位演员都订上餐，同时又避免多订餐呢？答案就是去除名单上重复的名字。去重后，既能覆盖所有演员，又能保证每位演员的名字仅出现一次，从而避免了浪费。

什么是去重?

过滤或删除集合中的重复元素，使得每个元素独一无二。

解谜小能手

某班学生选择兴趣课，其中选择计算机编程课的人数为30人，选择戏剧表演课的人数为26人，两门课都选择了的人数为10人。请你算一算这个班的学生总人数。（提示：容斥原理）

程序中的计算思维

在上述名字去重的例子中，如果演员人数不多，人为去重并不困难。可是在大型晚会中，数量可能多达上百人，人为去重就变得异常困难，而且非常容易出错。利用计算机程序，将会比人为去重更快、更准确。

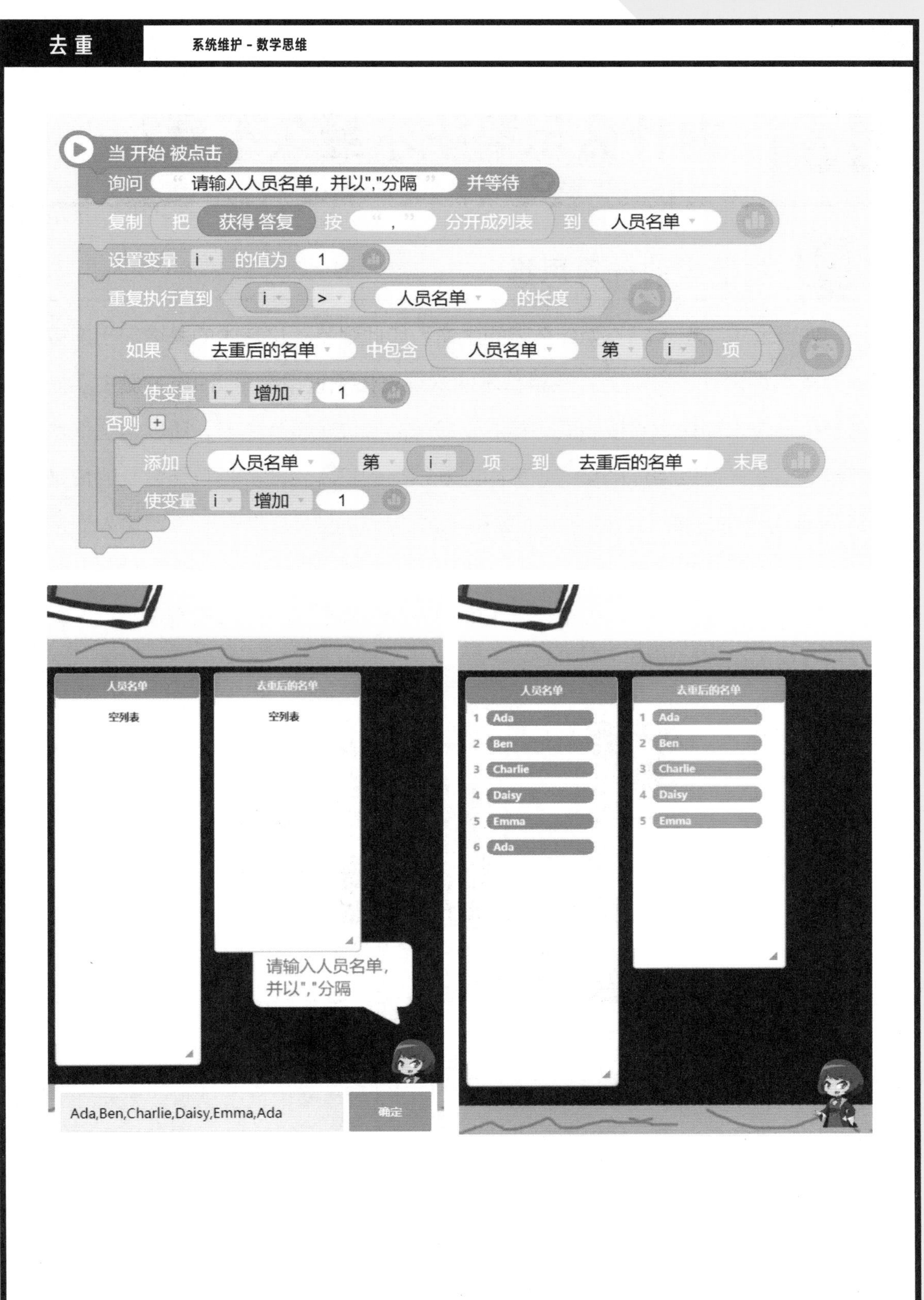
当 开始 被点击
询问 "请输入人员名单，并以","分隔" 并等待
复制 把 获得 答复 按 "," 分开成列表 到 人员名单
设置变量 i 的值为 1
重复执行直到 i > 人员名单 的长度
如果 去重后的名单 中包含 人员名单 第 i 项
使变量 i 增加 1
否则
添加 人员名单 第 i 项 到 去重后的名单 末尾
使变量 i 增加 1
人员名单
空列表
去重后的名单
空列表
请输入人员名单，并以","分隔
Ada,Ben,Charlie,Daisy,Emma,Ada
确定
人员名单
1 Ada
2 Ben
3 Charlie
4 Daisy
5 Emma
6 Ada
去重后的名单
1 Ada
2 Ben
3 Charlie
4 Daisy
5 Emma

兼容/标准 系统维护 - 算法思维

03 为什么乐高积木经久不衰？

生活中的计算思维

你玩过乐高积木吗？为什么它的生命力如此强盛？这其中的关键在于连接处的兼容性设计。实际上，塑料积木的穴柱连接原理早在1949年就诞生了。由于每一块乐高积木都按照同一标准（即乐高单位）设计生产，所以这些积木都是兼容的、可以相互拼接的。不同主题系列的积木也能够相互结合，哪怕是30年前生产的乐高积木也可以，这种丰富的模拟世间万物的能力，给人们带来了无穷的创造的乐趣。

还有不少硬件玩具，会在外壳上增加一些乐高凸粒，从而兼容乐高积木，让自身进入乐高的世界。

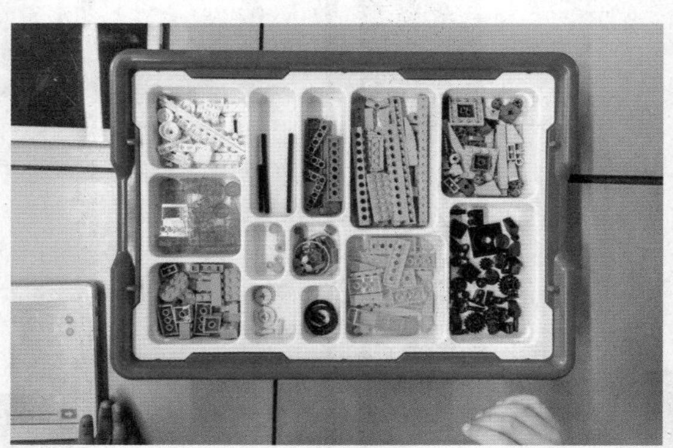

在计算机的硬件主板上安装有CPU、内存条、显卡等配件，而这些配件由不同厂家生产。为了使这些配件插入主板后能正常工作，人们要使用统一的规格标准。如果这些零件和主板的标准不相同，也就是不兼容，例如插口、电压大小不同，它们就无法协同工作。只要配件兼容标准，就能将它插入各类符合标准的主板中。

什么是兼容 / 标准?

多个遵循同一规则的事物，因特定原因整合在一起后发挥出更大的作用。哲学上说，整体功能大于各个部分功能之和，便是兼容性所追求的价值之一。

灵感小笔记

你的身边有哪些符合兼容性的事物或现象？（提示：插座、螺丝、网络通信标准IPv4/IPv6、智能手机）有没有故意制造不兼容性的情形？为什么要这么做？

程序中的计算思维

如果你想在手机上安装“编程猫Nemo”，就会发现网站上提供了“Android下载”和“App Store下载”，它们有什么区别呢？因为不同的手机可能是不同的操作系统，有的是Android操作系统，有的是iOS操作系统，工程师就需要设计两个版本，从而兼容不同的操作系统。

编程猫Nemo
编程猫Nemo是编程猫独立研发的儿童编程学习工具。使用Nemo，搭积木就能编程！还有丰富的教学内容，下载这个app，让孩子马上开始学习编程！

源码编辑器每隔几周就会更新一次，但是每次更新后，你都能顺利打开之前的bcm文件，而且程序也不会出错。这是为什么呢？原来，编程猫的工程师每次升级源码编辑器时，都会考虑以往bcm程序的兼容性，并做充分的测试，之后才会发布新版本。越是用户感觉简单的事情，其背后的过程往往越复杂。

扩展/拓展　系统维护 - 编程思维

04 “迪士尼”的世界是如何发展起来的?

生活中的计算思维

风靡全球的迪士尼乐园为游客们带来了童话般梦幻和惊险的世界。迪士尼在洛杉矶开放的第一年（1955年）就有350多万名游客入园。但是当慕名而来的游客越来越多，队伍排起了长龙，园区也熙熙攘攘，游客的游玩体验受到极大影响。迪士尼是如何解决这些问题的呢？最初，迪士尼扩建园区，以承载更多的游客，随后它又在其他国家和地区建立了园区，让世界各地的游客就近游玩。不仅如此，迪士尼还建立了主题公园，积极拓展新的领域，如电影、游戏、图书等，成功打造企业文化，成为全球娱乐王国。

在课外生活中，我们常常会拓展自己的知识领域，例如文体活动或青少年

编程等。这不仅能丰富自己的兴趣爱好，还能扩展自己的交际圈。公司中的员工也会进行拓展训练，培养大家的合作精神和团队感情。

什么是扩展 / 拓展?

基于某种现状，在功能、结构、数量或服务等维度上向外延伸或发展。

灵感小笔记

如果你是酒店经理，基于下图所示的房间，你会如何扩展它的功能和服务，从而吸引更多的人前来入住呢?

程序中的计算思维

从收集需求、系统设计、研发到维护，工程师常对系统功能进行补充和延伸。例如，在下面程序中，函数somethingComplicated的代码因过长而不宜增加新的脚本。但因为一些原因，我们希望向其扩充统计运行时间的功能。如何才能不让该函数“伤筋动骨”呢？我们可以使用Python中的装饰器。

```
import time

# 返回函数对象的函数，即闭包
# 增加额外功能，用于统计函数运行时间
def printRunTime(func):
    def wrapper():
        start_time = time.time()
        func()
        end_time = time.time()
        print(end_time - start_time)
    return wrapper

# 假设这个函数比较费时
# 不仅代码长，而且较难增加新功能
@printRunTime  # 装饰器
def somethingComplicated():
    time.sleep(3)

somethingComplicated()
```

装饰器常被用于插入日志、性能测试、事务处理、权限校验等工作。感兴趣的学习者还可以搜索设计模式中的“装饰器模式”。

05 文学著作如何改编成影视剧？

生活中的计算思维

你看过《西游记》《红楼梦》等文学名著吗？即使没有，你也一定在电视上看过相关的电视剧改编作品。上世纪80~90年代，中央电视台就已经将这些名著先后搬上荧幕，普及并传播经典文化。从文学著作到影视作品，这中间是如何进行改编的呢？首先，原著的精神和风格都要尽量保持不变；其次，情节和结构可以做适当调整。改编就是将文字和衍生的想象世界转换成真实场景的过程，也是一种重新构建的过程，即“重构”。

一家公司从几个人的创业团队发展到上千人的大企业，科学的组织架构是其高效运作的根基。在不同的发展阶段，公司需要对组织架构进行重构调整。例如，当公司人员过多时，下级的消息传递到上级往往需要复杂的审批流程。针对组织层次过多、流程庞杂的弊端，公司可尝试精简机构，提高效率。

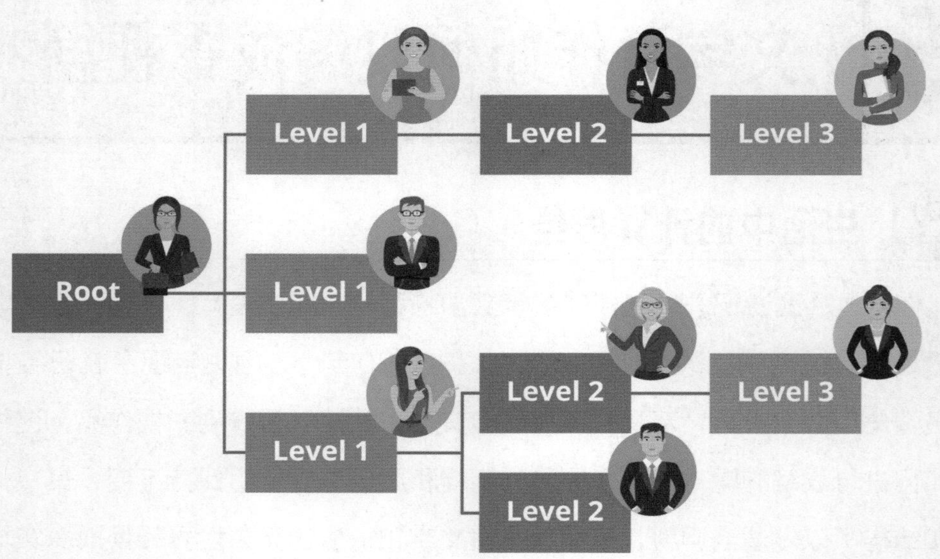

什么是重构？

调整系统的结构，改善其质量和性能，提高其效率和扩展性。

解谜小能手

当今数字社会，各种智能化设备极大地方便了我们的生活，也重构了我们的生活方式和生产方式。你能想到哪些例子呢？

重构前	重构后

程序中的计算思维

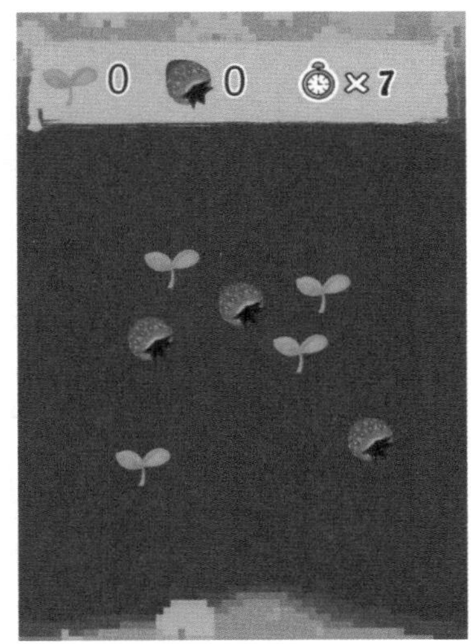

程序中的重构具有很多含义，小到修改函数名和变量名，重新安排程序的层级目录，大到抽取共性提炼抽象类，精简冗余代码。右图是一个种植和收割草莓的Kitten游戏，每个草莓苗在5秒之后可以成长为草莓，之后点击草莓便可收割。

草莓苗代码

```
当角色被 点击
设置变量 x 的值为 在 -200 到 200 间随机选一个整数
设置变量 y 的值为 在 -300 到 200 间随机选一个整数
移到x x y y
等待 5 秒
切换到造型 草莓（1）
重复执行
    如果 自己 碰到 鼠标指针 且 鼠标 按下
        使变量 num 增加 1
        删除自己
```

造型　声音　数据

添加造型　画板　导入

1 嫩芽

2 草莓（1）

为了种下多个草莓苗，我们复制了很多“嫩芽”角色，而且每个角色都包含相同的脚本。

屏幕1
背景
对话框2
草莓
嫩芽
嫩芽(1)
嫩芽(2)
嫩芽(3)
嫩芽(4)
嫩芽(5)
嫩芽(6)
嫩芽(7)

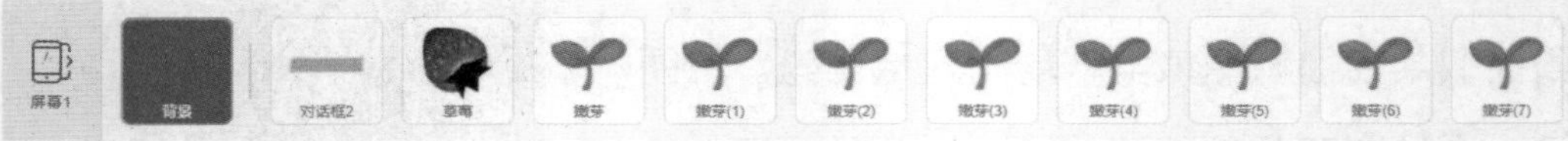

被复制的脚本非常脆弱，因为牵一发而动全身：如果你想添加嫩苗成长动画，意味着你要逐一修改大量脚本。我们可以使用克隆积木完成同样的功能，且代码更加简洁。

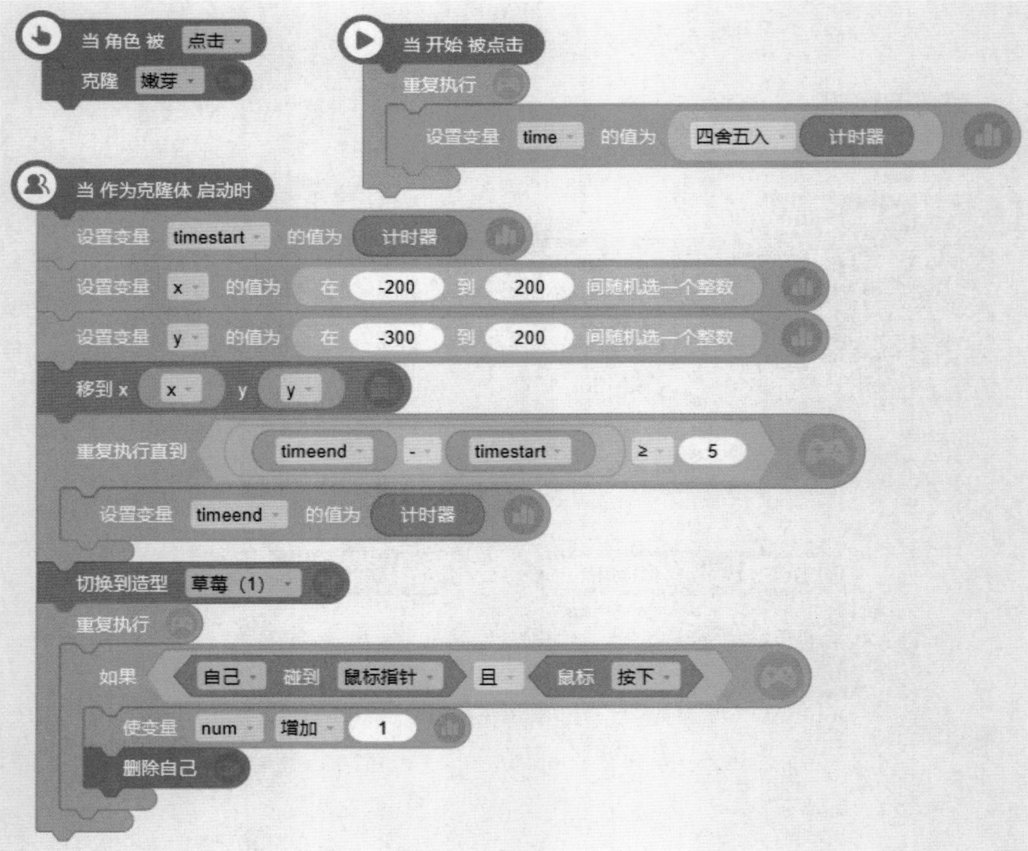

当 角色 被 点击
克隆 嫩芽
当 开始 被点击
重复执行
设置变量 time 的值为 四舍五入 计时器
当 作为克隆体 启动时
设置变量 timestart 的值为 计时器
设置变量 x 的值为 在 -200 到 200 间随机选一个整数
设置变量 y 的值为 在 -300 到 200 间随机选一个整数
移到 x x y y
重复执行直到 timeend - timestart ≥ 5
设置变量 timeend 的值为 计时器
切换到造型 草莓 (1)
重复执行
如果 自己 碰到 鼠标指针 且 鼠标 按下
使变量 num 增加 1
删除自己

06 神秘的三角箭头图案暗示着什么?

生活中的计算思维

你知道吗？塑料制品的降解速度非常缓慢，大概需要几百年的时间才能完全消失！塑料垃圾的掩埋和焚烧已经严重污染环境，威胁到人类的健康，如何才能解决这个问题呢？除了使用高成本的可降解塑料外，分类回收也不失为良策。仔细观察饮料瓶或泡面碗底部，是不是都有一个神奇的三角箭头和数字组成的图案？三角箭头表示此物体可回收，数字表示塑料的材质，即“塑料制品回收标识”。

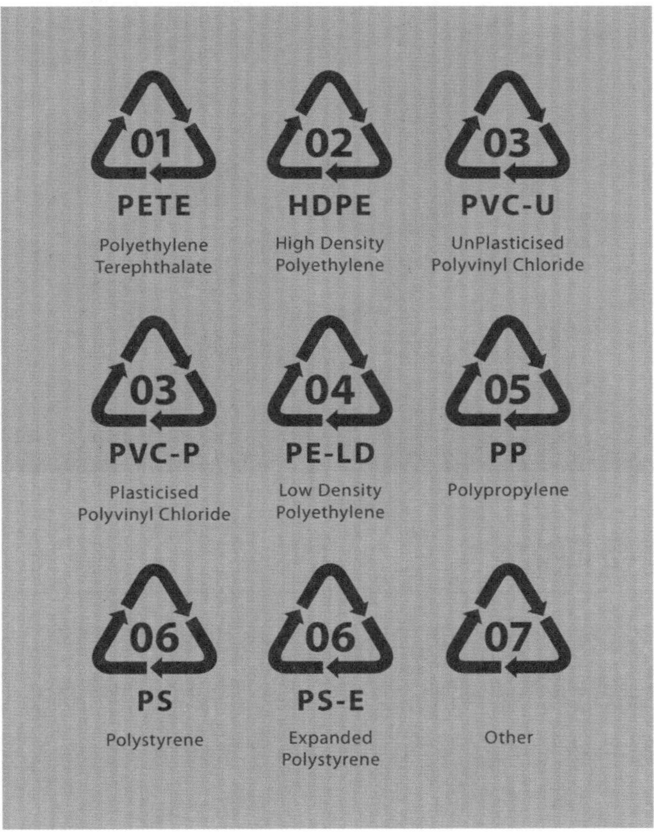

人们在沼泽地、污水沟、粪池中经常可以看到有气泡冒出来。这是什么气体呢？早在1776年，一位意大利物理学家就在沼泽地发现了这种气体，故取名为沼气，而且发现它是一种理想的可燃烧气体。后来，人们利用科学技术把人畜粪便、秸秆、城市垃圾、污水等有机废弃物转化成沼气，燃烧后供发电、炊事，或者作为化工原料使用。这样不仅回收处理了废弃物，也生成了可再生能源。

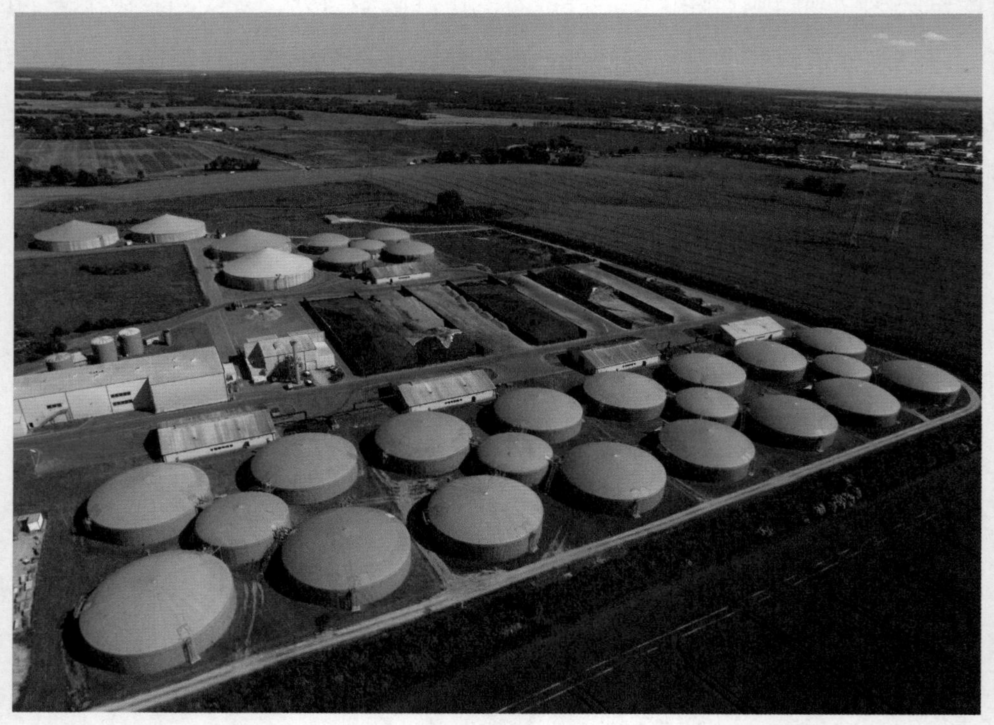

什么是回收？

收集陈旧物或废弃物，将其加工处理后再利用。自然辩证法认为自然是人类社会存在和发展的基础和前提，人类社会的进步与自然的进化是不可分割的整体。任何有碍于自然进化的行为，都将在不同程度上阻碍人类社会的进步。

灵感小笔记

在日常生活、工业、农业中找一找，还有哪些场景运用了回收再利用的思维方式？（提示：二手物品、风能）

程序中的计算思维

在程序的运行过程中，每创建一个对象，程序就会在计算机的内存中开辟一定的空间存储它。但在编写Python程序时，我们却从未关注过内存的申请和释放，这是为什么呢？一方面，Python会自动为对象分配内存；另一方面，它与其他高级语言一样采用了垃圾回收机制，能即时回收未被引用对象的内存，定期对内存进行碎片整理，从而提升程序对内存的访问效率。

```
import sys
import gc

class Player():
    def __init__(self):
        print('对象被创建，内存地址为：' + str(hex(id(self))))

    def __del__(self):
        print('对象被销毁')

# 创建对象p1，引用数为1
p1 = Player()
# 因p1作为参数传入getrefcount()函数，所以其引用数为1+1=2
print('对象p1的引用数为：' + str(sys.getrefcount(p1)))

# 此时p1已离开函数getrefcount()，p1的引用数减1，即2-1=1
# p1被引用，引用数加1，即1+1=2
p2 = p1
# p1作为参数传入getrefcount()函数，所以输出结果为2+1=3
print('对象p1的引用数为：' + str(sys.getrefcount(p1)))

# 此时p1已离开函数getrefcount()，引用数减1，即3-1=2
# 删除p2后，对象p1的引用数减1，即2-1=1
del p2
# p1作为参数传入getrefcount()函数，所以输出结果为1+1=2
print('对象p1的引用数为：' + str(sys.getrefcount(p1)))
```

什么是对象的引用？每当程序创建对象并赋值，或将对象作为参数传入函数，或将它放入容器中，都有一个可访问的变量引用着它，此时该对象内部的引用数增加1。当引用解除或失效时，引用数就会减1。一旦引用数为0，该对象所占用的内存空间就会被自动回收。

```
对象被创建，内存地址为：0x29db230
对象p1的引用数为：2
对象p1的引用数为：3
对象p1的引用数为：2
对象被销毁
程序运行结束
```

计算机的回收站也有相似的思想。它存放了你临时删除的文件，还可以方便找回。

长期建立或删除磁盘中的文件会产生磁盘碎片（即数据分散在磁盘的不同存储空间）。Windows自带的“磁盘碎片整理程序”能够把分散的文件收集并整理在临近的位置，进而提升磁盘访问效率。这个道理和垃圾回收技术的动机相同。

迭代 系统维护 - 工程思维

07 从“地心说”到“日心说”说明了什么?

生活中的计算思维

当我们看着太阳东升西落时，你能想象实际上这是地球在自转吗？古人凭借自身经验认为“天圆地方”，即地球才是宇宙的中心，也就是“地心说”。1543年，波兰天文学家哥白尼出版《天体运行论》，首次提出太阳是宇宙中心的观点，即“日心说”宇宙模型。在该书出版后的半个多世纪里，日心说仍然很少受到关注，支持者更是非常稀少。直到1609年伽利略发明天文望远镜后，观测到了支持日心说的数据，它才逐渐引起人们的关注。从地心说到日心说，就是人类对宇宙认识的一次迭代。

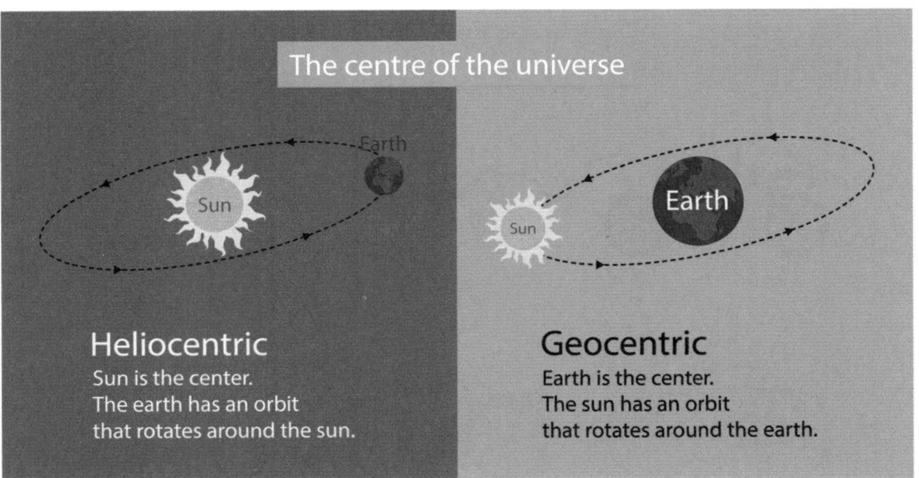
The centre of the universe
Earth
Sun
Sun
Earth
Heliocentric
Sun is the center.
The earth has an orbit
that rotates around the sun.
Geocentric
Earth is the center.
The sun has an orbit
that rotates around the earth.

上面的历史太久远了，我们看一下近十几年发生的事。根据行星的最新定义，太阳系中的行星包含水星、金星、地球、火星、木星、土星、天王星和海王星。但在2006年8月之前，太阳系中的行星还有九颗呢！因为定义的变化，冥王星从行星降级为矮行星，所以之前的九大行星就此更迭为八大行星。

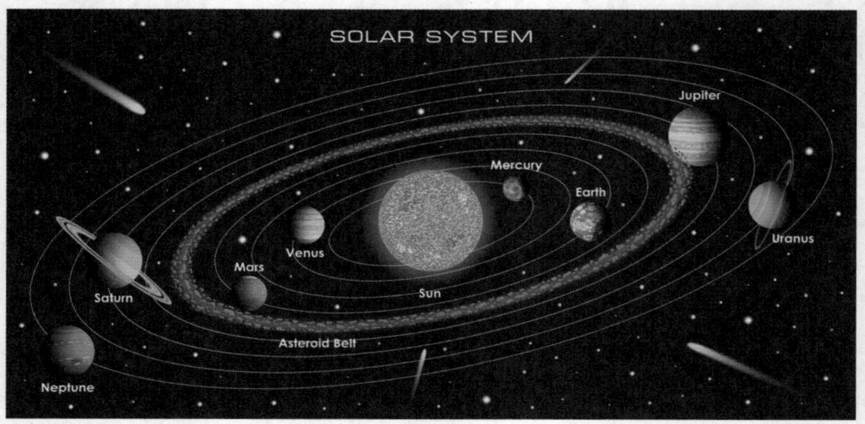

在生活中，迭代的情形比比皆是。例如，图书会在封面标注第几版，即迭代了多少次；学校从最初的小矮楼逐渐扩建为现代化的校园；在非机动道上的自行车也经历了数次迭代。

什么是迭代？

为实现或接近预期的目标，重复地进行具有反馈结果的活动。哲学上认为，事物发展的实质就是新事物的产生和旧事物的灭亡，所以事物发展具有曲折性。发展的过程从总体上看就是“去其糟粕取其精华”的“否定之否定”的迭代过程。

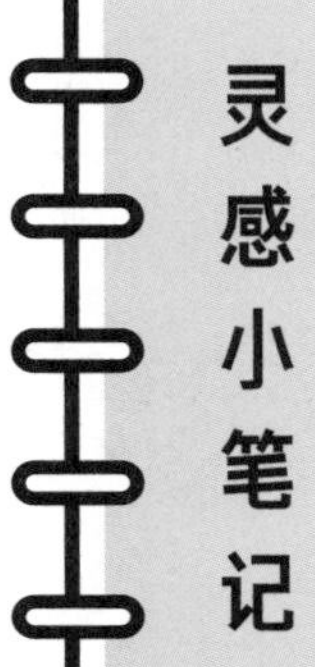

生活中有哪些事物经过了迭代？它的迭代过程是怎样的呢？

____

____

程序中的计算思维

为了满足源码训练师们的需要，编程猫的源码编辑器Kitten吸收了大量用户反馈，并不断迭代升级。我们可以查看版本信息，来观察迭代过程的功能变化。以2019年3月和4月的迭代更新为例，可以看到新增了云列表、导入Scratch 3.0文件等功能。

除此之外，源码编辑器还实现了人工智能相关功能。以“认知AI”积木为例，它能够识别图片中的人脸，并分析其年龄、情绪、性别、脸型、眼镜佩戴等信息，帮助你创作更多有趣的作品。

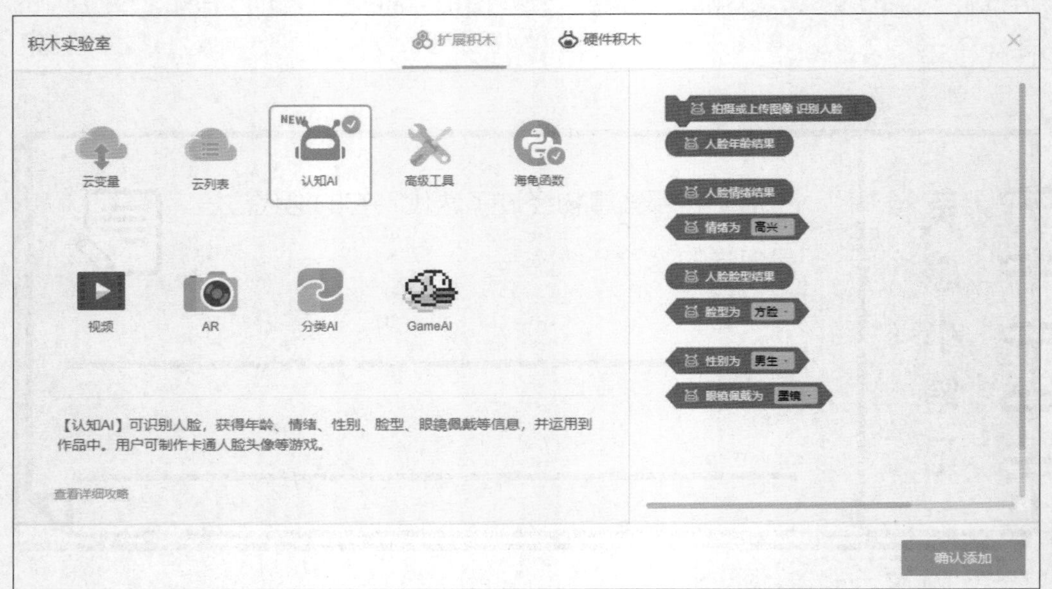

08 为什么产品需要设置版本号?

生活中的计算思维

你的智能手机是不是每过一段时间就会提醒你更新应用软件呢？因为软件要不断地升级以修复错误或适配新的硬件，工程师必须持续不断地优化、修改、测试和发布。每发布一次，软件就会产生一个新的版本号。它不仅便于代码管理，而且是软件升级的依据。每当软件联网时，它都会连接服务器，比较最新的版本号和当前的版本号是否有差异，有则提示升级。下图就是编程猫Nemo手机编程工具的版本记录。

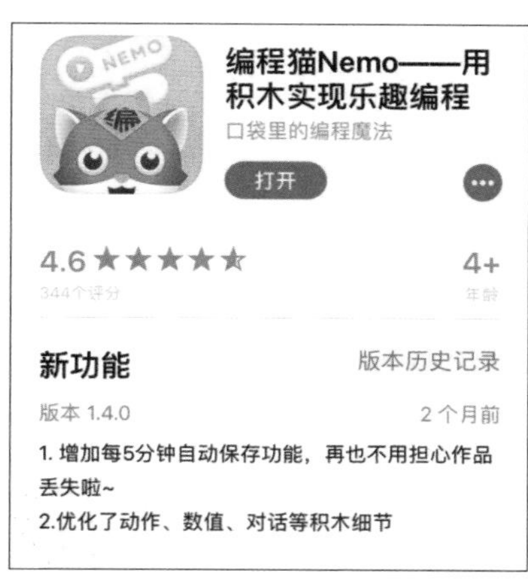

版本历史记录

1.4.0　2 个月前
1. 增加每5分钟自动保存功能，再也不用担心作品丢失啦~
2.优化了动作、数值、对话等积木细节

1.3.0　3 个月前
1. 全新的星空视觉主题，跟编程猫一起去太空探险吧！
2.公开课边看边学，让学习编程更简单\(^o^)/

1.2.2　4 个月前
1.分享作品支持自定义作品封面啦，赶紧把得意的作品分享好友试试吧；
2.修复了导致App崩溃的若干bug，稳定性又大大

假设你为学校的新年晚会写了一篇演讲稿，电子版保存到了计算机，这个初稿就是第一个版本。之后，你的同学们对它提出了大量修改意见，你应该直接修改初稿吗？如果这么做，一旦老师最终认为初稿更好，要求你修改回来，你还能记得修改前的每一处细节吗？任何文件经过修改后，就产生了新的版

本，保存必要的版本是一个良好的习惯。你可以使用编号或日期进行简单的版本管理。

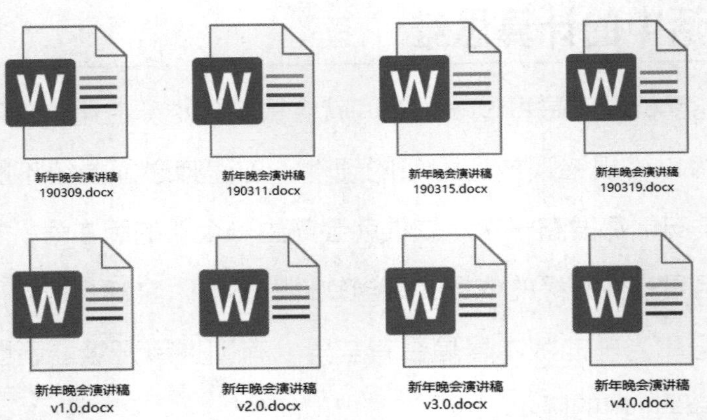

什么是版本化？

当旧事物进行优化、调整、改进后便产生了新事物，版本就是区分新旧事物的外在或内在标记，常见标记形式有版本号和日期时间。版本化是指使用统一的标记、流程、工具对繁杂的版本进行控制和管理，从而便于查看了解历史版本，以及从历史版本中回溯或恢复。

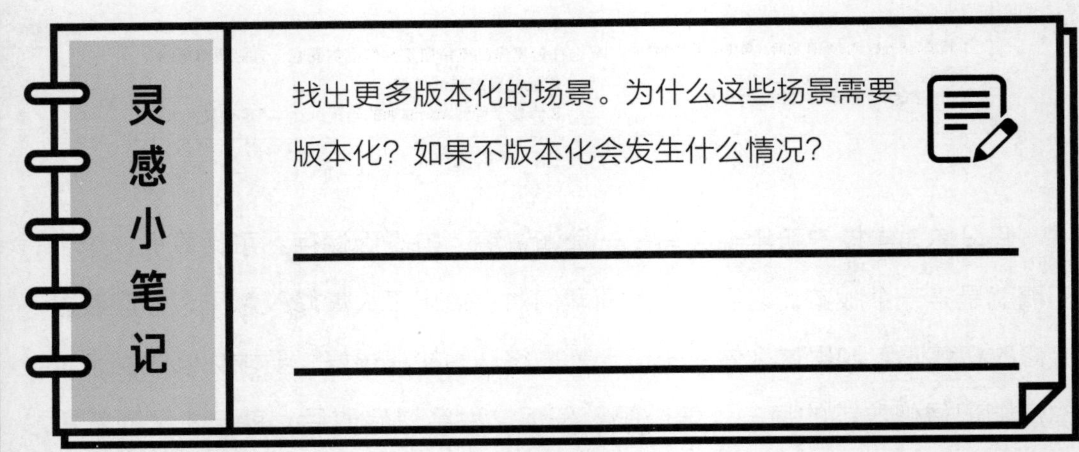

灵感小笔记
找出更多版本化的场景。为什么这些场景需要版本化？如果不版本化会发生什么情况？

程序中的计算思维

为了能够随时随地打开自己的Kitten作品，你可以“另存云端”。

每另存一次，源码编辑器都会将当前作品自动复制，并在新作品的作品名末尾追加文本“-副本”，以此表示这是一个新的版本。但是这种外在的版本形式并不便于我们区分作品之间的差异。

或许你可以采用如下图所示的日期形式作为作品名。

190521圣诞树

190520圣诞树

190517圣诞树

190516圣诞树

在真实的软件开发实践中，工程师们需要协作开发程序。每位组员对任何一个文件的改动都会产生该文件的新版本，所以版本管理至关重要，而版本控制工具就是版本管理的利器。感兴趣的读者可自行搜索Git、SVN等工具。

共享/分享　　系统维护 - 工程思维

09 为什么说共享资源具有社会价值？

生活中的计算思维

你使用过共享单车吗？2016年，共享单车的兴起将共享的概念带入了人们的视野。使用手机扫描共享单车的二维码，就可以租用它一段时间，非常便捷。越来越多的产品和“共享”结合后都产生了新的商业模式：共享汽车、共享雨伞、共享充电宝、共享洗衣机……生活中的共享场景越来越多，几乎每个人都处于共享经济中。大家一起使用共享资源，它便能发挥更大的价值。

兴趣相投的人会聚集在一起交流、分享自己的创意，场所可以是网络论坛、网络社区、学校社团等。编程猫也有一个聚集了众多开发者和少院士的网络社区平台，可以满足各种共享的需求。例如，如果缺少创作素材，你可以在“求素材”板块寻求帮助，其他开发者会共享自己的素材；如果你想组建或加入战队，则可以进入“工作室”；如果你想分享自己编写的小说，则可以进入“动漫小说”；如果你想分享自己的作品，让更多人点赞评论，便可在“作品秀”中把你的作品分享给全世界！

什么是共享 / 分享？

将资源、事物、信息与他人共同使用或拥有。

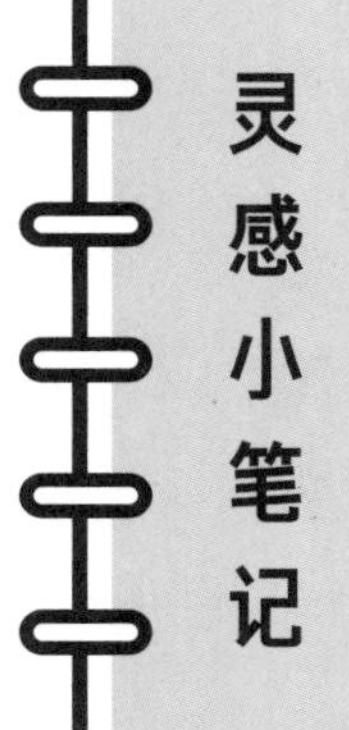

你的身边还有哪些分享/共享的场景？你认为还有什么资源可以被共享使用？

程序中的计算思维

当打开Kitten素材库时，你会看到许多角色、音效、背景等素材。它们就是共享资源，因为每位Kitten创作者都会看到相同的公共素材。

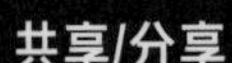

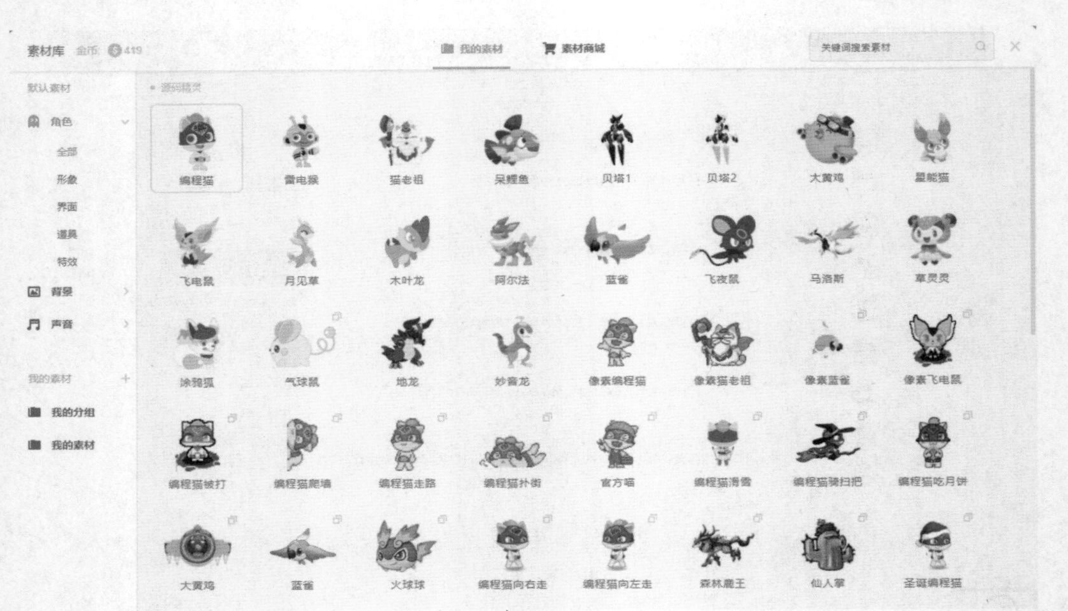

如何让全世界都看到你的创意作品呢？只要在创作完毕后，填写作品信息，点击“确认发布”按钮即可！

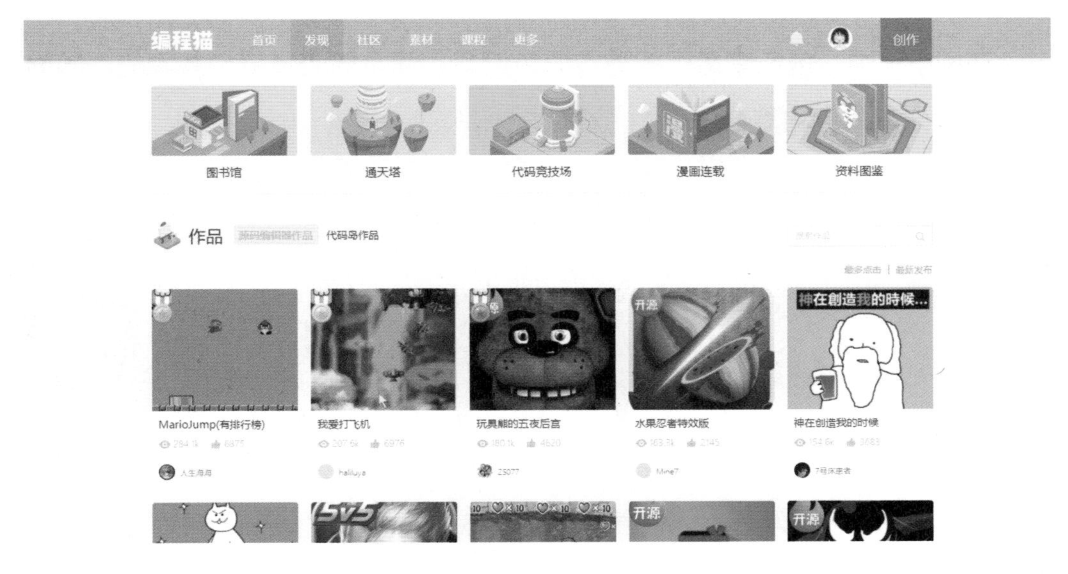

如果你喜欢别人的作品，也以点击“分享”按钮将其分享给好友。

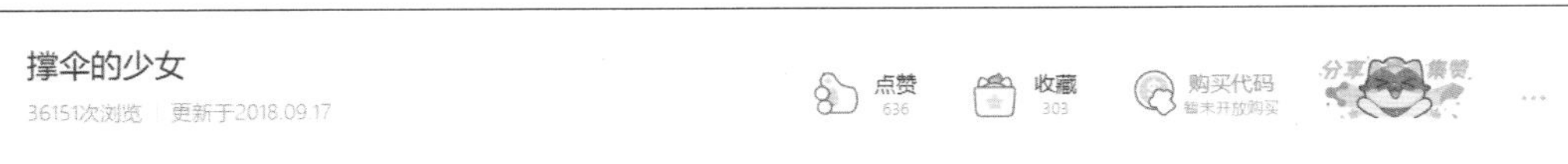

当遇到程序难题时，你可以点击源码编辑器右上角的问号按钮，查看示例程序、源码公开课、源码图鉴等共享资源。

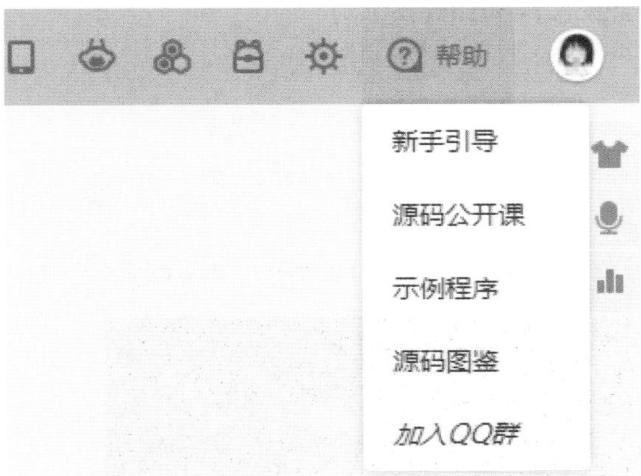

在Kitten中，角色变量仅能被本角色设置，而全局变量就是共享的，因为它可以被任意角色和舞台修改。

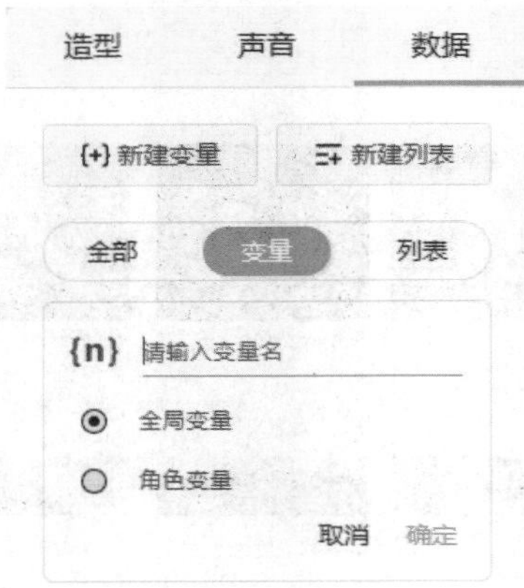

在Python中，类的成员就是本类中所有实例所共享的数据。例如，我们希望统计某个类被实例化的次数。

```
import random

class SomeClass:
    counter = 0  # 类的属性，公共变量
    def __init__(self): SomeClass.counter += 1
    def __del__(self): SomeClass.counter -= 1

tmp = []
r = range(random.randint(1, 10))
print(r)
for i in r:
    tmp.append(SomeClass())

print('Here are', SomeClass.counter, 'instances.')
del tmp[0]

print('Here are', SomeClass.counter, 'instances after deled.')
```

```
range(0, 4)
Here are 4 instances.
Here are 3 instances after deled.
程序运行结束
```

移植/迁移　　系统维护 - 编程思维

10 植物如何“迁徙”到世界各地?

生活中的计算思维

在19世纪以前，全球只有中国种植了茶树。随后茶叶流传到了英国，越来越受到当地群众的追捧。虽然英国人民也想种茶树，但是茶树苗经过长期海运早已枯萎，这可怎么办呢？没有什么可以阻挡美味的前行。英国的医生华德发明了一个改变世界的玻璃容器——华德箱。他把植物放置在水分充足、土壤肥沃的封闭玻璃箱内，形成了一个局部稳定的生态循环系统。得益于“华德箱”，全球植物开始了“大迁徙”。例如中国的香蕉被种植到了萨摩亚群岛，印度的芒果被种植到了澳大利亚。

一个小公司的推销员，名叫金·吉列。每当他早上刮胡子时，都会感到老式剃须刀难以使用，于是他就琢磨发明一种新式剃须刀。他做了一些需求调研，认为新式剃须刀应该更加安全、易于使用、可更换刀片，可却苦于没有灵感。有一天，他看到一位农民正在用耙子收割田地，于是灵光一闪：为什么不能把剃须刀设计成耙子形状呢？著名的吉列剃须刀就此诞生。吉列把一个领域中的现象运用在其他领域中，这就是一种迁移的思维方式。

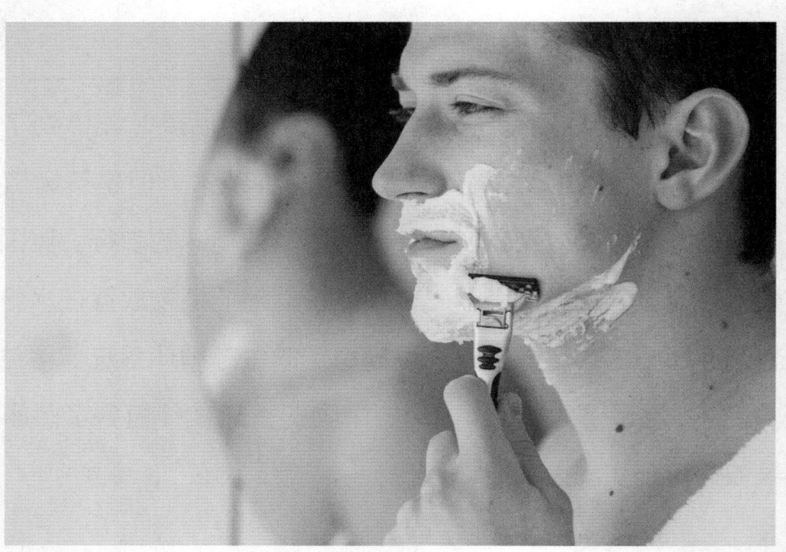

什么是移植 / 迁移？

移植是指将某个环境中的事物移动到其他环境，并仍可正常发挥作用。迁移是指将某个事物的运作方式移动到另一个事物上。两个词汇有时可以混用。

灵感小笔记

列举生活中移植或迁移的场景。

程序中的计算思维

我们都知道Python 3是Python 2的升级。假如你要将Python 2编写的代码移植到Python 3中，就可能会出现很多错误，导致程序无法运行。如何解决这个问题呢？最好的办法就是查阅Python 2和Python 3的区别，并对代码做修改，使之顺利移植到Python 3。右面的脚本展示了Python 2和Python 3的三处差异。

```
#Python2
import Queue
c = Queue.Queue(maxsize = 5)
zip(a,b).sort()

#Python3
import queue
c = queue.queue(maxsize = 5)
sorted(zip(a,b))
```

再学习一个案例，来看看迁移的思维模式。Kitten的优势是丰富的舞台效果，而海龟编辑器的优势在于数据处理。能否将两者的优势结合起来，即使用海龟编辑器完成数据处理，使用Kitten完成舞台效果？换言之，能否将海龟编辑器的功能迁移到Kitten中呢？在Kitten的扩展积木中，有一个“海龟函数”扩展功能，它可以完成上述的迁移效果。

第一步，在Kitten中添加该模块。

第二步，编写Python程序，然后点击设置->工具->启动Kitten Server。

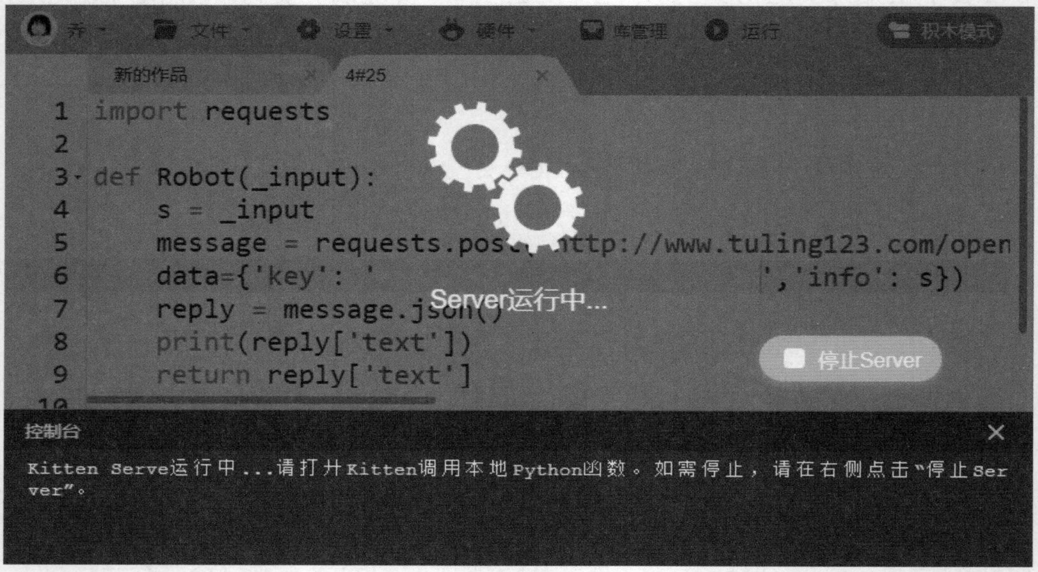
新的作品
4#25
1 import requests
2
3 def Robot(_input):
4   s = _input
5   message = requests.post('http://www.tuling123.com/open
6   data={'key': '   ','info': s})
7   reply = message.json()
8   print(reply['text'])
9   return reply['text']
Server运行中...
停止Server
控制台
Kitten Serve运行中...请打开Kitten调用本地Python函数。如需停止，请在右侧点击"停止Server"。

第三步，在Kitten中调用海龟函数Robot（即Python中的函数名）。点击运行就可以发现Kitten执行了Python的脚本，迁移成功。下面的脚本完成了图灵对话机器人，你也来试试和机器对话吧！

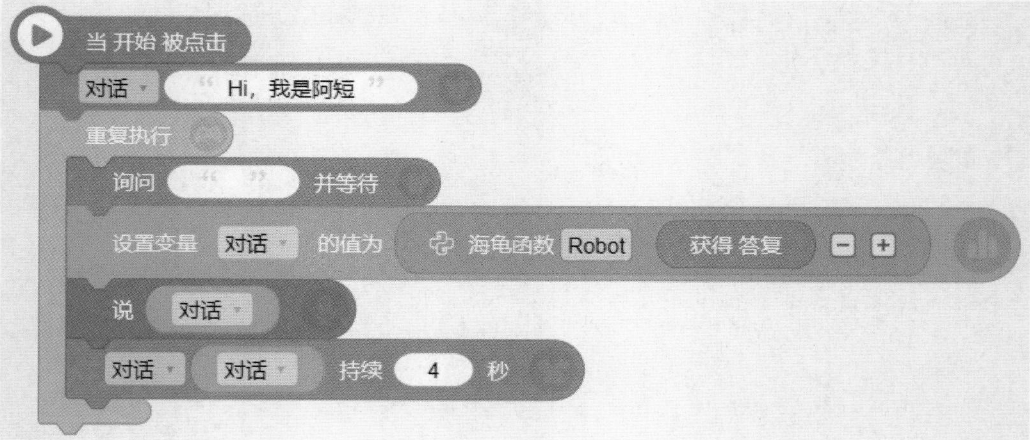
当 开始 被点击
对话 "Hi，我是阿短"
重复执行
询问 " " 并等待
设置变量 对话 的值为 海龟函数 Robot 获得 答复
说 对话
对话 对话 持续 4 秒

```
import requests

def Robot(_input):
    s = _input
    message = requests.post('http://www.tuling123.com/openapi/api',
    data={'key': '[illegible]','info': s})
    reply = message.json()
    print(reply['text'])
    return reply['text']
```

后记

AFTERWORD

在本后记中，我将为读者介绍本书提出新计算思维框架的思考和设计过程。在此之前，我们先回顾一下计算思维的发展，了解一些常见的关于计算思维的定义或框架。

01 计算思维的发展

2006年，周以真教授首次提出了“计算思维”这一概念，并将其定义为“运用计算机科学的基础概念进行问题求解、系统设计，以及人类行为理解等涵盖计算机科学之广度的一系列思维活动”[1]。周以真教授认为计算思维的核心在于自动化和抽象化，可以说是提纲挈领，这两点高度概括了在计算机科学的实践中，尤其是程序设计中的特点。自动化意味着将重复的事情程序化，抽象化意味着将实际的问题共性化，这两类思维模式贯穿程序设计的始终。但是另一方面，它们显然不能体现出程序设计过程中的所有思维模式，例如调试和优化等程序设计过程中的思维模式，便很难被概括为自动化或抽象化。周以真教授还对计算思维是什么和不是什么进行了界定，从六个方面清晰地指明了计算思维是一种普遍存在且人人都可以学习的思维模式。

之后几年，周以真教授再次对计算思维进行重新定义，“计算思维是一种解决问题的思维过程，能够清晰、抽象地将问题和解决方案用信息处理代理（机器或人）所能有效执行的方式表述出来”[2]。与上一版定义相比，该定义更加强调计算思维是一种思维过程，而不仅仅是思维活动，它应该能够被有序地表达。此外，她还认为计算思维是一种分析思维，综合运用了数学思维、工程思维、科学思维。整体来看，这是一个从孤立的思维活动到综合的思维过程。

计算思维是……	而不是……	通俗解读
概念化的	程序化的	它是一种思维模式，不是编程技术
基础的技能	机械的技能	它是数字公民的必备思维模式，而且时刻处于发展与变化中
人的思维方式	计算机的思维方式	它可以作为人类思考问题的众多途径之一，但不要把它当作惟一的途径
数学和工程思维的互补与融合	数学思维	数学思维即抽象化，工程思维即自动化
思想	人造物	它广泛存在于生活，而不只是和计算机相关
面向所有人、所有领域	—	它是人人都能掌握的思维模式

在计算思维的概念被提出后，人们在教育领域对它进行了长期的探索。2011年，ISTE（美国国际教育技术协会）和CSTA（计算机科学教师协会）推出针对K-12领域的计算思维的操作性定义：“计算思维是解决问题的过程，且包含（不限于）众多特征。”这些特征如下：

- 定义问题，使之可以被计算机或其他工具解决。
- 有逻辑地组织并分析数据。
- 对数据进行抽象，例如建模或仿真。
- 使用算法思维有序地表达解决方案，从而实现自动化。
- 为让步骤和资源更加高效，尝试识别、分析、实施潜在的解决方案。
- 泛化并迁移解决问题的过程到其他领域。

除此之外，该项定义还指明了上述特征与如下态度息息相关：

- 面对复杂问题的信心。
- 解决困难问题的耐心。
- 处理模糊问题的恒心。
- 处理开放式问题的能力。
- 能够与他人沟通合作，以实现共同目标或解决方案。

这个定义的优势在于，如上特征清晰地表达了人们解决计算机问题的常见过程。相比周以真教授的定义，它更加具体化，“不限于”一词也证明这一点。作为一个操作性定义，只有聚焦到具体的计算过程，才能更好地落地实施，从而设计项目任务，开展教育活动，规范评价量规，测试教学效果。但它还有一些局限：第一，它属于操作性定义，过程并不是足够完备；第二，它聚焦于K-12领域，这必然意味着其衍生物（如ISTE和CSTA随后发布的《计算思维教师资源（第二版）》[3]）会针对特定的年龄范围；第三，它更关注计算思维在教育领域的应用，而非更加泛化的全局视角。

除了上面提到的操作性定义外，还有哈佛大学的创意计算思维三维框架。它从概念、实践、观念三个维度出发，与教学三维目标（知识与技能目标、过程与方法目标、情感态度与价值观目标）类似。

计算概念	计算实践	计算观念
顺序	尝试和迭代	表达
循环	测试和调试	联系
并行	重用和重组	质疑
事件	抽象和模块化	
条件		
运算符		
数据		

显然，这也是一个操作性极强的框架。实际上，它和哈佛大学的Scratch创意计算课程有紧密的关联。换言之，它也与教育有关（计算观念），但不完备（计算实践）。因为上表中的模块化、重用、抽象既是一种实践和计算过程，也可以算作一种思维模式，与计算思维的定义相得益彰，也应该属于计算思维。

2015年，英国学校计算（CAS）发布了计算思维教师指南，它将计算思维分解为三部分，如下表所示。

计算思维概念	计算思维相关技术	教学途径
算法思维	编码	思辨
分解	设计	创造
泛化（模式）	分析	调试
抽象	应用	坚持
评估	反思	协作

这个框架和哈佛创意计算思维三维框架非常近似，操作性和教育性很强。但两个框架的计算过程都不完备，应用范围也有局限性，无法从系统和综合的角度概括计算思维的内容。

目前较为流行的框架是谷歌计算思维。谷歌与ISTE、CSTA、CAS等机构合作，整理出了计算思维的四个核心要素，深受全球各地机构的欢迎。谷歌计算思维的定义与ISTE&CSTA完全一致，但提炼出的四个要素非常精彩。

计算思维要素	含义
分解	把数据、过程或问题分解成更小的、易于管理或解决的部分
模式识别	观察数据的模式、趋势和规律
抽象	识别模式形成背后的一般原理
算法开发	为解决某一类问题撰写一系列详细的指令

同时，谷歌计算思维还再次强调（文献[2]已经提到过计算思维可以对很多领域产生影响）除了将其应用于计算机科学中，计算思维还能影响其他领域，如计算生物学、计算化学、文学、社会研究和艺术等领域，充分展示了计算思维四要素的意义和价值。

四要素	非计算机科学领域的应用场景
分解	文学：通过韵律、韵文、意象、结构、语气、措辞与含义来分析诗歌
模式识别	经济：寻找国家经济增长和下滑的循环模式
抽象	数学：找出二阶多项式分解法则； 化学：找出化学键（类型）及（分子间）相互作用的规律
算法开发	烹饪艺术：撰写供他人使用的菜谱

谷歌计算思维同样是操作性极强的贴近教育的框架，而且“要素”一词也暗示着它不是计算思维的全部。我们还能发现，计算思维四要素既是计算过程，又是思维模式。说它是过程，是因为我们解决计算问题时，基本上按照“分解-模式识别-抽象-算法开发”的顺序进行；说它是思维模式，是因为这些要素具备运用到其他领域的能力。另一方面，谷歌计算思维框架仍然有提升的空间，例如“调试”这一重要的过程，或者说思维模式，也可以考虑纳入核心要素。说它是过程，因为LOGO之父西摩尔在《Mindstorms》中论证了调试是构建知识的精髓[4]；说它是思维模式，因为生活中缺少不了它的身影，例如做饭时会先放一点盐，测试下口味，再决定第二勺的量，或者在冷热水之间反复调节温水的过程。这么重要的过程和思维竟然未被选中，看来谷歌计算思维仍然不能给出令人满意的答案。

有许多计算思维的综述[5][6][7]细致地介绍了国内外计算思维的发展，因篇幅原因不再细致展开，感兴趣的读者可以自行查阅相关文献进行了解。

从周以真教授的抽象定义，到谷歌计算思维的操作性定义，计算思维本身是什么这个问题的答案，已经变得越来越多元化了。为便于你理解，这里通过周教授的定义推导出其通俗定义。既然计算思维是“涵盖计算机科学之广度的思维模式”，则说明它可以帮助人们解决计算机科学中的问题；既然这种思维模式能够“进行问题求解、系统设计及人类行为理解”，则说明它可以帮助人们解决生活中的问题。因此，计算思维的通俗定义便是：解决生活问题和计算机科学问题的通用思维模式。

多元化的定义并不会阻碍它在实践中的广泛应用。这就好比人们无法解释量子为什么会纠缠，却仍然可以利用纠缠的特性实现一些技术。有时人们不理解一件事物的本质，但也不会影响其实践的效果。可若明白了计算思维的本质内容，便有理由相信它会极大地提升我们的实践能力。那么有没有办法较为全面地概括、解释和应用计算思维呢？这正是笔者想尝试解决的问题。

02 新计算思维框架的设计

品味历史，寻求灵感。通过上述对计算思维的定义和框架的分析，我们发现了几个有趣的问题。

- 计算过程不完备。无论是哈佛的创意计算思维三维框架的计算实践维度、CAS的计算思维相关技术，还是谷歌的框架的四要素，都未能完全覆盖解决计算问题的全过程。
- 思维模式与计算过程耦合，有些词汇既是思维又是过程，难以分离。
- 未能体现出计算思维的综合性特点，即多种思维方式的整合。
- 耦合太多教育属性，使得计算思维本身无法被抽离出来，强行抽离后计算思维会变得很单薄。
- 计算思维对其他领域的影响自然说明了其强大之处，但是这一表述也让我们忽略或忘记了计算思维影响其他领域的深层原因。

将这些问题解决，或许就能设计出更好的计算思维框架。我先来解决最后一个问题，之后再逐一解决前几个问题。在开始前，我需要明确下“计算机科学”和“计算思维”之间的关系。计算机科学是系统性研究信息与计算的理论基础以及它们在计算机系统中如何实现与应用的实用技术的学科。其知识范围极广，根据《Computer Science Curricula 2013》，计算机科学被划分为18个子领域[8]。

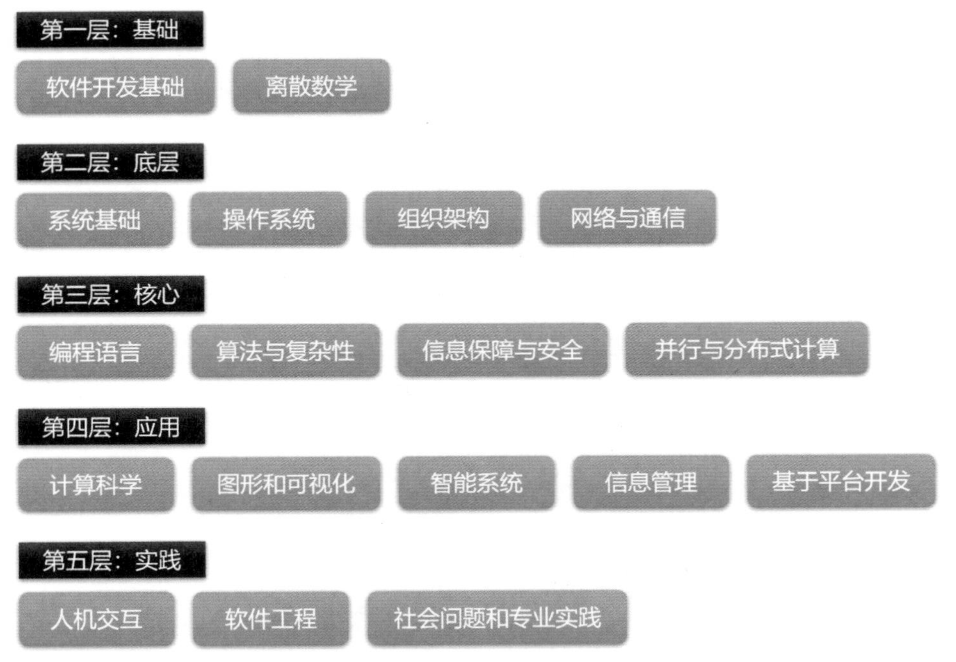

在计算机科学发展的过程中，计算思维中的元素被越来越多地总结归纳出来，正如之前提到的谷歌计算思维四要素和众多计算思维概念。因此，我们可以将计算思维视为计算机科学的方法论。实践决定认识，计算机科学即实践，计算思维即认识。

计算机科学与技术

实践：计算机科学

方法论：计算思维

那么计算思维是如何影响其他领域的呢？其实无论是哪个领域的方法论，作为一种抽象的认识和理论，它都很容易被其他领域所借鉴。例如，心理学领域的一种方法论“格式塔心理学”就被成功地借鉴到了平面设计领域（参见《写给大家看的设计书》中的排版四原则[9]）。所以，计算思维这种方法论也一定会与其他领域产生交集，无论是在方法论层次还是在实践层次。

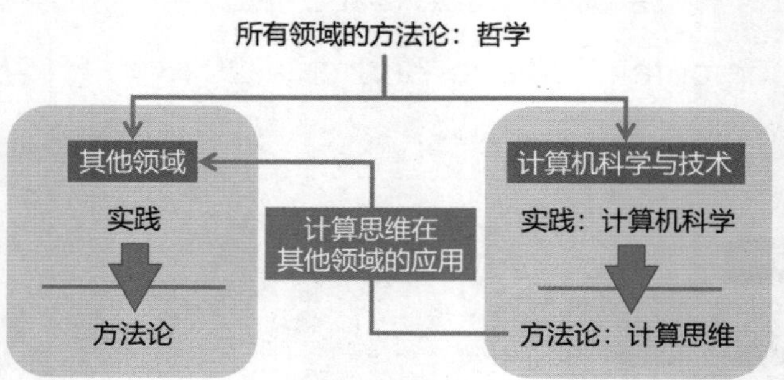

之所以要澄清这个概念，除了说明计算思维影响其他领域的本质原因，也是因为该认知模型可以限定讨论的范围，避免思维过度发散，防止去其他领域寻找计算机科学领域的方法论。下面我用一个更加可视化的图示来展示计算思维的概念。

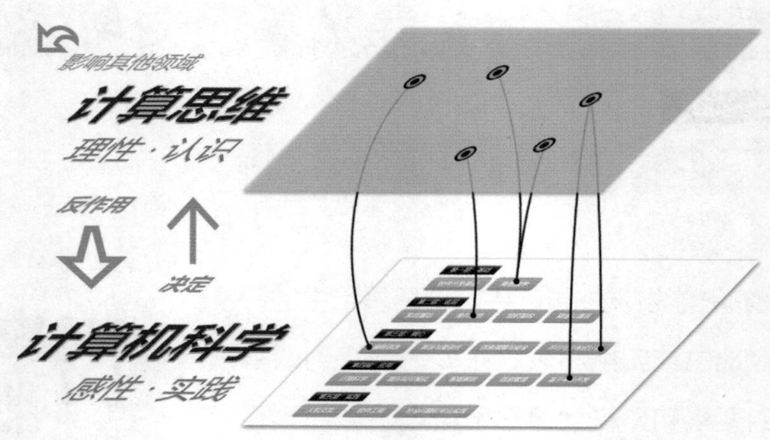

此图包含两个层次：下层是计算机科学，上层是计算思维。从哲学上讲，应当是实践决定了认识，而认识会对实践产生反作用。图示中的线条，表示计算机科学中的通用思维模式被映射到了计算思维这一层。注意线条的特点：它可以是一对一形式（如冗余对应了冗稳性，后面会再次提到），也可以是一对多形式（如变量对应了抽象、参数化、缓存、预置，后面会再次提到），还可以是多对一形式（如线程和分布式系统都对应了并行）。显然，黑点的集合就是计算思维，可黑点都是什么呢？如果明确了此集合的元素，又有什么办法可以将黑点分门别类呢？这两个问题会在随后的讨论中被自然而然地解决。

从上图中可以发现，计算思维源于计算机科学，又高于计算机科学。这种认识方法看似脱离了“计算”一词的本源（其实这种认识方法被称为狭义的计算思维，即立足于计算机科学本身，研究该学科中涉及的思维），因为计算思维显然先于计算机科学而存在（例如提出韩信点兵问题的年代并没有计算机）。但是，通过这种新的研究方法寻找到的计算思维，都能被很好地映射、影响到生活中的其他领域。这是为什么呢？

这就回到了本小节的第一个问题：计算过程不完备。人的一生在解决无尽的难题和挑战中度过：学会走路、与人相处、结婚、教育等。从问题的角度说，可以认为人类的历史就是解决问题的过程，而主观能动的思维活动是解决问题的关键。若能将计算过程抽象上升到人类解决问题的一般过程，完备问题就解决了，这也是计算思维可以影响到其他领域的根本原因。再加上计算思维一定会从这个过程中出现，从而证明了当前推理方向的合理性。引用唐培和等人在《计算思维——计算学科导论》中的观点，人类解决问题的一般过程包含四个阶段[10]。

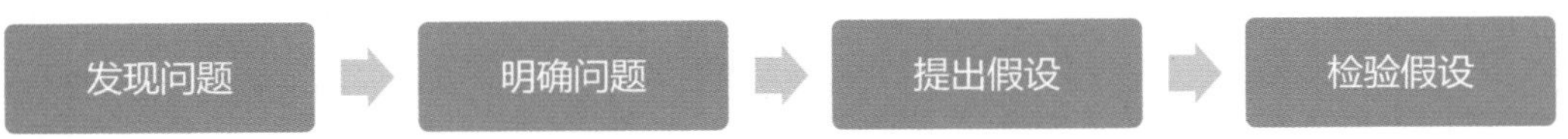

因为它足够一般抽象，导致我们寻找计算思维时无从下手。唐培和等人认为应该从人借助计算机求解问题的过程入手，这是一个好思路！因为它既是上图的具体方法，又能从解决计算机科学问题的角度出发，如下图所示。

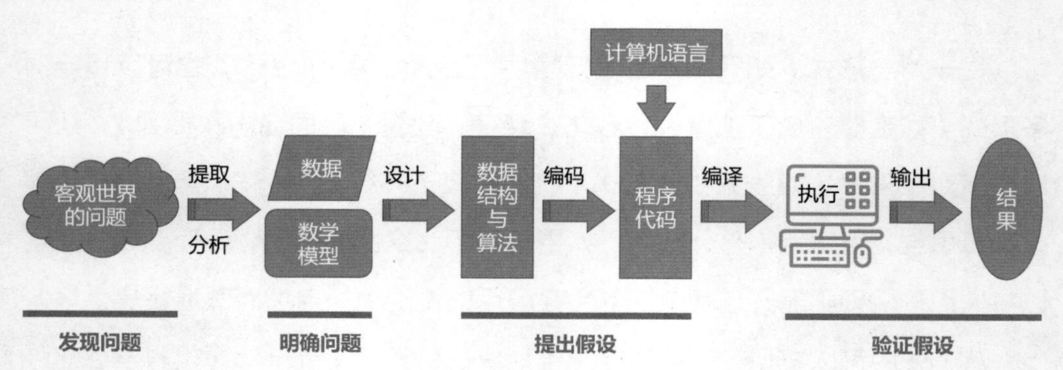

唐培和等人在书中提到本模型缺失了一些后续环节：调试、测试、维护等。为了聚焦和关注重点，这么做没错，但是它也变得不完备。如果我们把后续环节补充上，是不是就足够完备了呢？确实如此，但该模型本身就存在一个缺陷：它更加局限于编程，或者说以编程过程为导向，而不是我想象中的解决计算机问题的一般性过程。难道在解决计算机科学领域的问题时，可以不使用程序？答案是肯定的，例如在解决人机交互、离散数学、软件工程等子领域，以及很多子领域的纯理论研究问题时，可能并不需要设计数据结构、编写程序等环节。这说明上图模型并不能很好地适配某些情形。那么如何才能抽象于多样化的计算机科学问题求解过程，又具象在人类解决问题的一般过程呢？

我用软件工程领域中的软件生命周期理论来解决这个问题。软件生命周期表示软件从生产到作废的生命历程，自1968年研究软件工程的专家学者们提出“软件工程”这一术语以来，作为其重要原理之一的它经历了长久的发展和考验。常见的软件生命周期包括如下环节。

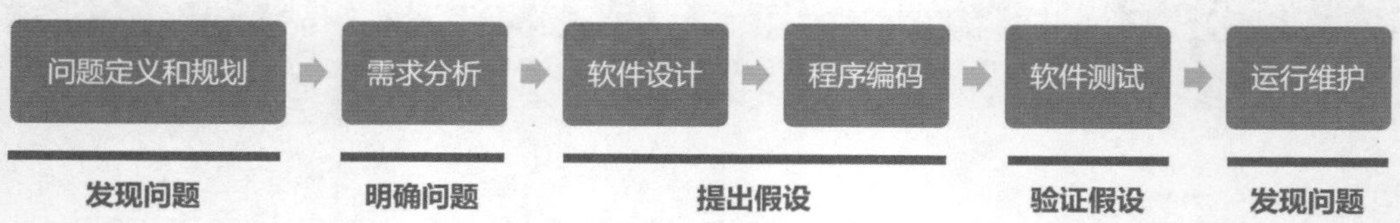

在实践中，各环节通常会发生变化，如线性、螺旋型或迭代型，但所包含的环节都是类似的，所以并不会影响计算过程的完备性。上图流程相对抽象了

一些，但是仍然存在编码这一特定过程。本书作者之一陈婷婷对其进一步抽象升级，将其修改为如下形式。

该过程模型显然满足人类解决问题的一般过程，也涵盖了唐培和等人在书中提到的模型。更重要的是，即使面对计算机科学中无须编程的问题，也能够用它进行描述，因为“系统”和“解决方案”这两词的站位已经抽象于软件工程之上了。下面给出人类解决一般计算问题的五个阶段的定义。

- 发现并分析问题：当人们解决一个计算问题时会先发现或提出问题，再分析并确定问题的目标和范围，尝试把复杂的问题简单化或具体化，评估潜在解决方案的可行性。
- 系统模型设计：根据实际情况或经验，构建解决方案的整体架构或系统模型，包括元素间的联系、逻辑和步骤。
- 实施解决方案：根据系统模型进行实践，从而获得解决方案的结果。
- 分析验证解决方案：分析结果并验证解决方案能否有效解决问题或满足需求，并对多种有效解决方案进行比较。
- 系统维护：对解决方案进行调整或优化，以解决系统在运行过程中出现的新问题。

下面通过三个案例说明它在计算机科学领域中的非编程应用，再通过一个案例说明它在其他学科的应用。

- 人机交互领域。假设你要设计一款原型进行快速验证，则可能会经历如下阶段：明确要设计什么原型，难度如何，要使用的工具（发现并分析问题）；结合需求设计原型的界面层次关系（系统模型设计）；使用专业的原型工具或原始的幻灯片完成原型的设计（实施解决方案）；找用户测试原型并收集反馈（分析验证解决方案）；根据反馈和需求修订原型直至交付（系统维护）。

- 离散数学领域。假设你要解决一个模型问题，则可能会经历如下阶段：明确研究的对象（发现并分析问题）；将研究对象进行抽象，设计数学模型（系统模型设计）；求解数学模型（实施解决方案）；分析其收敛速度和稳定性（分析验证解决方案）；优化数学模型或算法（系统维护）。
- 软件工程领域。假设你要制定一个项目管理计划，则可能会经历如下阶段：了解项目情况，明确项目计划的重点难点和可行性（发现并分析问题）；沟通并制定项目管理计划（系统模型设计）；通知并实施计划（实施解决方案）；对计划进行监控，分析出现的问题（分析验证解决方案）；及时变更各项目管理子计划，并做好项目复盘（系统维护）。
- 统计学领域。假设你要做一次问卷调查，则可能会经历如下阶段：确定调查的目标和限制（发现并分析问题）；确定成本、收集数据的方法、题目形式、样本量和统计方法等（系统模型设计）；设计恰当的问卷（实施解决方案）；测试问卷并进行调查（分析验证解决方案）；对结果进行分析，并使用统计描述或统计推断给出结论（系统维护）。

我们可以看出，该过程模型有较强的适应性。人们要解决的问题通常都具有复杂的结构，也就是“系统性”的问题，而面对系统性问题，“解决方案”才是更加通用的答案。该过程模型将会成为新计算思维框架的生命力源泉。至此，计算过程的不完备性问题已经得到解决。

再来看第二个问题。在之前的框架中，计算过程和思维模式是耦合状态，正如之前提到的“调试”，它既是过程又是思维。借助上面的计算过程模型，调试就可以被划分到“分析验证解决方案”过程中。这给我带来了灵感和启发：把计算过程视为思维模式的一个维度，这样两者便可借助计算过程进行分离！

	发现并分析问题	系统模型设计	实施解决方案	分析验证解决方案	系统维护
计算思维	?	?	?	调试	?

一旦两者分离，人们就能从计算机科学的实践中汲取越来越多的思维模式，并填写到相应的问号处。更重要的是，计算过程的完备性决定了任何一种思维模式都能在表格中“安家”。至此，第二个问题也得以解决。可是，正如周以真教授所定义的那样，计算思维作为一种综合性的分析思维，包含了众多思维方式，这才能体现出计算思维的多样性和包容性。上面的表格仅从计算过程的完备性入手，并不能体现出多样化的思维方式，这就是第三个待解决的问题。

根据文献[11]，我们倾向于将计算过程中可能涉及的思维模式分为四类：数学思维、算法思维、编程思维、工程思维。它们的关系是两两交集。

- 数学思维：把事物分解成数字、结构或逻辑的思维模式。
- 算法思维：与构建和理解算法有关的思维模式。
- 编程思维：以分析概念的本质和属性来解决问题的思维模式。
- 工程思维：解决工程实践问题的思维模式。

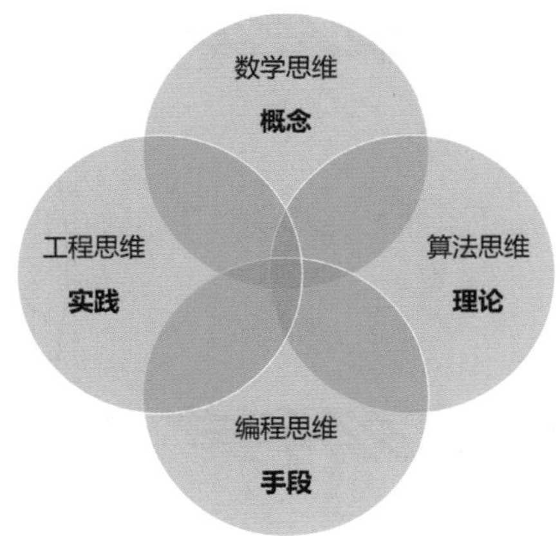

这样一来，之前的表格自然就得到了第二个维度：计算思维的多样性。

	发现并分析问题	系统模型设计	实施解决方案	分析验证解决方案	系统维护
数学思维	?	?	?	?	?
算法思维	?	?	?	?	?
编程思维	?	?	?	调试	?
工程思维	?	?	?	?	?

或许你有了新的疑问：这一列不需要讨论完备性吗？这个问题我将在下一个小节中说明。至此，第三个问题得以解决。来看第四个问题：耦合太多教育属性，使得计算思维无法被抽离。在我们的推导和设计中，新计算思维框架没有考虑教育过程，自然不具备教育属性，所以这个问题也就不存在了。当然，采用ISTE&CSTA的《计算思维教师资源（第二版）》的设计思路，再结合哈佛大学的创意计算思维三维框架中的计算观念，我们一定还能设计出更棒的结合教育的框架和教师资源，但是这已经远远超出了本书范围。

通过解决本节开篇提出的一系列问题，我们得到了新计算思维框架。最后，我们与众多工程师访谈，并结合自身实践，总结出了每个问号中可能涉及的思维模式。

以上就是本框架的发明过程。最后更新一下计算思维和计算机科学的关系图，作为本小节的结束。

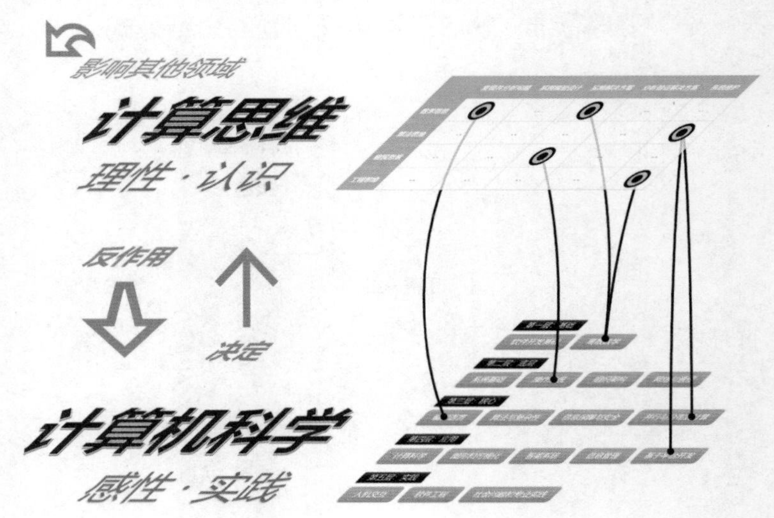

03 历史的佐证

如何评价上文设计的新计算思维框架，特别是这两个维度的合理性呢？我不直接回答这个问题。让我们换一种思路，看一下在两个完全不同的领域中，群众选择的经典框架吧。第一个框架是教育学中的经典框架："布鲁姆教育目标分类系统"，实践中常用于设计合适的课程目标、教学活动和评价体系。布鲁姆分类由两个维度构成，分别是知识的类型和知识的认知深度。

知识类型维度	认知过程维度					
	记忆 / 回忆	理解	应用	分析	评价	创造
事实性知识						
概念性知识						
程序性认识						
元认知认识						

观察两个维度的设计，便会发现：知识类型维度将知识大致地划分为四种类型，而认知过程维度将某种类型的知识的掌握程度归纳为由浅入深的过程。

接下来，再看一个框架：项目管理领域中的过程组与知识领域，实践中常用于指导项目管理。

知识领域	项目管理过程组				
	启动过程组	规划过程组	执行过程组	监控过程组	收尾过程组
项目整合管理					
项目范围管理					
……					
项目进度管理					

观察两个维度的设计，便会发现：知识领域定义管理活动的功能边界，而项目管理过程组区分项目的生命周期。

这两个框架与新计算思维框架有什么联系？仔细观察，你就会发现三者的框架设计思路相同。

事物的类别	归纳逻辑顺序			
	顺序 1	顺序 2	……	顺序 n
分类 1				
分类 2				
……				
分类 n				

表格中的“归纳逻辑顺序”采用了芭芭拉的术语[12]。按照其理论，人类有三种归纳组合逻辑顺序：时间顺序、结构顺序、程度顺序。布鲁姆分类属于程度顺序，项目管理和新计算思维框架属于时间顺序。实际上，我们确实是在设计了新计算思维框架之后，才发现了这种历史的契合，真是意外的惊喜！

还有一个遗留问题，那就是列的完备性，这可以看作哲学问题。世间并不存在完美的、永恒的、不变的、最好的框架，只存在能充分反映出当前实践的理论。“没有最好，只有更好”便是这个道理：最好是绝对真理，更好是相对真理。绝对真理是人们追求的梦想，但是它只能通过相对真理表现出来。实际上，为了适应教育环境，布鲁姆分类曾经有过一次重大调整，设计者不仅修改了列，还修改了行。此外，框架设计者也给出解释，之所以选取四种知识分类，是因为它们更加重要且通用，而实际上知识的分类非常多[13]。项目管理的框架更是如此，它经历过数次调整。有趣的是，框架设计者同样针对列表明了态度：表格中的知识领域是大部分项目通用的领域，对于某些项目，可能还需要财务管理或健康管理[14]。假设有一天，量子计算或人工智能变得随处可见，或许新计算思维框架的两个维度和里面的内容会有许多变化，这也不奇怪。所以，我认为只要新计算思维框架能够反映当前计算机科学的发展，满足各种需求（如教育需求），它就是一个好框架。一切从实际出发，有用才是硬道理。如果读者对分类有疑惑也是可以理解的，思维类的总结因人而异，让它在实践中成长吧。

04 新计算思维框架的内容

之前提到过新计算思维框架中内容的填充，但实际上这一过程并不容易，前后经历了约6个月的时间。除了和工程师交谈，我们还检索了大量文献，并结合自身实践进行内容填补。最重要的是，我们要花不少时间把计算思维和计算机科学区分开来，下面列举一些案例。

- “变量”不是计算思维，它是计算机科学的一种特定技术。在计算思维中，变量可能与数学思维的抽象（即代数）有关，与编程思维的参数化、缓存、预置有关。
- “线程”是标准的计算机科学术语，不能入选计算思维。与之相关联的计算思维可能是编程思维中的并行，算法思维中的分治。
- “排序”比较特殊，它确实是计算机科学的技术方法，但作为思维类的名词也不过分，因为生活中到处都是排序。若名词易于理解，词汇则会延续使用。
- 个别技术名词找不到对应的思维模式词汇，这时我们会发明新的词汇，如“冗稳性”。

我们在处理时会尽量避开特别专业的计算机科学术语，而去探寻其背后的动机和原因，尽量用通俗易懂的名词来表达思维模式，最后将其归类到新计算思维二维框架中的某个位置。但在实践中，我们也发现有些思维很难归类到固定的位置，原因很简单：待解决的难题通常都是系统性问题，事物之间都相互联系。比较典型的是“抽象”：它既可以作为数学思维，也可以作为编程思维。遇到这种情况，我们还是会给它强行指定一个固定的位置，这么做主要是为了避免混乱、突出重点。

计算机科学	计算思维	生活中的影子
变量	抽象、参数化、缓存、预置等	在纸上记录的信息、设未知数x、你的年龄
线程	并行、分治等	多人协作，如多人一起整理扑克牌
排序	排序	成绩、房间号、最重要的三个影响因素
冗余	冗稳性	越野车的备胎、考试前多准备一套文具

思维分类＼思维过程	发现并分析问题	系统模型设计	实施解决方案	分析验证解决方案	系统维护
数学思维	分类/分组 对照 比较 类比 概率 求同/求异/模板/泛化/特化	特征识别/模式识别/概括 映射 替代/替换 排列/组合 分离	近似 蒙特卡洛 枚举/穷举 计数	边界值/临界值/阈值 等价 极限 抽样	统计 去重
算法思维	算法权衡	索引 先进先出 先进后出 信息编码	排序 搜索/检索 递推 递归 分治 回溯 动态规划 唯一依赖 启发式算法	约简	兼容/标准
编程思维	输入输出 抽象/具象	状态机 信息压缩 模块化 预置/缓存/缓冲 事件驱动 参数化	初始化 顺序/序列 选择/分支 循环/重复 嵌套 串行/并行 同步/异步 代理 互斥/对立 时空互换 助记 优先级 信息隐藏 信息加密	优化 调试 自动化	扩展/拓展 重构
工程思维	预处理 分解 可行性分析 签名 统筹 协议/契约 防御性思想/最坏打算 持久化	分布式/去中心化 分层/层次化 可视化 单一职责 接口依赖 原型	冗余/冗稳性/备份 协作 复用 集成	容错 测试	回收 迭代 版本化 共享/分享 移植/迁移

还有一个问题：思维模式的挖掘深度。例如在“排序”这一计算思维中，我们仅考虑了排序动作本身，并没有再深入挖掘各种排序算法所蕴含的思维模式和哲学气息，这么做主要是为了划分研究的边界。如果每个技术点都要深度剖析，工作量将会呈几何倍的速度增长。

最终我们整理出89个计算思维，如上图所示。你还记得计算思维是什么不是什么的第一条界定吗？计算思维是概念化的，而不是程序化的，这些思维模式让我们可以像计算机科学家那样去思考，绝非局限于编程。这充分说明计算思维源于计算机科学、高于计算机科学的道理。

05 不插电教学活动示例

计算思维本质上是一种思维模式，加之其多样性和易于操作的特点，注定要与教育结合。实际上在早期的撰稿过程中，为帮助教育工作者拿到本书后即可上手使用，同时为了帮助读者理解运用某种计算模式的优势，我们设计了一部分不插电教学活动案例。但出于一些原因（主要是工作量极大），我们最终停止了该部分的撰写工作。

在我看来，课程设计[15]、故事设计[16]、序言设计[17]、排版设计[18]、构图设计[19][20]和曲式设计[21]都有一个相同的模式，它们都是创造对比、冲突、矛盾的艺术。设计者创造一系列跌宕起伏的问题或冲突，结合构成心流的要素[22]，从而吸引学习者、观众或读者进入状态。下面我将展示其中一个简单的不插电教学活动，希望你可以从中体验到学习计算思维的快乐。

假如有如下图书信息统计表。

编号	书籍编号	书籍名称	出版社	单价	分类
1	9787560091105	布鲁姆教育目标分类学	外语教学与研究出版社	35.9	教育类
2	9787107290671	英语（四年级下册）	人民教育出版社	35	英语教材类

（续表）

编号	书籍编号	书籍名称	出版社	单价	分类
3	9787107252495	英语（一年级下册）	人民教育出版社	35.8	英语教材类
4	9787107279942	英语（三年级上册）	人民教育出版社	45	英语教材类
5	9787107279980	英语（四年级上册）	人民教育出版社	50	英语教材类
6	9787107290664	英语（三年级下册）	人民教育出版社	44.9	英语教材类
7	9787107279928	英语（六年级上册）	人民教育出版社	34.8	英语教材类
8	9787567556584	追求理解的教学设计	华东师范大学出版社	68	教育类
9	9787107290893	英语（六年级下册）	人民教育出版社	30	英语教材类
10	9787107273964	英语（二年级下册）	人民教育出版社	40	英语教材类

你知道《英语（三年级下册）》的价格是多少吗？

“这个问题好简单！”你心中暗暗想，“我用了5秒就知道了。”或许是这个问题太容易，让我们提升一点难度吧！用手机扫描右方二维码，里面有99本图书的信息。

请问《语文（五年级下册）》的价格是多少？《美术（三年级下册）》的价格又是多少？（我在这里设计了一个虚拟场景，从而创造了问题，制造了对比和冲突，使得学习者进入情景）

问题变得复杂了！你有没有办法不借助计算机的力量（如电子表格等搜索功能）就快速查询出价格呢？回忆一下刚才讲解的图书目录的思维模式（因为该不插电活动是节选，之前已讲解了图书目录所隐含的设计智慧）：通过标题定位页码，而标题具有一定的逻辑，较为容易寻找。我们能够构建出一个标题和页码的关系吗？例如下图所示的表格，第一列就是目录的标题，第二列就是目录的页码。

教材种类	编号
语文教材类	53、17、72、54、93、68、36
美术教材类	47、51、81、12、83、67、50、99、86、40、61
英语教材类	

这次寻找刚才两本图书价格的目标性非常强，例如对于《语文（五年级下册）》，你只要从第53行、第17行、……、第36行依次寻找即可。相比之前的查找方法，速度是不是快了很多呢？

现在，请你跟随老师的指导（或者自己作为老师），完成如下活动。

- 使用表格寻找《美术（三年级下册）》的价格。
- 补齐上表中“英语教材类”的编号列表。
- 请你想办法加速查找特定教材价格的速度。
- 如果目标不是查找某个教材的价格，而是查找最接近35元的一本书，你要如何设计目录表？只需给出表头的设计思路。

下面是给教师（或者正在自学的你）的活动提示。

- 价格为11。先让学生习惯此表格的使用方法。
- 共有13个编号：89、79、80、70、96、55、45、28、11、66、4、91、18。之后可以设置一个活动，将偶数个学生分成两组，一组从原始表格中查询英语教材的价格，一组从目录表格中查询英语教材的价格。给定多本英语教材，记录时间，看谁的速度快。之后两组调换角色并再次进行尝试。最后让两组分享感受，反思此表格的优点和缺点。
- 在个别情况下，查找原始表格的速度可能比依次寻找编号的速度要快。简单改造目录表格，便能获得更快的速度，例如将某类教材的众多编号按照上册和下册区分开来。如果课堂时间充足，还可以做一次类似于活动二的对照测试。

- 这要求学生思考目录表格的表头设计方法。参考设计方法是：第一列是价格区间，第二列是编号。注意，要考虑到其他价格的情况。

以上不插电教学活动最初是为计算思维之“索引”而设计的，感兴趣的读者可以看一下索引的思维模式在生活中的实例，是不是和上述活动有异曲同工之妙呢？

06 新计算思维框架的畅想

青少年编程教育在国内发展得非常迅速，相信新计算思维框架对生态圈中的教育和赛事都有促进作用。教育上，无论是校内社团还是信息技术课堂，倘若能把这些思维武器告诉学生们，或许就能无意中点燃他们在某些事情上的主动思考和能动性。在校外培训机构中，新计算思维框架不仅可以贯穿编程课程的始终，也可以独立进行教学。例如，针对低年龄段的学生开发不插电教具，或针对各个年龄阶段开发不同类型的活动。

赛事上，目前举办时间最久的计算思维赛事是“Bebras国际计算思维主题活动”，你可以在网站[23]上看到众多考察思维模式的选择题。另一类赛事如雨后春笋涌现，即主题编程创意赛，它要求参赛者根据主题创作编程作品。这类赛事通常会限定创作工具，比较常见的赛事主办或承办单位有编程猫、好好搭搭、工信部蓝桥杯、CSP-J/S、谷歌等，各省市的创意赛也数不胜数。

主题编程创意赛的赛题类型通常都会包含主观编程题，这类题目大都是间接地考察计算思维，而不像Bebras考察得那么直接。两种方式各有千秋，一个偏重局部，一个偏重整体：Bebras的赛题设计难度高，且赛题能直击特定的思维模式，针对性强，目标明确；创意赛考察特定思维的能力较弱，但强调参赛者的系统综合能力，并大都需要掌握一个编程工具。

希望在新计算思维框架的启发下，未来能出现更多有趣的题型，如建模题和调试题。建模题像是一篇小论文，专门考察学习者在各个层次的抽象能力。

例如在用户界面层次，要如何设计才使得程序易用；在程序设计层面，要如何设计才使得脚本最易于理解，架构合理，符合开闭原则；在数据结构层面，如何设计才能让程序时空合理地增删改查各种数据。调试题可以考察学生在错误环境下解决问题的能力，对学生的综合能力也是一种挑战。例如我们本期待程序输出10，但是它总是输出1，题目要学生修改几处划线部分的代码，此时他将主动理解代码的意图，反复测试调试，总结他人思考问题的方式。这两类题型给学生带来的思考或许比其他题型更有价值。

07 参考文献

[1] Jeannette M. Wing. Computational thinking[J]. Communications of the ACM, 2006, 49(3): 33-35.

[2] Jeannette M. Wing. Computational thinking and thinking about computing[J]. Philosophical Transactions: Mathematical, Physical and Engineering Sciences, 2008, 366(1881): 3717-3725.

[3] ISTE, CSTA, NSF. CT Teacher Resources-2ed[EB/OL]. https: //www. iste. org.

[4] Seymour Papert. 因计算机而强大[M]. 梁栋, 译. 北京: 新星出版社, 2019: 9-10.

[5] 史文崇. 全球计算思维研究与实践综述[J]. 计算机工程与应用. 2018, 54(04): 31-35, 71.

[6] 范文翔, 张一春, 李艺. 国内外计算思维研究与发展综述[J]. 远程教育杂志, 2018, 36 (02) : 3-17.

[7] 刘丽君, 周雄俊. 国内中小学计算思维培养研究综述[J]. 中国信息技术教育, 2018 (11) : 38-44.

[8] ACM, IEEE. Computer Science Curricula 2013[R]. 2013.

[9] Robin Williams. 写给大家看的设计书[M]. 苏金国, 李盼, 译. 北京: 人民邮电出版社, 2009.

[10] 唐培和, 徐奕奕. 计算思维: 计算学科导论[M]. 北京: 电子工业出版社, 2015: 94-96.

[11] 郁晓华, 肖敏, 王美玲. 计算思维培养进行时: 在K-12阶段的实践方法与评价[J]. 远程教育杂志, 2018.

[12] Barbara Minto. 金字塔原理[M]. 汪洱, 高愉, 译. 海口: 南海出版公司, 2013: 103-106.

[13] Lorin W.Anderson. 布卢姆教育目标分类学[M]. 蒋小平, 张琴美, 罗晶晶, 译. 北京: 外语教学与研究出版, 2009: 32.

[14] Project Management Institute.项目管理知识体系指南（PMBOK指南）（第六版）[M]. 北京: 电子工业出版社, 2018: 23-24.

[15] 段烨. 学习设计与课程开发[M]. 北京: 电子工业出版社, 2015: 233-239.

[16] Robert McKee. 故事[M]. 周铁东, 译. 天津人民出版社, 2016: 203-204.

[17] Barbara Minto. 金字塔原理[M]. 汪洱, 高愉, 译. 海口: 南海出版公司, 2013: 49-50.

[18] Robin Williams. 写给大家看的设计书[M]. 苏金国, 李盼, 译. 北京: 人民邮电出版社, 2009: 57.

[19] Michael Freeman. 摄影师的视界[M]. 张靖峻, 译. 北京: 人民邮电出版社, 2009: 26.

[20] Ben Clements, David Rosenfeld. 摄影构图学[M]. 姜雯，林少忠，李孝贤，译. 北京: 长城出版社, 1983: 164.

[21] 李吉提. 曲式与作品分析[M]. 中央民族大学出版社, 2003: 26-29, 36.

[22] Mihaly Csikszentmihalyi. 心流: 最优体验心理学[M]. 张定绮, 译. 北京: 中信出版社, 2018: 117.

[23] Bebras. Bebras Documents[EB/OL]. https://www.bebras.org/?q=documents.

编程猫教研内容主管 · 李泽

于新疆库尔勒苇业大厦

2019年2月3日～8日

附录

APPENDIX

01 图书测试和精选评语

为完善图书内容，听取大众的意见，我们特地邀请了109位试读员对图书内容进行了约1000次测试。本附录展示了试读员姓名、测试数据统计图以及部分评语。

敖东勋	胡文芯	宝　琪	黄祖铭	卜于霖	姜　伟
蔡昊智	康骁逸	曹文灼	康昕益	曾　蕊	孔祥烨
陈　果	郎紫航	陈靖瑶	黎春霞	陈鲲杰	李　东
陈　田	李嘉诚	陈　湘	李龙飞	陈奕安	李佩儒
陈子翘	李　翔	戴心悦	李怡琳	邓子龙	梁为先
董　灿	林嘉薇	董天娇	刘晁诚	费荷淇	刘　涵
高子涵	刘浩洋	葛煜骁	刘　卉	顾昕爱	刘洁凝
郭　强	刘一敏	郭雨铮	刘易桐	韩宇轩	刘泽赟
洪一迪	罗新皓	孟庆杰	王啸宇	孟思辰	王薛雯
孟致远	王学逸	排　尔	王亦茹	平　平	王弈茗
任腾升	王奕博	沈亦轩	王钰霖	沈煜雯	王梓铭
石洵彦	韦旭阳	宋衍璋	魏亚娟	苏哲隐	吴君竹
孙国栋	闫佳慧	孙艺宸	杨涵钰	田彦轲	杨惠茹
王晨力	杨闰淇	王　橙	杨智程	王丁一	伊　伊
王昊雨	余玮辰	王弘毅	原嘉骏	王　丽	詹鹏举
王　龙	张丁宸	王明观	张开元	王瑞恒	张　玲
王文泽	张睿刚	王文哲	张文君	张志阳	赵星皓
赵泽鸣	郑凯泽	钟张豪程	周义力	周易成	朱昱行
邹锦华					

- 我认为生活中的计算思维案例很有趣

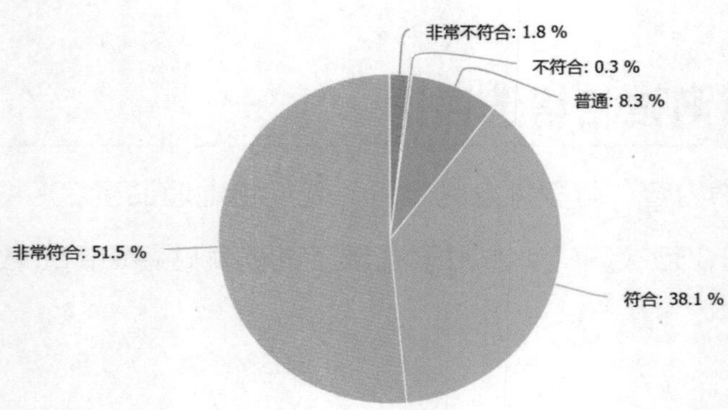

- 我能理解该章节计算思维的概念和应用

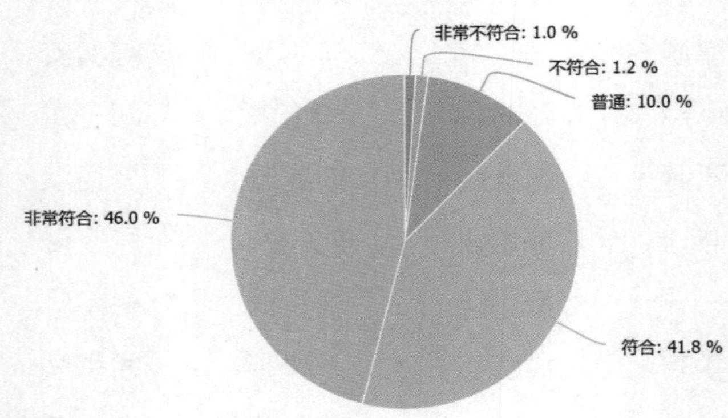

- 我认为程序中的计算思维案例很有趣

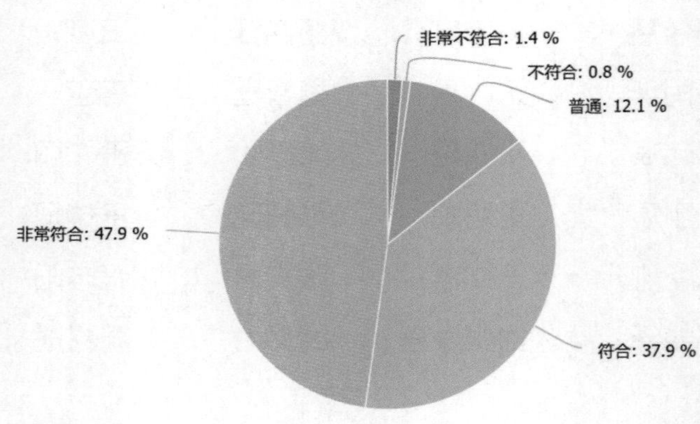

- 我能理解程序中的计算思维的程序

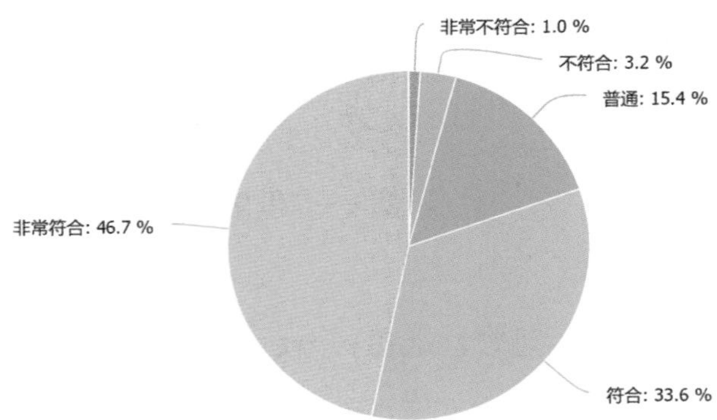

- 我认为该书对我很有启发性

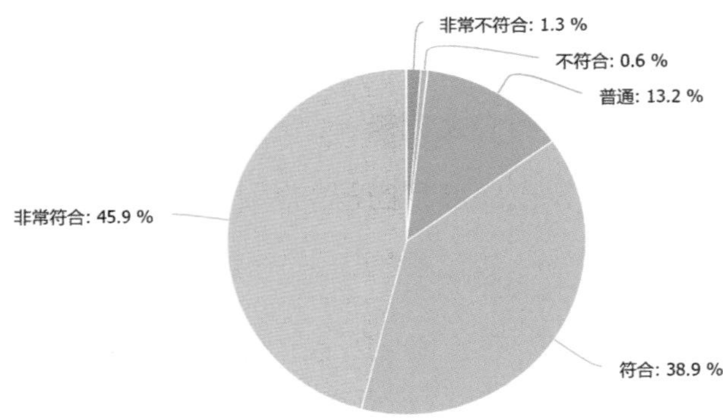

- 本书结构清晰，语句通顺

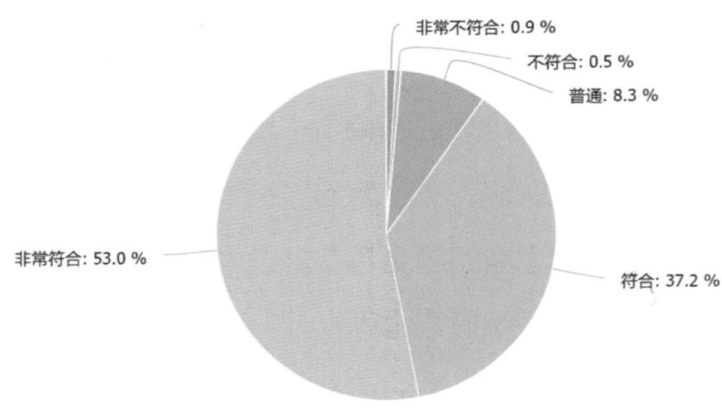

通过试读《计算思维养成指南》，我发现思维能力的培养对学习和生活都有很大的帮助，即总结出这一类型的方法，达到举一反三的目的，同时也培养了概括和总结的能力。相信这能够帮助我们提高自学能力、独立思考能力和创新能力。

—— 重庆市大渡口区钰鑫小学　邓子龙

本书将程序设计与生活巧妙地结合在一起。毫不夸张地讲，即使你没有任何程序设计基础，通过阅读本书，你也能够了解程序设计的相关思想。比起市面上那些专业术语满天飞的书籍，我想这本书更能引起你的兴趣。

—— 辽宁省葫芦岛市兴城市第二初级中学　王学逸

《计算思维养成指南》内容丰富，书中涉及到了许多计算思维在生活中运用的场景。例如，做事情前要先做调查，之后还要纠错测试。读完这一本书，我了解了许多新奇的知识，也提高了自己的思维能力。

—— 深圳市龙岗区实验学校　梁为先

没想到很习以为常的生活现象竟蕴含着那么有意思的计算思维。通过试读，我明白了生活中好多好玩的计算思维。我会在以后的生活中做一个有心人，发现生活中这些有趣的计算思维，用计算思维去思考生活。

—— 河南省新乡市辉县市实验学校　原嘉骏

我有幸试读了《计算思维养成指南》。通过一个个生动有趣的例子，让我对计算思维有一个全新的认识，也了解到了在我们日常生活中处处都有计算思维的场景。通过学习，我思考问题更具有条理性，也更严谨。希望能跟着《计算思维养成指南》由浅入深地进行全面学习，进一步改善自己的思维方式。

—— 江苏省南通市启东市百杏中学　顾昕爱

我是这本书的“尝鲜”官，我很负责地告诉大家：这本书很难，不过真的很有趣！原来学习和生活中有那么多现象与“计算思维”有关。现在我遇到新的问题，就会尝试分析：它能不能用“递归”或“分治”等方法来解决，反正犯错没关系，可以“回溯”的嘛！

—— 浙江省湖州市爱山小学　沈煜雯

我学习编程一年多了，对编程非常感兴趣。通过试读《计算思维养成指南》，我对计算思维有了更加直观和清晰的认识。计算思维在生活中无处不在，包括输入输出、具体和抽象、状态转移、信息压缩、模块化、事件驱动等，它们都在日常生活中有所体现，与我们的生活息息相关。

—— 河北省石家庄市第二十三中学　陈奕安

这本书逻辑清晰，语言简洁自然，有很多画龙点睛的例子，生动形象地描绘出了晦涩难懂的编程原理。这本书与我之前看过的任何一本编程书相比，最注重两个地方：贴切的生活案例和简单明了的图片。这充分体现了“一图胜千言”这句俗语。我现在对于编程的理解更上一层楼，有更加清晰的逻辑思路和新的发现。Coding the World!

—— 福建省厦门集美中学初中部　苏哲隐

02 下载随书程序

我们建立了网站comthking.com（或comthking.cn），你能够：

- 下载本书配套的程序文件
- 查阅到所有计算思维的定义
- 看到完整的新计算思维框架图
- 了解框架图中的行和列的定义
- 提交你认为新的计算思维
- 提交你发现的错误或查看勘误表

每个计算思维还可以超链接到论坛进行交流和讨论。

致谢

- 感谢李天驰和孙悦所创建的编程猫平台让作者们相遇，能够为全球青少年编程教育行业的蓬勃发展添砖加瓦，与有荣焉。
- 感谢编程猫内容中心总监秦莺飞、编程猫广州分公司总经理孙征以及中青社张鹏主编对本书的出版发行所做的贡献，是你们认真负责的态度才使得本书得以顺利问世。
- 感谢陈婷婷和金乔近九个月披星戴月的艰苦奋斗，即使你们分别处于照顾孩子和考博的压力下，也能够按时产出高质量的稿件，精神可嘉。能够与你们合作，是我的荣幸。
- 感谢编程猫内容中心课程运营组的刘京和贾晓阳，以及教研产学研拉通组的聂小云、梁舒敏、刘羽佳和朱晓君积极寻找图书试读员、收集测试反馈并向试读员分发图书，你们所建立的通道让更多人提前学习了新颖的内容，让测试用户展示了自己的感悟。
- 感谢编程猫内容中心的李秋苑、田大帅、郑心然、周伟玲、董媛媛、林智裕、张怀靓、韩思杨、谭明圳等同事在我审稿的过程中帮我分担了一部分管理压力。
- 感谢109位图书试读员，你们的图书测试和上千份问卷反馈让本书的内容更加完善。
- 感谢北京景山学校毛澄洁老师对本书提出的宝贵意见。
- 感谢南瓜博士徐雁斐对本书提出的宝贵意见。

参考图片

[1] AR测量. https://baijiahao.baidu.com/s?id=1571533241222259

[2] 莫尔斯码. https://www.wikihow.com/Learn-Morse-Code

[3] 风筝实验. https://bbs.haier.com/forum/tattle/2206714.shtml

[4] 趵突泉. https://new.qq.com/omn/20190412/20190412A0FER8.html

[5] 秦杜虎符. http://www.9610.com/xianqin/hufu.htm

[6] 宋朝皇宫. http://www.sohu.com/a/223146164_556504

[7] 商鞅立木建信. http://blog.sina.com.cn/s/blog_5c7b1d2b0102 yqma.html

[8] 百家姓. http://616pic.com/sucai/vd9ix6r6z.html

[9] 筛稻谷. http://www.199u2.com/forum.php?mod=viewthread&tid =109127

[10] 曹冲称象. http://www.leewiart.com/art/141074.html

[11] 速记法. https://baike.sogou.com/historylemma?lId=291798&cId=164228600

[12] 城墙战鼓. http://sucai.redocn.com/yishuwenhua_8270075.html

[13] 垂直分布. https://baike.baidu.com/item/垂直分布

[14] 丹麦欧登塞 HF & VUC Fyn 成教中心. https://www.archdaily.com/632669/hf-and-vuc-fyn-complex-cebra

[15] 马哈维亚 · 辛格 · 珀尕. https://twitter.com/mahabirphogat

[16] 斯德哥尔摩公共图书馆. https://en.wikipedia.org/wiki/Stockholm_Public_Library

[17] 论持久战. http://book.kongfz.com/160216/710098845/

[18] 高铁小黄车. http://bbs.guilinlife.com/thread-8081769-1-1.html

[19] 乐高积木模具. https://commons.wikimedia.org/wiki/File:LegoSpritzgussDetail1.JPG

[20] 乐高积木模具. https://commons.wikimedia.org/wiki/File:LegoSpritzguss1.JPG

[21] 杰克 · 基尔比. http://www.ti.com/corp/docs/kilbyctr/downloadphotos.shtml

[22] 唐朝区域规划. https://baijiahao.baidu.com/s?id=1588475182869094664

[23] 马丁 · 库帕. https://www.eldiarionuevodia.com.ar/tecnologia/ 2018/4/3/las-llamadas-de-celular-cumplen-hoy-45-anos- 56735.html

[24] 毕加索画作《公牛》. https://www.moma.org/collection/works/62951

[25] 毕加索画作《公牛》. https://www.moma.org/collection/works/62968

[26] 毕加索画作《公牛》. https://www.moma.org/collection/works/62986

[27] 毕加索画作《公牛》. https://www.moma.org/collection/works/63046

[28] 毕加索画作《公牛》. https://www.moma.org/collection/works/63029

[29] 毕加索画作《公牛》. https://www.moma.org/collection/works/63062

[30] 人体工学鼠标. http://www.dudeiwantthat.com/gear/computers/logitech-mx-vertical-advanced-ergonomic-mouse.asp

[31] 约翰 · 斯诺绘制的传染病地区分布图. https://commons.wikimedia.org/wiki/File:Snow-cholera-map-1.jpg

[32] 被污染的水井. https://en.wikipedia.org/wiki/File:John_Snow_memorial_and_pub.jpg

[33] 华德箱. https://commons.wikimedia.org/wiki/File:Wardian_cases.jpg

[34] 华德箱. https://jljbacktoclassic.com/archives/4623

[35] 篮球数据. https://www.basketball-reference.com/

[36] freepik. https://www.freepik.com/

[37] shutterstock. https://www.shutterstock.com/

[38] Pexels. https://www.pexels.com/

[39] Vecteezy. https://www.vecteezy.com/